# 中国西北地区环境与发展研究报告
## （2020）

陕西师范大学西北历史环境与经济社会发展研究院　编

陕西新华出版传媒集团
陕西人民出版社

图书在版编目（CIP）数据

中国西北地区环境与发展研究报告 / 陕西师范大学西北历史环境与经济社会发展研究院编 . -- 西安：陕西人民出版社 , 2021.8

ISBN 978-7-224-14242-6

Ⅰ.①中… Ⅱ.①陕… Ⅲ.①环境保护—研究报告—西北地区 Ⅳ.① X-124

中国版本图书馆 CIP 数据核字 (2021) 第 146969 号

责任编辑：韩　琳
装帧设计：杨亚强

## 中国西北地区环境与发展研究报告

| 编　者 | 陕西师范大学西北历史环境与经济社会发展研究院 |
|---|---|
| 出版发行 | 陕西新华出版传媒集团　陕西人民出版社 |
|  | （西安市北大街 147 号　邮编：710003） |
| 印　刷 | 陕西金和印务有限公司 |
| 开　本 | 787mm×1092mm　1/16 |
| 印　张 | 16.25 |
| 字　数 | 256 千字 |
| 版　次 | 2021 年 8 月第 1 版 |
| 印　次 | 2021 年 8 月第 1 次印刷 |
| 书　号 | ISBN 978-7-224-14242-6 |
| 定　价 | 89.00 元 |

如有印装质量问题，请与本社联系调换。电话：029-87205094

## 陕西师范大学西北历史环境与经济社会发展研究院学术委员会

主　任：冯宗宪

副主任：侯甬坚

委　员：辛德勇　徐少华　吴松弟　谢高地

　　　　于法稳　王社教　方　兰

## 《中国西北地区环境与发展研究报告》（2020）编写人员

主　　编：王社教

副 主 编：侯甬坚　方　兰

执行副主编：李　鹏　陈绍俭

# 前言

2020年是极不平凡的一年。在以习近平同志为核心的党中央的坚强领导下，全国人民共克时艰，"十三五"圆满收官，"十四五"全面擘画。2020年10月29日，党的十九届五中全会通过了《中共中央关于制定国民经济和社会发展第十四个五年规划和二〇三五年远景目标的建议》，明确提出：要坚持新发展理念；要优先发展农业农村，全面推进乡村振兴；要繁荣发展文化事业和文化产业，提高国家文化软实力；推动绿色发展，促进人与自然和谐共生。因此，在这样一个承上启下的重要历史节点，积极推动黄河流域的生态保护和高质量发展，深入总结西北地区城乡发展和传统文化资源保护的宝贵经验，就显得尤为重要。

陕西师范大学西北历史环境与经济社会发展研究院（以下简称为研究院）于2000年9月被教育部批准为普通高等学校人文社会科学重点研究基地。经过多年发展，研究院于2016年入选"中国智库索引"，2018年被陕西省教育厅认定为"陕西高校新型智库"。"十三五"期间，研究院按照教育部基地智库化的转型要求，积极围绕"中国西北地区环境与发展"这一主攻方向，组建了"秦岭研究中心"和"黄河研究中心"，主动对接国家重大战略部署和经济社会发展需要。"十四五"期间，研究院将以"历史经验与现实路径：西北地区环境变迁与高质量发展"为主攻方向，力求将历史经验与现实对策研究相结合、历史地理学和人口资源与环境经济学研究相结合，集中优势科研力量，积极为国家建设、社会治理建言献策，为文化传承、科学普及贡献力量。

为更好地彰显研究院高校新型智库的研究特色，更好地完成"十四五"建设任务和发展目标。研究院继《中国西北地区环境与发展研究报告（2019）》

出版之后，再度编辑《中国西北地区环境与发展研究报告（2020）》。内容上包含两大专题，分别为"黄河流域生态保护和高质量发展"和"西北地区城乡发展和传统文化资源保护"，共收入相关专题报告 19 篇。其中，"黄河流域生态保护和高质量发展"专题，围绕黄河流域粮食安全、碳排放、高质量发展、退耕还林、水资源管理、水土保持、水环境变迁、气候变化、生态变迁进行了专题研究，结合当前黄土高原生态环境治理的关键问题进行了深入分析，提出了若干推动黄河流域生态保护与高质量发展的政策建议。"西北地区城乡发展和传统文化资源保护"则围绕西北地区城市经济发展、脱贫攻坚、城乡融合、文化公园建设、旅游产业发展等问题进行分析，旨在探索新时代西北地区城乡社会经济协调发展、传统文化资源保护的实施路径。

  本书在编辑出版的过程中，承蒙地方市县与相关政府部门在典型案例与研究数据上的支持保障，特别是得到陕西省榆林市榆阳区人民政府的大力支持，在此一并致谢。我们相信：经过不断努力，《中国西北地区环境与发展研究报告》必将成为有影响力的智库研究文集。欢迎各位有识之士提供宝贵意见，共同推动中国西北地区生态保护和经济社会的高质量发展！

2021 年 11 月 15 日

# 目录

## 01 第一部分
## 黄河流域生态保护和高质量发展

**粮食安全视角下黄河流域生态保护与高质量发展** / 003

一、引言 / 003

二、近期有关黄河流域的研究 / 003

三、黄河流域现阶段存在的主要问题 / 005

四、黄河流域大保护与高质量发展建议 / 010

**黄河经济带上游区域碳排放解耦趋势报告**

——陕、甘、宁、青、新五省（区）区域与全国比较（1978—2017） / 015

一、引言 / 015

二、研究方法与变量选取 / 017

三、实证结果分析 / 020

四、碳排放影响因素分析 / 029

五、政策建议 / 031

## 黄河流域高质量发展的有序性几个案例分析　/ 034

一、引言　/ 034

二、黄河流域有序性产生的物质和能量交换动力　/ 035

三、有序结构产生的几个案例分析　/ 036

四、结论　/ 045

## 还林还草工程后榆林市 NDVI 时空变化趋势分析　/ 046

一、研究地区与研究方法　/ 047

二、结果与分析　/ 050

三、讨论　/ 061

四、结论　/ 061

## 陕西省渭河流域水资源管理制度的研究与思考　/ 064

一、引 言　/ 064

二、渭河流域水资源管理制度的历史溯源　/ 065

三、渭河流域水资源管理现状分析　/ 069

四、渭河流域水资源管理建议　/ 072

## 近代以来陕西植树造林的实践过程及现代启示　/ 076

一、引言　/ 076

二、历史时期陕西林业景观及林木资源变迁　/ 077

三、近代以来陕西造林事业发展历程　/ 079

四、以古鉴今：陕西植树造林的影响因素分析　/ 086

五、陕西植树造林未来发展的建议　/ 087

## 清至民国关中城市水环境变迁、用水改良及当代启示　/ 090

一、城市水环境变迁　/ 090

二、省会与中小城市的用水困境与改良　/ 095

三、关中城市水环境变迁与用水改良的当代启示　/ 105

**黄土高原地区气候变化对水资源的影响** /110
　一、引言 /110
　二、研究区概况与数据来源 /111
　三、研究方法 /111
　四、结果与分析 /112
　五、结论 /118

**黄土高原生态屏障建设路径研究** /120
　一、黄土高原生态屏障带范围及地貌特征 /120
　二、黄土高原生态特征、退化现状及危害 /122
　三、黄土高原生态治理成效 /126
　四、黄土高原生态屏障带建设路径 /128

**关于陕北黄土高原生态环境治理与乡村振兴建设的几点建议** /132
　一、陕北黄土高原地域范围的界定及其生态环境特点与变迁 /132
　二、关于陕北黄土高原生态环境治理的几点建议 /134
　三、关于陕北黄土高原乡村振兴建设的几点建议 /135
　四、切实推进陕北黄土高原生态环境治理与乡村振兴建设必须先期制定各乡村之实施规划 /137

# 02
## 第二部分
## 西北地区城乡发展和传统文化资源保护

**陕西省地市级城市2008—2017年城市经济影响力时空分异研究** /141
　一、研究区概况及研究方法 /142
　二、结果分析 /145
　三、结论与讨论 /154

## 陕西省典型区域多维贫困程度测算及对比分析 / 157

一、前言 / 157

二、研究区概况与数据 / 158

三、研究方法 / 159

四、测算结果与分析 / 161

五、结论与讨论 / 168

## 陕西省安康市推进城乡融合发展现状及对策研究 / 171

一、推进城乡融合发展的政策背景 / 171

二、安康市推进城乡融合发展的现状 / 172

三、安康市推进城乡融合发展存在的问题、困难及对策 / 179

四、愿景与展望 / 184

## 完善中国古都遗址保护体系　推动国家文化建设若干建议

——以隋唐长安城遗址保护为例 / 186

一、隋唐长安城遗址保护现状 / 186

二、中国古都遗址保护中存在问题分析 / 190

三、完善中国古都城市遗址保护体系的相关建议 / 191

## 弘扬榆林传统文化，创建五省交界中心城市 / 194

一、榆林市是陕、内蒙古、晋、宁、甘五省区交界地区中心城市的最佳选择 / 194

二、积极开展申报世界文化遗产工作，扩大榆林文化影响力 / 197

三、在榆林市建设上注重文化传承和山水地理条件 / 199

## 消逝的村落文明：关中传统村落景观拾零

——兼谈对关中传统村落保护和利用的意见 / 205

一、村落城堡 / 205

二、井上、土壕、涝池 / 206

三、道路、族墓、公墓 / 210

四、粮食窖与红薯窖、渗井与窨子 / 212

五、对传统村落的保护和利用问题 / 214

**助推甘肃融入长征国家文化公园建设的路径分析** / 216

一、问题与分析 / 216

二、甘肃省长征文化的内涵 / 216

三、甘肃省长征历史遗存保护与开发利用中存在的问题和困难 / 218

四、建议：助推甘肃融入长征国家文化公园建设 / 219

**陕西省黄河流域文化与旅游产业融合发展中存在的问题及建议** / 224

一、陕西省黄河流域文化与旅游产业发展的基本情况 / 224

二、陕西黄河流域文化与旅游产业融合发展中存在的问题 / 225

三、陕西黄河流域文化与旅游产业深度融合发展的相关建议 / 227

**气候变化视角下18世纪中期新疆移民开垦及其当代启示** / 232

一、引言 / 232

二、移民活动 / 233

三、农业发展 / 235

四、移民开垦与气候变化 / 238

五、对现实的启示 / 241

六、结论 / 242

# 01

## 第一部分

### 黄河流域生态保护和高质量发展

## 01

**第一部分**
黄河流域生态保护和高质量发展

# 粮食安全视角下黄河流域生态保护与高质量发展

方兰[1] 李军[2]

## 一、引言

黄河发源于青藏高原，流经青海、四川、甘肃、宁夏、内蒙古、陕西、山西、河南、山东九省（区），全长5464千米，流域总面积79.5万平方千米，2018年年底流域省份总人口4.2亿，占全国的30.3%；地区生产总值23.9万亿元，占全国的26.5%。在全国社会经济和生态保障等方面占有非常重要的地位。

黄河流域是我国重要的生态功能区。流域中部分省区是生物多样性集中区，承担着维护国家生态安全的重任；同时，黄河流域生态环境脆弱，水土流失特别严重，再加上快速工业化和城镇化的影响，部分干流水生态环境有所恶化，流域水生态保护迫在眉睫。因此，黄河流域生态保护和高质量发展，不但是黄河流域可持续发展的需要，更是确保国家生态安全的内在要求。

黄河流域又是实现国家粮食安全的重点区域。粮食安全始终是党中央国务院高度关注的重大问题之一。2018年，黄河流域9个省区粮食产量为23268.87万吨，占全国粮食总产量的35.37%，其中，四川、内蒙古、河南、山东是国家粮食主产省，粮食产量为19015.40万吨，占黄河流域粮食总产量的81.72%，占全国粮食总产量的28.90%。因此，黄河流域的生态保护与高质量发展，直接关系到国家的粮食安全。

## 二、近期有关黄河流域的研究

习近平总书记在2019年9月18日座谈会上将黄河流域生态保护和高质量发展上升为国家战略，并提出了五点要求，一是加强上中下游的生态保护，二

---

[1] 方兰（1969— ），女，德国吉森大学农业经济学博士，陕西师范大学西北历史环境与经济社会发展研究院教授，博士研究生导师，研究方向：水资源管理、"三农"问题、环境政策、气候变化。

李军（1993— ），男，陕西师范大学西北历史环境与经济社会发展研究院博士研究生，研究方向：水资源管理。

是要处理好水沙关系，三是推进水资源集约利用，四是探索地域特色高质量发展新路，五是保护、传承、弘扬黄河文化[1]。习总书记的讲话为黄河沿岸九省区指明了未来的保护和发展的方向，也在学术界掀起了黄河流域研究的热潮。对黄河生态保护与高质量发展上升为国家战略之后面临的主要挑战和发展方向，学界从宏观角度提出了不同的思路和建议。如左其亭研究了黄河流域生态保护和高质量发展研究框架，指出战略的实施涉及众多学科，分析了战略实施的理论基础以及需要解决的重大科技问题[2]。赵钟楠等研究了该战略实施下的发展水利保障的总体思路[3]。

关于黄河流域的研究较多集中在水利工程方面，最突出体现在水沙关系方面，申冠卿等对黄河下游高效输沙洪水调控指标进行了研究[4]，胡春宏等对黄河水沙变化趋势预测研究的若干问题进行了研究，结果显示为兼顾河道少淤和减少输沙水量，可通过水库调度，优化水沙搭配、塑造高效输沙洪水[5]。孙倩等研究了黄河中游多沙粗沙区水沙变化趋势及其主控因素的贡献率[6]。王伟等研究了调水调沙工程实施10年来黄河尾闾河道及近岸水下岸坡变化特征，发现调水调沙工程有利于延长黄河现行入海流路的使用年限，显著改变了水下岸坡的冲淤状态，并促进其发育趋向新平衡[7]。李少文等研究表明调水调沙对黄河口海域大型底栖动物群落产生了一些负面影响[8]。

黄河流域生态安全也是学界关注的重点。彭月等对宁夏黄河流域生态安全进行了综合评价，认为流域生态安全水平有所增强，但整体上处于欠安全级别[9]。部分学者对黄河流域经济空间分异态势进行了分析，李敏纳等研究发现，人力资源禀赋和制度禀赋是影响经济空间分异的两大因素；非自然禀赋对经济空间分异的影响逐步增强，自然禀赋对经济空间分异的影响已较弱[10]。周晓艳等研究发现黄河流域整体区域经济差异呈现先扩大后减小的趋势，东部地区内部差异最显著对整体差异贡献最大，中部、西部区域经济差异相对稳定[11]。有研究表明黄河流域极端降水量在流域西部、北部和西安周边地区呈不断增加趋势，极端降水频数在流域西部和北部地区具有增加态势，极端降水强度增加的区域主要分布在西宁和兰州周边以及银川—西安一带，极端降水比率整体呈增加趋势[12]。张红武等对黄河下游河道与滩区治理进行了研究[13]。张宁宁等对2015年黄河流域61个地市的水资源承载力状况进行了综合评价[14]。

很多学者对黄河流域水资源配置及调控进行了研究。Lan Mu 以陕西省西安市为调研区域，将条件价值法（CVM）引入到水价制定过程中，从水价改革的微观基础——农户行为、需求和意愿为切入点，分析了农户的最大支付意愿（WTP）及其影响因素[15]。王博等基于黄河灌区六省调研数据，研究了制度能力对农田灌溉系统治理绩效的影响[16]。刘世庆等对跨流域水权交易实践与水权制度创新进行了研究，以期为化解黄河上游几字湾地区缺水问题提供新思路[17]。李琦等通过分析研究陕北经济建设与水资源之间的关系，提出了陕北能源重化工基地实现水资源可持续开发利用的途径[18]。刘敏在"准市场"机制的影响下引进水权与水市场制度来改革原有的政府主导的水资源配置绩效，成为西部民族地区水资源问题治理的主要策略[19]。韩洪云等基于甘肃、内蒙古典型灌区的实证研究，对农户灌溉用水效率与农业水权转移的内在逻辑关系进行系统分析，以探索中国转型经济条件下农业水权转移的条件[20]。部分学者对黄河流域灌溉水价进行了研究，赵永等研究发现，农业灌溉水价随着灌溉用水量的减少而增加[21]。

有学者对黄河流域发展空间布局进行了研究。张贡生建议成立黄河经济带管委会，统筹区域人口、资源环境和经济社会发展战略[22]。王海江等在综合分析全国区域经济空间发展格局基础上，初步提出了黄河经济带的空间划分方案，并深入解析了黄河经济带中心城市服务能力规模等级、职能定位及其空间体系分布特征[23]。张鹏岩等以黄河流域 504 个县域为研究单元，从空间分布特征、空间集聚状态两个维度对 2000 年、2014 年黄河流域县域经济密度的空间分异的特征状态和影响因素进行了研究[24]。

综合学界的各项研究，发现黄河流域研究体现出多角度和多学科的特点，基于黄河流域在国家粮食安全战略中所占的重要地位，以及灌溉农业在黄河流域所占的绝对主导地位，本文主要从黄河流域农业水资源的利用效率、制度设计以及生态安全的角度来研究。

## 三、黄河流域现阶段存在的主要问题

### （一）流域水效率亟待提升

黄河流域近年来快速的经济发展、人口增长与黄河有限的水资源供给之间的矛盾变得更加突出，也对以灌溉为主体的流域内农业活动形成了巨大挑战。

黄河流域是我国农业经济开发最大最早的地区，然而流域内 75% 左右面积地处干旱半干旱地区，降水量少且时间分配不均，水分蒸发量大，农业对水资源依赖极大，农田有效灌溉面积 7793 万亩，农田灌溉用水量耗水量 231 亿立方米，占流域总耗水量的 71.8%，黄河流域农田灌溉各省（区）地表水利用统计情况见表 1。表中数据体现，除四川省外，各省区的农田灌溉耗水量都高居不下，几乎全部在 60% 以上，其中内蒙古自治区以 87% 高居九省区之首，宁夏回族自治区以 82% 紧随其后。引黄灌区农业发展为国家粮食安全战略做出了巨大贡献。然而在有限的水资源供给条件下，流域内农业水资源浪费依然严重，水资源利用效率低下的问题一直未能得到好的解决。

表 1 2016 年黄河流域农田灌溉各省（区）地表水利用情况统计表

| 省（区） | 项目 | 合计（亿立方米） | 农田灌溉（亿立方米） | 占比（%） |
| --- | --- | --- | --- | --- |
| 青海 | 取水量 | 12.97 | 8.79 | 67.77 |
| | 耗水量 | 9.45 | 6.30 | 66.67 |
| 四川 | 取水量 | 0.27 | 0.00 | 0.00 |
| | 耗水量 | 0.23 | 0.00 | 0.00 |
| 甘肃 | 取水量 | 37.49 | 21.24 | 56.66 |
| | 耗水量 | 29.74 | 17.76 | 59.72 |
| 宁夏 | 取水量 | 63.42 | 52.05 | 82.07 |
| | 耗水量 | 36.21 | 25.87 | 71.44 |
| 内蒙古 | 取水量 | 70.95 | 61.71 | 86.98 |
| | 耗水量 | 55.20 | 46.62 | 84.46 |
| 陕西 | 取水量 | 36.91 | 20.22 | 54.78 |
| | 耗水量 | 29.27 | 16.63 | 56.82 |
| 山西 | 取水量 | 32.80 | 21.27 | 64.85 |
| | 耗水量 | 28.79 | 18.75 | 65.13 |
| 河南 | 取水量 | 46.36 | 28.48 | 61.43 |
| | 耗水量 | 43.21 | 27.36 | 63.32 |
| 山东 | 取水量 | 88.01 | 69.49 | 78.96 |
| | 耗水量 | 86.44 | 68.87 | 79.67 |
| 河北 | 取水量 | 3.71 | 3.21 | 86.52 |
| | 耗水量 | 3.71 | 3.21 | 86.52 |
| 合计 | 取水量 | 392.89 | 285.46 | 72.66 |
| | 耗水量 | 322.25 | 231.37 | 71.80 |

数据来源：中国水资源公报，2017 年；黄河水资源公报，2016 年。

基于 DEA 中的 BC2 模型和 Malmquist 生产率指数方法，我们建立了农业水资源效率和全要素生产率评价模型，对黄河流域九省区 2002—2016 年 15 年来的农业水资源利用效率和全要素生产率进行测算。研究发现，黄河流域平均农业水资源综合利用效率呈现先逐步下降再逐步上升的"U"形曲线，但各省区之间呈现出不同的发展趋势。其中青海、四川、陕西和山东的农业水资源利用效率到达相对最优，而甘肃、宁夏、内蒙古和山西水资源综合利用效率均低于 70%，说明这些地区的农业水资源配置距离最优配置出现了一定程度的偏离，可能存在着水资源的投入冗余或产出不足的情况。通过投入冗余和产出不足分析，非 DEA 有效的地区都存在着不同程度的投入冗余或产出不足，尤其是宁夏，其水资源投入冗余率基本处于 50% 以上，产出不足率超过了 100%，这说明这些地区有很高的节水潜力。

而全要素生产率方面，黄河流域各省区整体 TFP 水平在 2002—2016 年不断波动，自从 2006 年以来，黄河流域农业水资源全要素生产率基本保持大于 1 的状态，也在一定程度上反映出黄河流域各省区农业水资源 TFP 普遍存在进步现象。从 Malmquist 生产率指数的分解来看，黄河流域整体的纯技术效率和规模效率均在 1 周围小范围波动，说明黄河流域在 2002—2016 年间技术和规模已经得到了一定优化。并且从各省区的 TP 均大于 1 来看，表明技术的进步较好地支撑了水资源的节约。进一步将技术效率变化指数分解后发现，黄河流域各省除内蒙古、山西和河南外，其余六省区纯技术效率指数均大于等于 1，说明黄河流域在现有的技术水平下较好地实现了农业水资源的节约，而内蒙古、山西和河南还具有技术进步空间；黄河流域各省除宁夏、内蒙古和河南外，其余六省区规模效率指数均大于等于 1，说明黄河流域在现有的农业资源配置下较好地实现了农业水资源的节约，而宁夏、内蒙古和河南还具有农业资源优化配置空间[25]。内蒙古、河南都是国家粮食主产区，在技术进步方面应迅速提升，促进流域内农业水资源节约集约利用。

### （二）流域水管理机制有待优化

由于黄河水量以农业为消费大户，长期以来在农业水资源管理方面仍存在着诸多问题需要重新思考和解决。主要体现在：

（1）偏好行政管理及计划调节，政府作用被置于绝对主导地位。从用水指标的确定到大规模的调水行为，无一不是政府行为的体现。政府对全国水资源利用情况进行整体的计划，然后根据行政体系逐步向下分配行政指标。即使是近年来逐渐兴起的水权制度，其初始水权分配仍然是这种思维模式。水权证和用水许可之间并无实质性区别。在遇到水资源需要重新配置的情况时，依然是以行政命令的方式进行水资源的再分配，同时应该体现市场作用的水价无法反映水资源的稀缺情况，这在农业水资源领域体现得尤为明显。目前我国的农业水价严重偏低，无法反映当前水资源紧缺程度。农业水价无法覆盖农业供水成本，更谈不上推行农业完全成本水价。现阶段的农业完全成本水价仍然只存在于理论当中。这一方面和农民较弱的经济基础有关，另一方面和行政管理、福利供水的计划思维也是分不开的。在行政思维、计划思维管理主导的体制下，市场的作用被长期地抑制，导致市场无法在资源配置中起到应有的作用。在我国全面深化改革，改革进入深水区的背景下，农业水资源的市场化改革应积极推进[26]。

（2）注重供给管理，对需求和参与式管理未能给予应有的地位。长期以来，水资源的供给一直受到高度重视，随着新的水源地变得越来越稀缺，水资源供给管理成本已经十分高昂，且水利工程的负外部性逐渐显现，生物多样性的丧失和生态环境的破坏也为大型水利工程的兴建敲响了警钟。单一的供给管理已经不再能够满足经济发展的要求。需求和参与式管理逐渐进入水资源管理的视野之中。我国农业灌溉活动的管理涉及三个主要的利益相关者，即政府、供水单位与个体农户。不同的利益相关者有不同的利益诉求，需要有相关的融通机制将这些利益相关者统筹起来，形成合力。农户是供水单位的终端用户，是应用水资源为生产要素的粮食的生产者，是灌溉活动的最终实现者，是主要的利益相关者，应该给予其应有的地位，让农户参与到管理体系中。因此重视利益相关者作用，推进需求管理和参与式管理，引入市场机制是提高我国灌溉水资源管理水平、提升农业用水效率的关键[26]。工艺农艺技术创新、灌溉节水方式选择固然比较重要，但最为核心的问题是尊重并突出农业水资源利用过程中各利益相关主体"自下而上"的利益诉求，构建适合国情与水情、行之有效的新型农业节水激励，激励供水主体、用水主体及公众等多重微观主体的内在节水动机，建立畅通灵活的水资源流转市场，配合以明晰长效的政策调控手段，促进水资源高效流转、合理配置，达到宏观目标与微观目标相互协调一致，方可真正实现有效节水、提高水资源利用效率，促进资源、产业、经济良性循环，达到人水和谐。

（3）黄河流域水权市场建设尚处于初级阶段。水权交易是近年来兴起的一种促进水资源有效分配的政策工具，在全世界范围内的水权实践证明，建立成熟完善的水权市场可以提高水资源配置效率。黄河流域水权制度建设和水权市场培育是流域管理的有效途径之一。我国现阶段流域水资源管理，大多是行政管理。其优势可能是交易成本低、执行力强，但是也会在某种程度造成上游区域水资源供应的巨大压力，影响了当地农业的发展和产业结构，因此可能会产生国家战略和地方经济发展之间的矛盾。如果能够合理界定流域水权，可以通过水权交易的形式进行自由地交易。特别是干旱的时候，如果无偿向下游分水，那么中上游造成的经济损失将无法弥补。而通过水权交易，分出去的水就可以获得极大的收益，从而弥补这种经济损失。由于水资源的流动性，上下游之间的矛盾始终存在。而流域水权市场是农业水权市场的重要组成部分，只有把流域上下游之间的水权交易考虑在内，才能消除上下游水权分配方面的负的外部性，更好地发挥水权市场的作用。部分地区的试点取得了较好的实践效果。但是目前农业初始水权分配制度还不够完善，水权冲突仍时有发生。特别是随着新型农业经营主体的出现，水权的初始分配格局发生了显著的变化。传统的小农和新型农业经营主体之间存在着用水的冲突，同时伴随着农业生产结构的调整，经济作物和粮食作物之间也存在着水权的冲突。再加上目前农业水权价格偏低，和工业用水等存在着巨大的价值差，农业水权往往被侵占，导致了农业水权和工业水权之间存在着冲突。如何解决这些水权冲突，关键是进一步完善农业水权初始分配。只有清晰界定农业初始水权，才能够保障各类用水主体的根本利益和促进有序的水权流转和交易[26]。

## （三）流域水生态文明亟待提升

黄河流域是我国重要的能源富集区，水和能源系统之间的关系复杂。特别是煤、石油、天然气等关系国计民生的能源种类齐全，其储量居全国乃至世界的前列；能源矿产的品位高，富矿比重大。经济发展对能源产业普遍具有严重的依赖性。一方面是能源富集,另一方面生态极为脆弱,森林覆盖率低,植被稀少,土地荒漠化、沙漠化严重。所以流域发展中能源产业与生态环境的协调发展尤为重要。

中国的生态文明建设走在世界前列,十九大报告指出,建设生态文明是中华民族永续发展的千年大计。黄河是中华民族的母亲河,孕育了灿烂的中华文明,也是4亿多黄河儿女赖以生存的生命之河,黄河的健康和安全是中华民族永续发展的前提之一。我们认为,水生态文明水平就是一定区域和一定时间内水生态系统和其他社会经济系统相互作用的可持续发展水平。水生态文明是生态文明建设的重要组成成分,也是黄河流域生态保护和实现高质量发展的重要衡量指标。我们以中国城市群中心城市的水生态文明为研究对象,建立了包含水经济、水生态及水社会系统的指标评价体系,运用主成分分析法对2012—2016年间中国城市群中心城市水生态文明水平进行了评价。发现各中心城市的水生态文明水平及综合得分具有明显的地域特征且具有空间稳定性。结果表明,与其他城市群相比,中国西北地区黄河流域的兰西、关中、呼包鄂榆城市群水生态文明水平相对较低。同时我们发现,经济增长、资源禀赋、环保政策、开放因素对水生态文明水平为正向影响,社会因素、第二产业占比对城市群水生态文明水平为负向影响[28]。可见,黄河流域有限的水资源量及相对偏"重"的能源产业及制造业对水生态文明提升有着相当大的负面影响。

## 四、黄河流域大保护与高质量发展建议

中国特色社会主义进入新时代,我国社会主要矛盾已经转化为人民日益增长的美好生活需要和不平衡不充分的发展之间的矛盾。黄河上中下游在自然环境、地理位置、经济基础和历史背景等方面均有较大不同,沿黄地区生态环境也体现出鲜明的区域特征和复杂性。为了使有限的黄河水资源更加节约集约利用,更加服务于国家粮食安全和生态安全,提出以下建议。

### (一)创新流域水管理机制,服务国家粮食安全

进一步加大节水宣传教育力度,提升全社会节水意识,大力推进农业、工业、城镇生活等重点领域节水改造,建设节水型社会,加强节水监督管理,

推动用水从粗放向节约集约转变，加快形成节水型生产生活方式。政府应不断创新制度，推进水资源的市场化管理。在黄河流域水量有限的情况下，重点提高农业用水效率是保证农业生产、保障粮食安全的重要途径。应积极发挥利益相关者群体的作用，同时对农户采用先进节水技术给予支持。政府大量的持续的公共投入对灌溉效率提高和农户的公共福祉有着决定性的作用。

政府积极改进水资源管理方式对流域可持续发展具有重要意义。水资源配置思维应逐步由人水对立到人水和谐转变，水资源配置目标逐步应由增长绩效到福利绩效转变，水资源管理方式应逐步由单一方式到水量—水质—水生态三位一体的管理方式转变，将水质和水生态纳入水资源管理，从而实现水量安全、水质安全、水生态安全。不仅考虑水资源对经济生活的支撑，更是从生态系统的角度考虑到水资源对整个经济社会生态系统的安全作用。这才是实现流域水资源科学管理的必由之路。

继续加强黄河流域水土流失综合治理。做好全流域水土流失综合治理的顶层设计优化工作，将其作为黄河生态经济带建设的基础性工作，依靠数字化手段，切实采取生态措施，并配以有效的政策支撑，实现水土流失治理的制度化、智能化，为流域生态保护与高质量发展提供一个稳定的生态基础。推进节水防污型社会建设。在工程措施方面，强化流域内节水、控污以及泥沙协同治理带建设；在制度措施方面，强化流域内河长制、水价形成机制、水权配置机制等的进一步完善，全面提升流域水资源的利用效率和效益。

水价政策是水资源需求管理政策中最行之有效的经济手段。而农民作为灌溉水价的承受主体，其心理承受能力即真实支付意愿是当前水价政策制定中必须考虑的重要因素。灌溉水价标准的制定需要准确估计农民用水户的综合承受能力，水价调整的幅度应在可承受范围之内。

进一步完善黄河流域水权市场建设。我国水权市场建设要处理好政府和市场的关系，要降低水权交易成本，要控制水权交易外部性。

## （二）践行"两山"理论，提升流域水生态文明

积极践行习近平总书记提出的"绿水青山就是金山银山"的伟大方略，通过建设"四大体系"和"七大区域"，积极推进生态廊道建设。要以生物多样

性保护为重点。建立"四大体系",推动黄河流域生物多样性的保护:即生物多样性系统研究体系、生物多样性综合信息共享体系、生物多样性资源信息管理系统、生物多样性综合评估体系以及生物遗传资源保护法规体系。在黄河流域建立"七大区域"[29],即祁连山生物多样性优先保护区域,库木塔格生物多样性优先保护区域,西鄂尔多斯—贺兰山—阴山生物多样性优先保护区域,六盘山—子午岭生物多样性优先保护区域,太行山生物多样性优先保护区域,羌塘—三江源生物多样性优先保护区域,秦岭生物多样性优先保护区域。以生态廊道建设为途径,建设绿色景观廊道,实现保护生物多样性、过滤污染物、防止水土流失、防风固沙、调控洪水等目的;建设生态隔离带,对流域生态环境恶劣地区进行隔离保护,实现生态环境的修复。与此同时,建立"黄河生态廊道数据库",实现流域生态数据信息的共享。

通过转变经济发展方式加强水生态文明建设。一是要因地制宜发展生态经济。根据黄河流域不同区域的实际,科学处理水生态文明与经济发展之间的关系,积极探索富有地域特色的高质量发展新路子。二是对传统产业实施生态化改造,提升能源资源节约集约利用效率。培育绿色发展新动能,特别是信息技术、生物与新医药、节能环保等新业态。三是注重培育绿色发展新动能。在农业生产领域,应充分利用黄河流域资源优势,大力发展生态农业,并注重打造具有流域特点的有机生态农业产品品牌;在工业生产领域,应大力发展循环经济、新兴产业,提高资源综合开发效益;在服务业方面,应大力发展如金融、物流、技术服务、专业服务、文化旅游休闲服务、养老婴幼服务等新业态,全面提升发展质量。

经济发展过程中要提前布局水生态文明建设。一是推进城市化进程,发挥集聚效应。合理控制城市和城市群规模,实施以水定城。二是扩大开放程度,积极引入外资。对外商直接投资要提升管理和选择,对于污染避难所效应,要制定约束性政策。三是提高环保投入,优化政策设计。一方面政府加强水生态文明干预时,需要充分考虑环保投入和政策设计的精准性,充分发挥市场作用,发挥社会力量。另一方面要充分考虑到水生态文明不同水平差异,黄河流域中上游地区需要适当加大水生态文明建设的资金支持力度。四是推广清洁能源,提升全民意识。

# 第一部分　黄河流域生态保护和高质量发展

[参考文献]

[1] 习近平在河南主持召开黄河流域生态保护和高质量发展座谈会—滚动新闻—中国政府网[EB/OL]. [2019-10-24].

[2] 左其亭. 黄河流域生态保护和高质量发展研究框架[J]. 人民黄河, 2019: 1—7.

[3] 赵钟楠, 张越, 李原园, 等. 关于黄河流域生态保护与高质量发展水利支撑保障的初步思考[J]. 水利规划与设计, 2019: 1—4.

[4] 申冠卿, 张原锋, 张敏. 黄河下游高效输沙洪水调控指标研究[J]. 人民黄河, 2019, 41(09): 50—54.

[5] 胡春宏, 张晓明. 论黄河水沙变化趋势预测研究的若干问题[J]. 水利学报, 2018, 49(09): 1028—1039.

[6] 孙倩, 于坤霞, 李占斌, 等. 黄河中游多沙粗沙区水沙变化趋势及其主控因素的贡献率[J]. 地理学报, 2018, 73(05): 945—956.

[7] 王伟, 衣华鹏, 孙志高, 等. 调水调沙工程实施10年来黄河尾闾河道及近岸水下岸坡变化特征[J]. 干旱区资源与环境, 2015, 29(10): 86—92.

[8] 李少文, 张莹, 李凡, 等. 调水调沙对黄河口海域大型底栖动物群落的影响[J]. 环境科学研究, 2015, 28(02): 259—266.

[9] 彭月, 李昌晓, 李健. 2000—2012年宁夏黄河流域生态安全综合评价[J]. 资源科学, 2015, 37(12): 2480—2490.

[10] 李敏纳, 蔡舒, 张慧蓉, 等. 要素禀赋与黄河流域经济空间分异研究[J]. 经济地理, 2011, 31(01): 14—20.

[11] 周晓艳, 郝慧迪, 叶信岳, 等. 黄河流域区域经济差异的时空动态分析[J]. 人文地理, 2016, 31(05): 119—125.

[12] 贺振, 贺俊平. 1960年至2012年黄河流域极端降水时空变化[J]. 资源科学, 2014, 36(03): 490—501.

[13] 张红武, 李振山. 黄河下游河道与滩区治理研究[J]. 中国环境管理, 2018, 10(01): 99—100.

[14] 张宁宁, 粟晓玲, 周云哲, 等. 黄河流域水资源承载力评价[J]. 自然资源学报, 2019, 34(08): 1759—1770.

[15] Mu, L., Wang, C., Xue, B., Wang, H., & Li, S. Assessing the impact of water price reform on farmers' willingness to pay for agricultural water in northwest China[J]. Journal of Cleaner Production, 2019, 234: 1072—1081.

[16] 王博, 王恒, 朱玉春. 制度能力对农田灌溉系统治理绩效的影响——基于黄河灌区六省

调研数据的研究[J]. 中国人口·资源与环境, 2019, 29(08): 122—129.

[17] 刘世庆, 巨栋, 林睿. 跨流域水权交易实践与水权制度创新——化解黄河上游缺水问题的新思路[J]. 宁夏社会科学, 2016(06): 99—103.

[18] 李琦, 付格娟. 陕北水资源利用与保护[J]. 环境保护, 2014, 42(10): 63—65.

[19] 刘敏. "准市场"与区域水资源问题治理——内蒙古古清水区水权转换的社会学分析[J]. 农业经济问题, 2016, 37(10): 41—50+110—111.

[20] 韩洪云, 赵连阁, 王学渊. 农业水权转移的条件——基于甘肃、内蒙古典型灌区的实证研究[J]. 中国人口·资源与环境, 2010, 20(03): 100—106.

[21] 赵永, 窦身堂, 赖瑞勋. 基于静态多区域CGE模型的黄河流域灌溉水价研究[J]. 自然资源学报, 2015, 30(03): 433—445.

[22] 张贡生. 黄河经济带建设: 意义、可行性及路径选择[J]. 经济问题, 2019(07): 123—129.

[23] 王海江, 苗长虹, 乔旭宁. 黄河经济带中心城市服务能力的空间格局[J]. 经济地理, 2017, 37(07): 33—39.

[24] 张鹏岩, 李颜颜, 康国华, 等. 黄河流域县域经济密度测算及空间分异研究[J]. 中国人口·资源与环境, 2017, 27(08): 128—135.

[25] 屈晓娟, 方兰. 西部地区农业用水效率实证分析[J]. 统计与决策, 2017(11): 97—100.

[26] 方兰. 生态文明视域下西北地区农业水资源优化配置研究[M]. 中国社会科学出版社, 待出版.

[27] 屈晓娟. 基于利益相关者的引黄灌区农业水资源节水激励研究[D]. 陕西师范大学, 2018.

[28] 李军. 中国城市群中心城市水生态文明评价及其影响因素研究[D]. 陕西师范大学, 2019.

[29] 李俊生, 靳勇超, 王伟. 中国陆域生物多样性保护优先区域[M]. 科学出版社, 2016.

# 黄河经济带上游区域碳排放解耦趋势报告
## ——陕、甘、宁、青、新五省（区）区域与全国比较（1978—2017）

冯丹蕾[1]　刘　莎[1]　刘　明[1]

## 一、引言

　　进入 21 世纪第二个十年之后，在我国快速粗放的经济发展带来的碳排放增长和环境恶化的背景下，为协调经济与环境的可持续发展，中共中央、国务院先后在《十二五规划》[1]、《十三五规划》[2]、十七大、十八大和十九大报告中提出要实现"绿色发展"的理念。2007 年中共十七大报告首次提出生态文明的理念；2012 年十八大报告进一步强调了生态文明建设的重要性，提出努力建设美丽中国的发展思路；2016 年国务院印发《"十三五"控制温室气体排放工作方案》，指出能源消费总量到 2020 年不超过 50 亿吨标准煤。2017 年全国碳排放交易体系启动，全国碳排放权交易市场部署在探索中逐步推动。本文选取黄河经济带[2]上游区域为研究对象，包括陕西、宁夏、甘肃、青海、新疆。黄河经济带上游区域作为丝绸之路经济带的起点和腹地，向西北延伸通过新疆，与欧洲直接相连，因此将新疆也包含在本文的研究对象中。黄河经济上游区域带作为"一带一路"[3]的"源头"，向西关系到丝绸之路经济带的崛起和中国向西开放的进程，向东延伸，与沿海经济带[4]连接，直接影响到与

---

(1) 基金项目：教育部人文社会科学研究重点基地重大项目"西北资源开发生态补偿金融支持政策体系研究"（12JJD790020）。
作者简介：冯丹蕾，女，陕西师范大学西北历史环境与经济社会发展研究院硕士，中国海洋大学经济学院博士，研究方向：环境金融。刘莎，女，陕西师范大学西北历史环境与经济社会发展研究院博士，西安石油大学经济管理学院讲师，研究方向：环境金融。刘明（通讯作者），男，陕西师范大学西北历史环境与经济社会发展研究院／金融研究所教授，博士生导师，研究方向：货币理论与金融市场、农村金融、环境金融。
(2) 黄河经济带包括：山东、内蒙古、河南、陕西、山西、宁夏、甘肃和青海。
(3) "一带一路"国内段包括：西北地区的陕西、新疆、甘肃、青海、宁夏、内蒙古，东北地区的黑龙江、吉林和辽宁，西南地区的重庆、广西、云南和西藏，沿海地区的上海、浙江、福建、广东和海南。
(4) 沿海经济带包括：辽宁、天津、河北、山东、江苏、上海、浙江、福建、海南、广东和广西。

京津冀区域的协同发展进程。黄河经济带上游区域绿色低碳经济的发展起着承上启下的作用，不仅关系到其内部相关省份经济的崛起，以及与其他区域之间的协调发展问题，而且关系到"一带一路"建设的进程。

学术界关于低碳经济问题已经进行了很多研究，在碳排放、能源消费和经济增长相关性方面，西方学者通过对发达国家工业化进程以来经济增长与物质消耗之间的研究，提出了"脱钩"（decoupling）[1]理论。"脱钩"描述经济增长与环境冲击耦合关系的破裂，即资源消耗或环境污染不随经济增长而增长。基于实际情况可以区分不同的脱钩关系指标 Juknys（2003），定义了初级脱钩（primary decoupling）和次级脱钩（second decoupling），初级指自然资源利用与经济增长之间的脱钩、次级指环境污染与自然资源的脱钩[3]。同一脱钩指标出现不同的结果也会代表不同的脱钩状态，Petri Tapio（2005）在分析 1970—2001 年间欧洲交通业能源消耗与二氧化碳之间的脱钩程度时，进一步将脱钩状态细分为八种不同程度[4]。

对于经济增长与环境冲击之间的脱钩关系研究只能表明其二者耦合关系破裂程度的大小，不能进一步说明其中的影响机理，因此越来越多的学者开始关注碳排放影响因素。通过建立协整方程、运用 Granger 因果检验等方法，可以分析黄河经济带上游地区能源驱动型城市的碳排放与经济增长、人口规模、城镇化率、产业结构、碳排放强度等驱动因素的相关关系，这些驱动因素是促进碳排放量增加的关键原因（朱婧等，2013）[5]。通过计算，也可以将多种因素的重要程度做比较，如有学者指出对我国碳排放的影响能源消费居于首要地位，经济增长次之，对外贸易排在第三位（陶长琪等，2010）[6]。由于我国的碳排放增长重点来源于经济带动，碳排放强度的减小依赖于经济转型的发展（张友国，2010）[7]。

纵向来看，1981 年后我国的能源和碳排放脱钩状态将长期处于增长连接状态，我们已做出巨大努力，但还任重而道远（孙睿，2014）[8]。就横向比较而言，脱钩指标的数值分布呈现出明显的区域性特征。黄河经济带上游区域钩

---

(1) 国内学者多将"decouping"译作"脱钩"。但是出于两点：第一，即使出现经济增长对能源或物质消耗的依赖显著降低特征，生产中物质品投入仍不可避免；第二，由"couping"（耦合）增加前缀"de"，遵从直译，汉语对应语汇是"解耦"。为了叙述方便以及与已经习惯译作"脱钩"作者对话，本文仍在具体分析时使用"脱钩"。

程度随国家整体宏观经济形势和政策调控变化波动较大，且脱钩状态没有一定的规律（刘晓婷，2015）[9]。自西部大开发战略实施以来，黄河经济带上游五省环境压力持续加剧。黄河经济带上游区域经济得到迅速发展的同时资源能源消耗量、碳排放量也快速增长，能源依赖性进一步增强。

综上所述，我国学者对碳排放的脱钩问题已经进行了深入的研究。但本文的研究时间跨度较大，包含黄河经济带上游区域从改革开放以来40多年的时间区间中的经济发展与碳排放的关系，还未有研究者在这样大的时间跨度下全面地分析该地区的脱钩状态，并通过趋势图对比分析各省脱钩趋势变化。在此基础上对经济增长、碳排放与其影响因素构建VAR模型，得出三者之间的链式影响路径。黄河经济带上游区域有显著的能源推动型经济的特点，加快黄河经济带建设步伐，或者将其提升为国家的大战略，既有助于有效对接"一带一路"，更能加快中国北方经济和社会发展，缩小南北差距，实现东中西部地区区域协调发展。

## 二、研究方法与变量选取

### （一）脱钩理论与模型

20世纪末，首先由OECD（Organization for Economic Co-operation and Development，经济合作与发展组织）提出基于消耗强度的脱钩分析方法，这种分析方法对脱钩程度划分偏于粗略，无法对经济环境现象进行较好解释。Tapio在针对欧洲交通业发展及碳排放量之间的脱钩研究时，利用弹性值表征脱钩指数，将两变量之间弹性值小于1的状态定义。Tapio对脱钩程度的精细划分可以清楚地定位为经济驱动力和环境压力变化的各种组合。该方法简单明了，得出结论可以使我们直观了解经济发展和资源环境的关系，也具有一定的预警作用。本文借鉴Tapio模型中的指标构建方法，建立黄河经济带上游地区经济增长与碳排放的脱钩分析模型，其脱钩弹性公式为：

$$e_{(CO_2, GDP)} = \frac{\Delta CO_2}{CO_2} / \frac{\Delta GDP}{GDP} \qquad (1)$$

式中，$e$为脱钩弹性系数，$\Delta CO_2$和$\Delta GDP$为研究期内碳排放与经济增长的变化量，$CO_2$ 和 $GDP$ 为研究期内碳排放与经济增长总量。根据研究对象的增速不同，增长率的比值对应不同脱钩弹性，不同脱钩弹性类型有其具体含义，由表可见：

表1 八种脱钩状态及特征

| 脱钩状态 | 脱钩特征 | $e_{(CO_2,\ GDP)}$ | 脱钩状态含义 |
| --- | --- | --- | --- |
| 弱脱钩 | $\Delta GDP>0, \Delta CO_2>0$ | $\dfrac{\%\Delta CO_2}{\%\Delta GDP}=0\sim0.8$ | 碳排放增加幅度小于经济增长幅度 |
| 强脱钩 | $\Delta GDP>0, \Delta CO_2<0$ | $\dfrac{\%\Delta CO_2}{\%\Delta GDP}<0$ | 经济增长，碳排放下降 |
| 衰退脱钩 | $\Delta GDP<0, \Delta CO_2<0$ | $\dfrac{\%\Delta CO_2}{\%\Delta GDP}>1.2$ | 碳排放下降幅度大于经济衰退幅度 |
| 扩张负脱钩 | $\Delta GDP>0, \Delta CO_2>0$ | $\dfrac{\%\Delta CO_2}{\%\Delta GDP}>1.2$ | 碳排放增加幅度大于经济增长幅度 |
| 强负脱钩 | $\Delta GDP<0, \Delta CO_2>0$ | $\dfrac{\%\Delta CO_2}{\%\Delta GDP}<0$ | 经济衰退，碳排放增加 |
| 弱负脱钩 | $\Delta GDP<0, \Delta CO_2<0$ | $\dfrac{\%\Delta CO_2}{\%\Delta GDP}=0\sim0.8$ | 碳排放下降幅度小于经济衰退幅度 |
| 扩张连接 | $\Delta GDP>0, \Delta CO_2>0$ | $\dfrac{\%\Delta CO_2}{\%\Delta GDP}=0.8\sim1.2$ | 碳排放增加的幅度与经济增长的幅度相当 |
| 衰退连接 | $\Delta GDP<0, \Delta CO_2<0$ | $\dfrac{\%\Delta CO_2}{\%\Delta GDP}=0.8\sim1.2$ | 碳排放下降幅度与经济增长幅度相当 |

### （二）VAR 模型构建

向量自回归模型（VAR）1980 年由 Christopher A. Sims 提出。VAR 模型把系统中每一个内生变量作为系统中所有内生变量滞后值的函数来构造模型。VAR 模型常用于预测相互联系的时间序列系统及分析随机扰动对系统的动态冲击，从而解释各种冲击对经济变量形成的影响。其表达式为：

$$y_t = A_1 y_{t-1} + \ldots + A_p y_{t-p} + Bx_t + \varepsilon_t \qquad t=1,2,\ldots,T$$

式中：$y_t$ 是 $m$ 维内生变量列向量，$x_t$ 是 $n$ 维外生变量列向量，$p$ 是滞后阶数，$T$ 是样本个数。$A_1, \cdots, A_p$ 是 $n \times n$ 维系数矩阵，是 $k$ 维随机误差向量。该模型的关注重点不在于回归系数显著与否，检验的主要目的是通过对变量的调整得到稳定的 VAR 系统。在此基础上利用 Granger 因果检验和脉冲响应来研究碳排放、经济增长、能源消费量、城市化水平和服务化水平之间的因果关系，揭示变量间相互影响的动态变化趋势。

构建 VAR 模型要求平稳的变量，这也是进行脉冲响应分析的前提。面对非平稳变量，通过差分方法使其变为平稳序列，得到平稳差分序列后确定最优滞后阶数 $p$，即可建立 VAR($P$) 模型。在该模型基础上通过 Johansen 方法进行协整检验，确定变量间是否存在长期稳定的均衡关系。VAR($P$) 模型各序列平稳而又存在协整关系，可以探讨变量间的 Granger 因果关系。进一步分析一个变量短期冲击对另一变量的影响，采用广义脉冲响应函数，本文所有建模步骤均是在计量经济分析软件 Eviews8.0 中完成。

### （三）变量选取

黄河经济带上游区域有能源依赖性强的特点，结合国内外对于碳排放及其影响因素的研究，本文从以下指标进行变量选取：经济增长、能源消费量、产业结构、城镇化率、家庭消费结构、政策因素、资源型产业集中、高能耗基础设施等。其中政策变动不可量化，资源型产业集中、高能耗基础设施指标量化过程中数据不够完整，家庭消费结构在建模过程中无协整关系，最终筛选出能源消费量（$EC$）、人均生产总值（$PG$）、城市化水平（$UI$）、服务化水平（$SER$）四个变量，来构建其与碳排放量（$CO_2$）的关联模型：

$$CO_2 = f(EC, PG, UI, SER)$$

其中，碳排放量采用能源的消费量乘以其分别对应的碳排放系数所得；用人均人产总值是经济发展程度的指标，以 1978 年不变价处理的 GDP 与人口总数的比计算得来；城市化水平通过城镇化率衡量；服务化水平通过第三产业占比衡量，反映产业结构的变动。变量序列通过自然对数变换能在一定程度上消除异方差性，即转变形式为 $\ln CO_2$、$\ln PG$、$\ln UI$、$\ln EC$、$\ln SER$。文章中脱钩指数的计算采用 1978—2017 年数据，由于部分省能源消费量数据短缺，黄河经济带上游地区脱钩指标期间为 1990—2017 年，VAR 模型中的数据是按跨度同样为 1990—2017 年。

## 三、实证结果分析

### （一）脱钩分析

黄河经济带上游五省经济规模和碳排放加总为一个整体，是有一定区域经济环境的"总体"。从表 2 可以清晰看出 1978—2017 年黄河经济带上游区域以及全国的经济增长与碳排放之间的脱钩关系计算结果及其脱钩状态。图 1 用折线图的形式分别描绘出各省脱钩指标，由单个的点连成线之后更能显示出各省在 1978—2017 年间脱钩指标变化。图中的虚线为各省脱钩指标值拟合而成的曲线，通过最小二乘法把平面上的一系列点用平滑的曲线拟合起来，将各省拟合线放在同一坐标轴中，即图 2。由于数据点较多，基础的折线图无法将黄河经济带上游五省及全国的脱钩数据在同一个坐标中展示，将各省数据分别拟合能够更加清晰地说明其脱钩趋势，并且在各省之间形成鲜明对比。图 2 所展现的是黄河经济带五省与全国脱钩的趋势及其变化的程度，而不是脱钩具体数值的大小。无论是全国范围还是黄河经济带五省，经济增长与碳排放之间的脱钩趋势均不稳定。黄河经济带上游区域的经济增长和碳排放经历了 2001—2003 年、2007—2011 年、2013—2017 年的弱脱钩，以及 1998—2000 年的强脱钩，全国在 2015 年和 2016 年达到强脱钩状态，但黄河经济带上游区域依然为弱脱钩。由图 2 可知，全国与黄河经济带上游区域的脱钩指标趋势均是先上升后下降，但黄河经济带上游五省脱钩指标值开始下降的时间晚速度慢。

陕西在大部分时间处于弱脱钩状态，在 1998—2000 年三年中呈强脱钩状态，也就是经济增长的同时碳排放量下降。但经济增长与二氧化碳排放之间的强脱钩关系没能保持住，2001—2005 年转为扩张负脱钩，碳排放速度加快，并且其增速大于经济增长幅度。陕西脱钩指标变化幅度最小，没有明显的复钩趋势，也没有明显的脱钩趋势。

青海的脱钩指标变化幅度显著，因此其拟合出的趋势线也收到极端值的影响，但青海省的脱钩趋势在近年整体是逐渐向下的。其中 1994 年、1997 年、1999 年和 2005 年脱钩指标值陡增。1994 年总脱钩指标值突然增加是由于青海当年能源消耗量增长了 11%。

表 2 黄河经济带上游区域脱钩指标及其脱钩状态（1978—2017 年）

Table 2 Indicators and status of decoupling in five provinces and Northwest China (1978—2017)

| 时间 | 陕西省 脱钩指标 | 陕西省 脱钩状态 | 青海省 脱钩指标 | 青海省 脱钩状态 | 甘肃省 脱钩指标 | 甘肃省 脱钩状态 | 宁夏 脱钩指标 | 宁夏 脱钩状态 | 新疆 脱钩指标 | 新疆 脱钩状态 | 黄河经济带上游地区 脱钩指标 | 黄河经济带上游地区 脱钩状态 | 全国范围 脱钩指标 | 全国范围 脱钩状态 |
|---|---|---|---|---|---|---|---|---|---|---|---|---|---|---|
| 1978—1979 | 0.3558 | 弱脱钩 | — | — | — | — | 1.0154 | 扩张连接 | (0.0280) | 强脱钩 | — | — | 0.3262 | 弱脱钩 |
| 1979—1980 | 0.3234 | 弱脱钩 | — | — | — | — | (0.7923) | 强脱钩 | 0.5834 | 弱脱钩 | — | — | 0.3579 | 弱脱钩 |
| 1980—1981 | 0.2747 | 弱脱钩 | — | — | — | — | (1.2358) | 强脱钩 | 0.4682 | 弱脱钩 | — | — | (0.3126) | 强脱钩 |
| 1981—1982 | 0.5624 | 弱脱钩 | — | — | — | — | (0.2903) | 强脱钩 | 0.0176 | 弱脱钩 | — | — | 0.4965 | 弱脱钩 |
| 1982—1983 | 1.9255 | 扩张连接 | — | — | — | — | 0.2876 | 弱脱钩 | 0.7414 | 弱脱钩 | — | — | 0.5644 | 弱脱钩 |
| 1983—1984 | 0.5063 | 弱脱钩 | — | — | — | — | 0.6183 | 弱脱钩 | 0.3363 | 弱脱钩 | — | — | 0.5365 | 弱脱钩 |
| 1984—1985 | 0.7610 | 弱脱钩 | — | — | 0.8550 | 扩张连接 | 0.7125 | 弱脱钩 | 0.8282 | 扩张连接 | — | — | 0.6124 | 弱脱钩 |
| 1985—1986 | 0.6211 | 弱脱钩 | — | — | 1.0385 | 扩张连接 | (0.0893) | 强脱钩 | 0.1798 | 弱脱钩 | — | — | 0.6259 | 弱脱钩 |
| 1986—1987 | 0.8919 | 扩张连接 | — | — | 0.3695 | 弱脱钩 | 0.6386 | 弱脱钩 | 0.0644 | 弱脱钩 | — | — | 0.6246 | 弱脱钩 |
| 1987—1988 | 0.0752 | 弱脱钩 | — | — | (0.0932) | 强脱钩 | 0.2719 | 弱脱钩 | 1.3359 | 扩张负脱钩 | — | — | 0.6540 | 弱脱钩 |
| 1988—1989 | 0.6479 | 弱脱钩 | — | — | 0.5752 | 弱脱钩 | 0.0527 | 弱脱钩 | 1.1001 | 扩张负脱钩 | — | — | 1.0053 | 扩张连接 |
| 1989—1990 | 0.7478 | 弱脱钩 | — | — | 1.4848 | 扩张负脱钩 | (14.4926) | 强脱钩 | 0.7873 | 弱脱钩 | — | — | 0.3838 | 弱脱钩 |
| 1990—1991 | 0.7307 | 弱脱钩 | (2.2214) | 强脱钩 | 0.4622 | 弱脱钩 | (1.3395) | 强脱钩 | 0.5301 | 弱脱钩 | 0.6179 | 弱脱钩 | 0.5826 | 弱脱钩 |
| 1991—1992 | 0.3999 | 弱脱钩 | (0.2509) | 强脱钩 | 0.2711 | 弱脱钩 | (0.2627) | 强脱钩 | 0.6641 | 弱脱钩 | 0.5337 | 弱脱钩 | 0.3531 | 弱脱钩 |
| 1992—1993 | 0.4104 | 弱脱钩 | 0.0340 | 弱脱钩 | 0.6785 | 弱脱钩 | (0.2728) | 强脱钩 | 1.3070 | 扩张负脱钩 | 0.5656 | 弱脱钩 | 0.4122 | 弱脱钩 |
| 1993—1994 | 0.5729 | 弱脱钩 | 2.4010 | 扩张负脱钩 | 0.6785 | 弱脱钩 | 6.7558 | 扩张负脱钩 | 0.0435 | 弱脱钩 | 0.7273 | 弱脱钩 | 0.4163 | 弱脱钩 |
| 1994—1995 | 1.0815 | 扩张连接 | 1.6605 | 扩张负脱钩 | 0.4558 | 弱脱钩 | 0.4308 | 弱脱钩 | 0.5686 | 弱脱钩 | 0.7266 | 弱脱钩 | 0.5865 | 弱脱钩 |
| 1995—1996 | 0.4585 | 弱脱钩 | 0.0970 | 弱脱钩 | 0.3996 | 弱脱钩 | 0.3309 | 弱脱钩 | 1.7409 | 扩张负脱钩 | 0.6454 | 弱脱钩 | 0.6553 | 弱脱钩 |
| 1996—1997 | 0.1799 | 弱脱钩 | 2.7948 | 扩张负脱钩 | (0.9985) | 强脱钩 | 0.0294 | 弱脱钩 | 0.4764 | 弱脱钩 | 0.0634 | 弱脱钩 | (0.2319) | 强脱钩 |
| 1997—1998 | (0.5190) | 强脱钩 | (0.5088) | 强脱钩 | 0.3219 | 弱脱钩 | (0.1193) | 强脱钩 | 0.2353 | 弱脱钩 | (0.1065) | 强脱钩 | (0.6481) | 强脱钩 |

续表

| 时间 | 陕西省 脱钩指标 | 陕西省 脱钩状态 | 青海省 脱钩指标 | 青海省 脱钩状态 | 甘肃省 脱钩指标 | 甘肃省 脱钩状态 | 宁夏 脱钩指标 | 宁夏 脱钩状态 | 新疆 脱钩指标 | 新疆 脱钩状态 | 黄河经济带上游地区 脱钩指标 | 黄河经济带上游地区 脱钩状态 | 全国范围 脱钩指标 | 全国范围 脱钩状态 |
|---|---|---|---|---|---|---|---|---|---|---|---|---|---|---|
| 1998—1999 | (1.2086) | 弱脱钩 | 2.3079 | 扩张负脱钩 | 0.8775 | 扩张连接 | (0.0734) | 强脱钩 | (0.2842) | 强脱钩 | (0.1881) | 强脱钩 | 0.2045 | 弱脱钩 |
| 1999—2000 | (0.1411) | 强脱钩 | (1.4446) | 强脱钩 | 0.3832 | 弱脱钩 | 0.4951 | 弱脱钩 | 0.4300 | 弱脱钩 | 0.1424 | 弱脱钩 | 1.0073 | 扩张连接 |
| 2000—2001 | 1.6137 | 扩张负脱钩 | 0.1442 | 弱脱钩 | 0.1788 | 弱脱钩 | 0.7637 | 弱脱钩 | 0.3769 | 弱脱钩 | 0.6725 | 弱脱钩 | 0.5535 | 弱脱钩 |
| 2001—2002 | 1.2217 | 扩张负脱钩 | 0.6844 | 弱脱钩 | 0.4615 | 弱脱钩 | 1.5374 | 扩张负脱钩 | 0.5358 | 弱脱钩 | 0.8073 | 扩张连接 | 1.0275 | 扩张连接 |
| 2002—2003 | 1.2837 | 扩张负脱钩 | 1.0443 | 扩张连接 | 1.0313 | 扩张连接 | 5.2194 | 扩张负脱钩 | 1.0042 | 扩张连接 | 1.4984 | 扩张负脱钩 | 1.7504 | 扩张负脱钩 |
| 2003—2004 | 1.5261 | 扩张负脱钩 | 1.7477 | 扩张负脱钩 | 0.9734 | 扩张连接 | 4.7340 | 扩张负脱钩 | 1.6246 | 扩张负脱钩 | 1.7641 | 扩张负脱钩 | 1.6453 | 扩张负脱钩 |
| 2004—2005 | 1.5147 | 扩张负脱钩 | 3.9061 | 扩张负脱钩 | 0.7400 | 弱脱钩 | 0.7915 | 弱脱钩 | 1.2709 | 扩张负脱钩 | 1.2823 | 扩张负脱钩 | 1.2559 | 扩张负脱钩 |
| 2005—2006 | 0.6670 | 弱脱钩 | 1.3849 | 扩张负脱钩 | 0.8421 | 扩张连接 | 1.8593 | 扩张负脱钩 | 0.8675 | 扩张连接 | 0.9442 | 扩张连接 | 0.7494 | 弱脱钩 |
| 2006—2007 | 0.6135 | 弱脱钩 | 1.1405 | 扩张连接 | 0.5792 | 弱脱钩 | (0.0830) | 强脱钩 | 0.7544 | 弱脱钩 | 0.5549 | 弱脱钩 | 0.6028 | 弱脱钩 |
| 2007—2008 | 0.5171 | 弱脱钩 | 0.5563 | 弱脱钩 | 0.3456 | 弱脱钩 | 0.3786 | 弱脱钩 | 0.7405 | 弱脱钩 | 0.5064 | 弱脱钩 | 0.1834 | 弱脱钩 |
| 2008—2009 | 0.8558 | 扩张连接 | 0.0584 | 弱脱钩 | (0.0045) | 强脱钩 | 0.3007 | 弱脱钩 | 0.9357 | 扩张连接 | 0.5530 | 弱脱钩 | 0.5052 | 弱脱钩 |
| 2009—2010 | (0.1798) | 强脱钩 | (0.4976) | 强脱钩 | 0.6526 | 弱脱钩 | 0.8397 | 扩张连接 | 0.9319 | 扩张连接 | 0.3274 | 弱脱钩 | 0.5312 | 弱脱钩 |
| 2010—2011 | 0.7608 | 弱脱钩 | 0.4207 | 弱脱钩 | 0.7002 | 弱脱钩 | 2.3742 | 扩张负脱钩 | 1.7242 | 扩张负脱钩 | 1.1847 | 扩张负脱钩 | 0.8833 | 扩张连接 |
| 2011—2012 | 0.7433 | 弱脱钩 | 1.2740 | 扩张负脱钩 | 0.4074 | 弱脱钩 | 0.2229 | 弱脱钩 | 1.5758 | 扩张负脱钩 | 0.8683 | 扩张连接 | 0.2770 | 弱脱钩 |
| 2012—2013 | 0.5478 | 弱脱钩 | 0.5923 | 弱脱钩 | 0.3859 | 弱脱钩 | 0.5696 | 弱脱钩 | 1.1003 | 扩张连接 | 0.7032 | 弱脱钩 | 0.3582 | 弱脱钩 |
| 2013—2014 | 0.5835 | 弱脱钩 | 0.0065 | 弱脱钩 | 0.3002 | 弱脱钩 | 0.3343 | 弱脱钩 | 0.9049 | 扩张连接 | 0.5924 | 弱脱钩 | 0.0702 | 弱脱钩 |
| 2014—2015 | 0.4460 | 弱脱钩 | 1.3252 | 扩张负脱钩 | (0.0139) | 强脱钩 | 0.7975 | 弱脱钩 | 0.5053 | 弱脱钩 | 0.5065 | 弱脱钩 | (0.052) | 强脱钩 |
| 2015—2016 | 0.5747 | 弱脱钩 | 1.1749 | 扩张负脱钩 | (0.3692) | 强脱钩 | 0.0690 | 弱脱钩 | 0.5288 | 弱脱钩 | 0.3769 | 弱脱钩 | (0.049) | 强脱钩 |
| 2016—2017 | 0.2118 | 弱脱钩 | (0.4217) | 强脱钩 | (0.4023) | 强脱钩 | 2.3581 | 扩张负脱钩 | 0.6546 | 弱脱钩 | 0.6678 | 弱脱钩 | 0.2624 | 弱脱钩 |

注：表中加括号的数字为负值；以"—"符号表示为统计数据有缺。数据来源于《新中国60年统计资料汇编》《中国统计年鉴》以及《中国能源统计年鉴》。

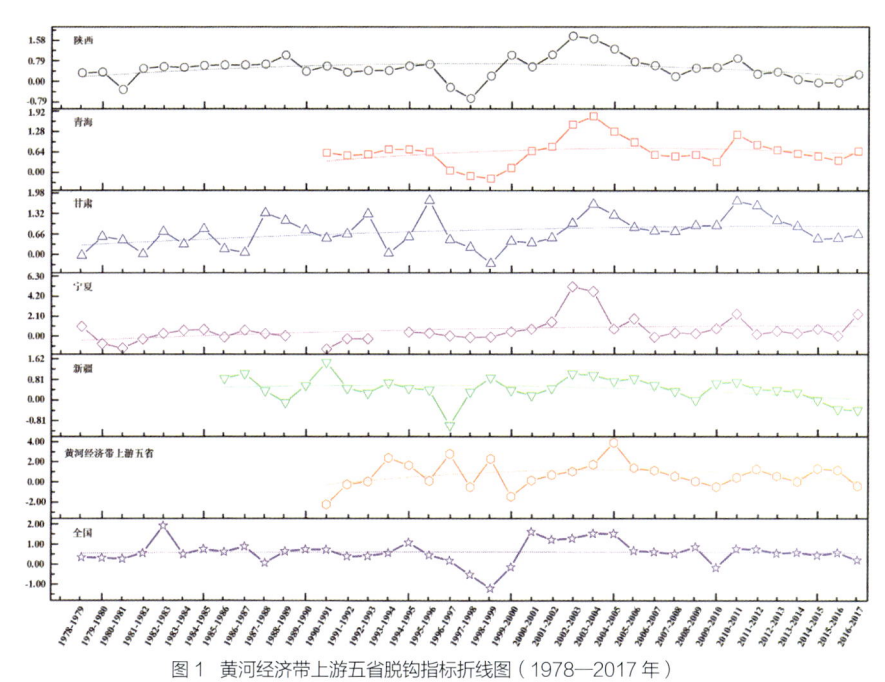

第一部分　黄河流域生态保护和高质量发展

图1　黄河经济带上游五省脱钩指标折线图（1978—2017年）

注：宁夏1990年的数据（14.4738）和1994年数据（6.7558）与其他值差异大，为了清楚显示脱钩指标的变化趋势，未将其表示在图中；各省纵坐标根据其脱钩指标情况不同。

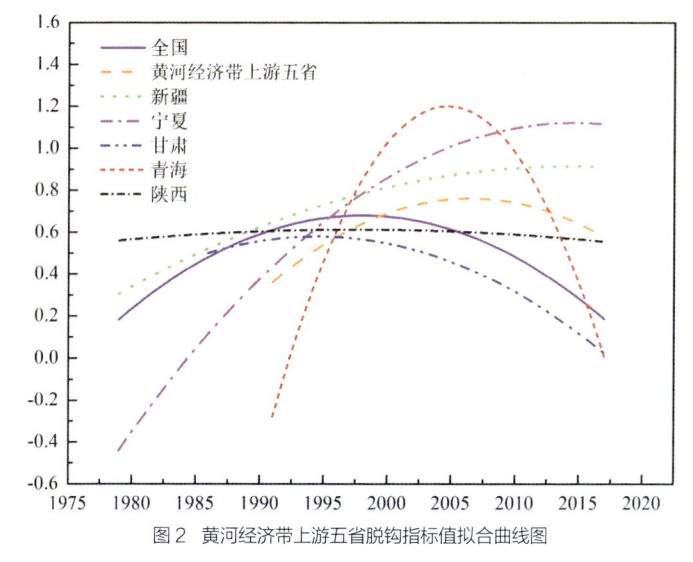

图2　黄河经济带上游五省脱钩指标值拟合曲线图

导致碳排放量增长15%。1997年能源消耗总量并未明显增长，但是煤炭和石油占能源消费总量的比重增加，煤炭消费量增加13%，石油消费量从60万吨增长到135万吨，造成碳排放增加。1999年能源消费总量增长27%，导

023

致其脱钩指标出现大幅度向上波动。2005年的脱钩指标值达到3.9061，是青海省脱钩情况最差的一年，主要原因在于其能源消费总量增加34%，其中煤炭的使用占比增加17%。从甘肃的脱钩指标值判断，其经济增长对碳排放的影响地区中程度最低，仅有一年处于扩张负脱钩状态，其余各年均为经济增长速度小于或等于二氧化碳排放增长速度。甘肃脱钩指标波动区间小，曲线比较平稳，并且甘肃脱钩指标呈现向下的变化趋势。

宁夏总脱钩指标的曲线变化幅度非常大，有极端值出现。在1979—1982年、1985—1986年、1989—1993年和1997—1999年均出现碳排放量持续减少，因此其脱钩状态表现为强脱钩，但2002—2006年能源消费量大幅度增加，经济增长速度小于碳排放增长。1994年宁夏的脱钩指标出现明显的跳跃式增长，其脱钩指标达到了6.7558，主要由于其化石能源结构中煤炭使用占比从1993年的47.7%增加到75%。宁夏脱钩指标自1978年开始一直呈向上趋势，至2010年后脱钩指标的上升趋势变缓。

新疆脱钩指标没有明显的极端值出现，具有一定的规律性。在2002年之前以弱脱钩为主，从2003年开始主要为扩张负脱钩和扩张连接两种状态。新疆的脱钩趋势同样自1978年逐步上升，但其上升的速度小于宁夏。

通过上述对黄河经济带上游五省和全国脱钩指标的计算，可以得出以下结论：在1990—2017年脱钩指标变化趋势一致，但黄河经济带上游五省脱钩指标值开始下降的时间晚速度慢；黄河经济带上游五省各自的脱钩指标有波动较大的特点，尤其是青海和甘肃，黄河经济带上游五省在2000年之前脱钩指数呈现出锯齿形的上下变动；在2002—2004年、2010—2011年各省脱钩指标值曲线均有一定凸起；全国、黄河经济带上游五省和青海的脱钩趋势是先向上后向下，宁夏和新疆的脱钩指标呈上升趋势，甘肃的脱钩指标呈下降趋势，陕西脱钩指标变化趋势不明显。从脱钩指标的演变表现看，黄河经济带上游区域应该加大绿色经济力度，促进经济与环境协同发展。

（二）因果关系分析

1. 单位根检验

为了防止虚假回归，在建立VAR模型之前，对碳排放量、生产总值、能源消费量、城市化水平、服务化水平五个序列进行单位根检验,以保证该时间序列的平稳性并确定单整阶数。本文采用 ADF 单位根检验方法,结果如表 3 所示。原序列单位根检验值均大于 5% 水平下的临界值,显示出序列不稳定但存在单位根,再次对各序列进行差分,其二阶差分检验值小于 1% 或 5% 水平下临界值,序列平稳,单位根检验通过。

表 3 变量 ADF 检验结果

| 变量 | 检验类型 | ADF 统计值 | 各显著性水平下的临界值 1% | 5% | 10% | P 值 | 结论 |
|---|---|---|---|---|---|---|---|
| $\ln(CO_2)$ | (C,T,6) | -0.543463 | -3.711457 | -2.981038 | -2.629906 | 0.8669 | 非平稳 |
| $\ln(PG)$ | (C,T,6) | -2.071207 | -3.711457 | -2.981038 | -2.629906 | 0.2570 | 非平稳 |
| $\ln(UI)$ | (C,T,6) | -0.086122 | -3.699871 | -2.976263 | -2.627420 | 0.9414 | 非平稳 |
| $\ln(EC)$ | (C,T,6) | 0.306351 | -3.724070 | -2.986225 | -2.632604 | 0.9738 | 非平稳 |
| $\ln(SER)$ | (C,T,6) | -1.585262 | -3.711457 | -2.981038 | -2.629906 | 0.4756 | 非平稳 |
| $d^2\ln(CO_2)$ | (C,T,5) | -4.122952 | -3.724070 | -2.986225 | -2.632604 | 0.0039 | 平稳 |
| $d^2\ln(PG)$ | (C,T,5) | -4.394889 | -3.724070 | -2.986225 | -2.632604 | 0.0021 | 平稳 |
| $d^2\ln(UI)$ | (C,T,5) | -9.028443 | -3.724070 | -2.986225 | -2.632604 | 0.0000 | 平稳 |
| $d^2\ln(EC)$ | (C,T,5) | -3.765540 | -3.724070 | -2.986225 | -2.632604 | 0.0091 | 平稳 |
| $d^2\ln(SER)$ | (C,T,5) | -5.556997 | -3.724070 | -2.986225 | -2.632604 | 0.0001 | 平稳 |

注:检验类型 (C, T, X) 中,C 表示包含常数项,T 表示包含时间趋势项,滞后阶数由 Schwarz 信息准则确定;$d^2$ 表示二阶单整。

2. 协整检验

进行协整检验第一步要确定协整检验的滞后阶数,协整检验的最佳滞后阶数为 VAR 最佳滞后阶数减 1。表 4 表明 0—2 阶 VAR 模型的五个评价准则,各准则分别给出的最小滞后阶数以"*"进行标记。五个准则选择出的滞后阶数均为 2,因此将 VAR 的滞后阶数确定为 2 阶,并建立 VAR(2) 模型。

表 4 滞后阶数判断结果

| 滞后期 Lag | 对数似然函数值 LogL | 对数似然比检验 LR | 最终预测误差 FPE | 赤池信息量准则 AIC | 施瓦茨信息准则 SC | 汉南—奎因信息准则 HQ |
|---|---|---|---|---|---|---|
| 0 | 200.1816 | NA | 2.08e-13 | -15.01397 | -14.77202 | -14.94430 |
| 1 | 393.6684 | 297.6721 | 5.09e-19 | -27.97449 | -26.52284 | -27.55647 |
| 2 | 448.3771 | 63.12544* | 6.59e-20* | -30.25978* | -27.59842* | -29.49340* |

碳排放、人均生产总值、能源消费量、城市化水平和服务化水平均具有时间趋势,且均值都不为零,故应选择水平序列确定线性趋势。其检验结果见表5,可得五个变量之间存在协整关系,并且迹检验和最大特征根检验都表明模型存在四个协整向量,长期协整关系表明五个变量之间至少存在一个因果关系。因此下文用格兰杰因果检验法对序列进行验证。

表5 Johansen 协整检验结果

| 零假设 | 特征值 | Trace 统计量($p$ 值) | Max-Eigen 统计量($p$ 值) |
| --- | --- | --- | --- |
| None | 0.952990 | 163.8399 (0.0000)* | 76.43463 (0.0000)* |
| 至多一个 | 0.827024 | 87.40525 (0.0000)* | 27.58434 (0.0002)* |
| 至多两个 | 0.586190 | 43.54014 (0.0007)* | 22.05870 (0.0370)* |
| 至多三个 | 0.527218 | 21.48144 (0.0055)* | 18.72800 (0.0092)* |
| 至多四个 | 0.104289 | 2.753438 (0.0970) | 2.753438 (0.0970) |

3. Granger 因果检验

分析时间序列之间的因果关系是 VAR 模型的一个重要应用。Granger 认为 $x$ 是否引起 $y$ 的主要原因,通过验证过去的 $x$ 解释能够在多大的程度上解释现在的 $y$ 能,以及加入 $x$ 的滞后值是否使解释程度提高。如果可以通过 $x$ 的变化预测 $y$,或者在统计上 $x$ 与 $y$ 相关,就可以说"$y$ 是由 $x$ Granger 引起的"。因此,格兰杰因果关系可以用来表示一种变量是否对另一种变量具有预测能力。

Granger 因果关系检验结果见表6,人均生产总值、城市化水平和服务化水平都是碳排放的 Granger 因。人均生产总值与碳排放互为 Granger 因,得出经济发展在一定程度上可以预测碳排放量。但当碳排放量超过环境容量时,经济增长将受到制约。能源消费量与人均生产总值也互为因果关系,证实了上文脱钩计算结果,黄河经济带上游地区经济发展仍是粗放型经济。通过上文研究可以发现近些年这种模式在逐渐地改变,但还没有明显效果。城市化水平和服务化水平分别为碳排放的 Granger 因,但碳排放的增加不会对城市化水平和服务化水平产生反向促进效应。城市化水平与服务化水平互为 Granger 因,说明城市化率的提高与服务业占比的提升之间具有相互预测促进作用。

表6 Granger 因果关系检验结果

| 变量<br>Variance | 碳排放量<br>$\ln(CO_2)$ | 人均生产总值<br>$\ln(PG)$ | 城市化水平<br>$\ln(UI)$ | 能源消费量<br>$\ln(EC)$ | 服务化水平<br>$\ln(SER)$ |
|---|---|---|---|---|---|
| $\ln(CO_2)$ | — | 11.5741**<br>[0.0031] | 3.3999<br>[0.1827] | 6.1860*<br>[0.0454] | 0.1048<br>[0.9889] |
| $\ln(PG)$ | 9.1755*<br>[0.0102] | — | 11.8490**<br>[0.0027] | 22.1819**<br>[0] | 10.302**<br>[0.0058] |
| $\ln(UI)$ | 6.6962*<br>[0.0351] | 3.0991<br>[0.2123] | — | 8.1980*<br>[0.0166] | 12.5778**<br>[0.0019] |
| $\ln(EC)$ | 2.9784<br>[0.2256] | 10.6541**<br>[0.0049] | 2.8525<br>[0.2402] | — | 0.1198<br>[0.9418] |
| $\ln(SER)$ | 7.9954*<br>[0.0184] | 0.8026<br>[0.6694] | 6.3036*<br>[0.0428] | 17.7098**<br>[0.0006] | — |

注：[ ]中为 $P$ 值，*、** 分别表示在1%、5%的显著性水平下接受 Granger 因果关系。

4. 脉冲响应分析

通过上文可知，人均生产总值、能源消费量、碳排放、城市化水平、服务化水平之间存在单向或双向的因果关系。为了更全面研究各变量之间相互作用的动态趋势，本文建立脉冲响应函数。脉冲响应函数描述的是 VAR 模型受到冲击时对系统的动态影响，随时间推移观察模型各个变量对于冲击的反应。脉冲响应函数的特点表明，单位时间内冲击产生的响应波动频率越高，两者之间相互影响所涉及的主体越多或者与响应变量相关的因素越复杂，响应波动的时间越长，响应的持续性越强。

如图3为对人均生产总值、碳排放、能源消费量、城市化水平以及服务化水平进行脉冲响应分析的结果。给人均生产总值一个正冲击，碳排放量增加，到第三期下降为负值，到第六期波动逐渐趋于为零。城市化水平的正向冲击导致碳排放量显著向上，冲击持续时间短且波动剧烈。对服务化水平的正向冲击使碳排放量和能源消费量先稍有上升，随后开始下降到负值，能源消费量的波动频率大于碳排放量，且能源消费量的冲击影响波动持续时间较长。当给城市化水平一个正冲击时，碳排放量、能源消费量和人均生产总值都显著上升，随后效应逐渐下降并趋于平稳。对碳排放量的正面冲击使能源消费量从第一期开始有显著的正响应，到第四期响应逐渐下降为零。城市化水平对人均生产总值正向冲击在

图 3 脉冲响应图

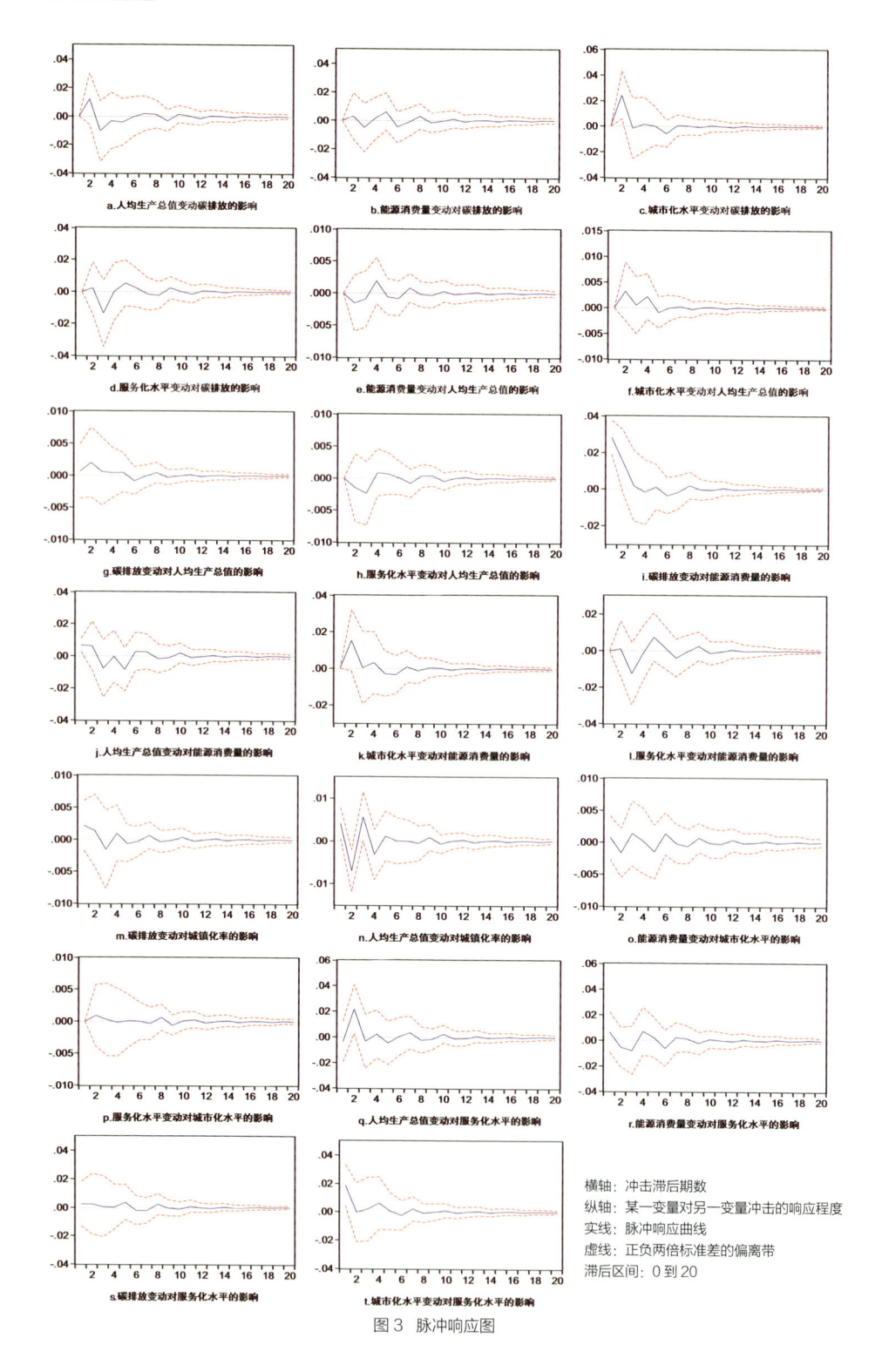

第五期之前较剧烈且为正。人均生产总值的正向冲击对能源消费量产生正向影响，后冲击反应围绕零值上下波动至响应逐渐消失。能源消费量的正向冲击对服务化水平产生一定的波动。城市化水平的正向冲击使能源消费量有显著正向响应，城市化水平的正向冲击使服务化水平在前两期首先产生正向影响，响应影响时间较短。

通过上述 Granger 因果关系检验和脉冲相应分析，可以得到以下结论：人均生产总值提高对碳排放增加的影响有两条路径，人均生产总值提高会显著影响城市化水平的提高，城市化水平提高会对碳排放有显著正向影响。因此人均生产总值通过提高城市化水平而对碳排放具有促进效应；人均生产总值提高会显著影响服务化水平的提高，服务化水平提高会对碳排放有显著负向影响。因此人均生产总值通过提高服务化水平也就是第三产业占比而对碳排放形成降低效果；人均生产总值与碳排放互为 Granger 因果关系，但在脉冲响应分析中响应波动相对较弱、持续时间也较短。可以解释为由于人均生产总值与碳排放之间的正向负向影响因素过多，并且相应的因素之间关系复杂，导致二者形成的响应关系并不明显；进一步将人均生产总值对碳排放的影响细化为人均生产总值对城市化水平和服务化水平的影响、城市化水平和服务化水平对碳排放的影响，这样形成链式关系，更有助于我们分析其中的作用机理。

## 四、碳排放影响因素分析

### （一）产业结构不合理

造成黄河经济带上游地区经济增长与碳排放脱钩关系并不显著一个重要原因是黄河经济带上游地区的产业结构不合理。有上文可知服务化水平提高对碳排放有显著的负向影响，因此，服务化水平的提升，也就是第三产业的提升有助于促使碳排放降低。对比黄河经济带上游地区与全国的三种产业占比也可以发现（图4），黄河经济带上游地区产业结构呈现"二三一"型，经济增长主要依靠第二产业拉动，第三产业发展较全国相对落后。黄河经济带上游地区自实施西部大开发战略和执行中西部承接东部产业转移政策以来，对中央投资和基础设施投资产生强依赖，投资资源型产业和房地产业成为推动经济增长的主要动力，对高端机械制造业和新型技术产业投资少。产业结构成为黄河经济带上游五省经济增长的脱钩指标值持续的高于全国的原因之一。

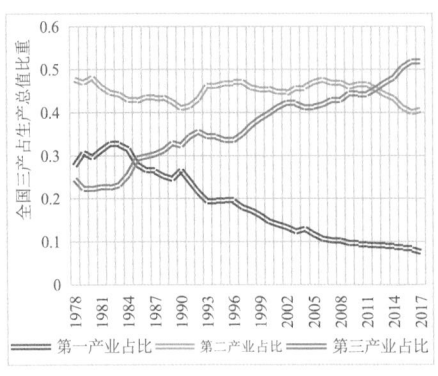

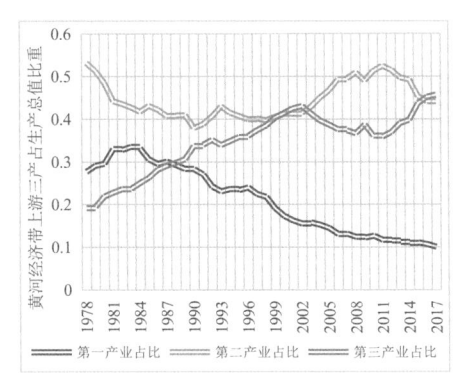

图 4 全国和黄河经济带上游地区三产增加值及占比

数据来源：《中华人民共和国六十年统计资料汇编》，中华人民共和国国家统计局，西北各省统计年鉴。三产占比为作者计算得到。

### （二）城市化进程的影响

城市化率与碳排放之间存在长期驱动关系，由上文城市化率对碳排放量有正向促进作用，城市化率每提高1%，导致碳排放量增加约1.61%。1978—2017年间，黄河经济带上游五省区城市化水平发展速度呈现出较大差异，其中陕西城市化水平从16.3%增长到56.79%；青海城市化水平从18.59%增长到53.07%；甘肃城市化水平从14.41%增长到46.39%；宁夏城市化水平从17.17%增长到57.98%；新疆城市化水平从26.06%增长到50.38%。碳排放量除受到当期城市化水平的直接影响，还存在累进效应，即前期城市化率对当期碳排放量水平的影响通过能源消耗的惯性体现出来。

### （三）家庭消费结构变化

在我国城镇化过程中，居民生活方式也在发生改变。居民生活水平不断提高，消费部门向高碳排放转变，如城镇居民对交通、居住、医疗等部门的消费需求增加，促进了消费结构转型升级，由满足生存基本条件的食品和住房等方面转向更高层次的需求，如医疗、交通出行等方面，家庭消费结构的这种转变对促进个人消费间接碳排放增加具有一定作用。

### （四）资源型产业集中

从黄河经济带上游地区能源消费的构成看，煤炭资源在一次能源生产中所占的主导地位没有发生根本性变化，维持在75%左右，2000年下降到最低为73.2%。在经济快速增长的巨大能源需求拉动下，煤炭资源在一次能源生产中的比重再次呈现上升趋势。黄河经济带上游地区工业产业结构存在同构性，优势集中在资源型产业；陕西、宁夏、新疆、甘肃是煤炭生产和煤炭综合基地，同时也是大型油气开采加工基地。新疆太阳能、风能等可再生资源丰富，但由于需要大量资金投入、设备及技术研发，限制了风电产业发展。

### （五）高能耗基础设施

黄河经济带上游地区的能源消耗量在2000年后进入快速增长阶段，人均碳排放量相应的明显增长。黄河经济带上游五省的总脱钩指标2001年后连续出现扩张负脱钩状态，其中陕西和青海尤为明显。西部大开发以来，黄河经济带上游地区基础设施的投入加大，优先建设西部地区的水利、交通和能源等基础产业。这些措施在一定程度上扭转了东西部地区发展差距逐步扩大的局面，但黄河经济带上游地区在经济快速增长的同时，大批高能耗、高物耗的基础设施项目和工程集中。1999年黄河经济带上游五省中三个地区出现了强脱钩，但在之后的三年中五个省、自治区先后出现了扩张负脱钩的状态，脱钩指标也出现了峰值，二氧化碳的排放速度在逐年增加。

## 五、政策建议

以长江经济带"不搞大开发，实施大保护"政策为借鉴，那么黄河经济带更应该实现"生态优先、绿色发展"。因为这里不仅承担着经济和社会发展的功能，而且承担着生态环境保护和绿色发展的功能。我国正处在工业化的进程中，黄河经济带上游五省作为能源占有量较为丰富的地区，发展第二产业是实现经济增长收入增加的有效途径，而这所产生的必然结果就是高碳排放。产业结构升级对于能源依赖性强的黄河经济带上游地区是较有效率的减排方法。由此加大产业结构升级力度、改革粗放型经济发展模式是实现碳减排、经济绿色的可能方式。随着经济发展到一定程度，社会更加注重服务水平的提升，相应的传统工业、制造业技术转型升级，二者内部结构不断优化调整，随之产生对碳排放的抑制作用。

城市化水平发展依赖于其支撑产业，二者会产生相互促进作用。第二产业也就是传统工业和制造业的发展，在促进城市化水平提高的同时直接推动了碳排放量与碳强度的提高，这使得城市发展与碳减排之间存在矛盾。探索绿色低碳城市化发展模式，是解决黄河经济带上游五省城市化发展质量与低碳减排之间矛盾的关键。甘肃省推出《绿色生态产业发展规划》[13]，提出要"积极构建生态产业体系""走具有甘肃特色的高质量绿色发展道路"，进而制定了"十大工程"的专项行动规划；青海省推出祁连山国家公园[14]和三江源国家公园[15]等规划。诸如此类的规划，不仅为黄河经济带绿色发展提供了根本遵循和指引，而且为黄河经济带建设绿色城市带提供了基本思路。弱化城市化与碳减排的矛盾，增加高新技术产业和现代服务业投入，建立绿色可持续的产业体系，走低能耗、高发展的低碳道路。

合理引导家庭消费行为，形成"绿色消费"的激励机制，政府在绿色建筑推广过程中采取税收减免、贷款贴息等举措，对消费者购买绿色住宅产生引导作用。新能源汽车近些年来也越来越受到大众的接受，对碳减排产生了积极的效应。针对高收入家庭，引导具有责任的消费行为，鼓励消费者在其预算范围内购买较低碳的商品和服务。通过形成低碳消费观念和行为，构建可持续家庭消费模型。

[参考文献]

[1] 国家发展改革委. 淮河生态经济带发展规划.

[2] 国家发展改革委. 汉江生态经济带发展规划.

[3] Juknys R. 2003. *Transition Period in Lithuania–Do We Move to Sustainability?*[J]. Environmental Research, Engineering and Management, 26(4): 4—9.

[4] Tapio P. *Towards a theory of decoupling :Degrees of decoupling in the EU and the case of road traffic in Finland between 1970 and 2001*[J]. Transport Policy, 2005, 12(2): 137—151.

[5] 朱婧, 刘学敏, 姚娜. 低碳城市评价指标体系研究进展 [J]. 经济研究参考, 2013(14):18—28.

[6] 陶长琪, 宋兴达. 我国 $CO_2$ 排放、能源消耗、经济增长和外贸依存度之间的关系——基于 ARDL 模型的实证研究 [J]. 南方经济, 2010(10):49—60.

[7] 张友国. 经济发展方式变化对中国碳排放强度的影响 [J]. 经济研究, 2010(4): 120—133.

[8] 孙睿.Tapio 脱钩指数测算方法的改进及其应用[J].技术经济与管理,2014(8):7—11.

[9] 刘晓婷,陈闻君.西北五省碳排放与区域经济增长脱钩关系实证分析[J].新疆农垦经济,2015(4):70—77.

[10] 梁涵玮,倪玥琦,董亮等.经济增长与资源消费的脱钩关系——基于演化视角的中日韩美比较研究[J].中国人口·资源与环境,2018,28(5):8—16.

[11] 韩永辉,黄亮雄,王贤彬.产业政策推动地方产业结构升级了吗?——基于发展型地方政府的理论解释与实证检验[J].经济研究,2017(8):33—78.

[12] 曲健莹,李科.工业增长与二氧化碳排放"脱钩"的测算与分析[J].西安交通大学学报(社会科学版),2019,39(5):92—104.

[13] 甘肃省人民政府.甘肃省推进绿色生态产业发展规划.

[14] 青海省人民政府办公厅.关于印发祁连山国家公园体制试点(青海片区)实施方案的通知(青政办〔2018〕57 号).

[15] 国家发展改革委.三江源国家公园总体规划(发改社会〔2018〕64 号).

# 黄河流域高质量发展的有序性几个案例分析

孙宏义[1]　董治宝[2]

## 一、引言

　　黄河流域是由黄河河道和两岸区域流域组成的开放系统（图1）。黄河流域高质量发展就是黄河流域开放系统的有序发展。无数小流域汇集成黄河流域，形成黄河自西向东输送水资源，这是热力学第二定律主导的熵流。而河流的水库改变了水流，是逆热力学第二定律，是有序方向，是负熵流，包含以人为主体的社会有序结构，以小麦为主体的作物有序结构，以针阔叶林为主体的森林结构，以青藏高原和黄土高原为主体的地貌结构，农业用地向工业用地转化的有序结构；无序方向主要是流域水土流失，以人为主体的贫困，自然灾害的不可控制性，发展政策的失误等。黄河流域的水资源，兰州以上流域主要是青藏高原冰川融化；兰州以下主要是降雨，表现为夏季以后每次大的暴雨导致黄河水流量大增，特别兰州站以3000立方米/秒为界，大于这个流量就要高度重视水灾危害。黄河流域水资源轻度污染，局部污染，污染物主要为醌苯污染等，1986年黄河沙坡头段发生暴雨后河流表层发生漂鱼事件，漂流的黄河鲤鱼20斤以上，但是苯醌含量超高，几乎不能食用。黄河流域土壤体现在黄字上，因此黄土高原的次生黄土是流域的主要土壤类型；黄河流域的植物覆被稀少，实施退耕还林工程以来，黄土高原和毛乌素沙漠的植被得到了快速的恢复，这个是以付出陕北煤炭资源和石油资源的交换，后续是否有序发展有待于时间验证。黄河流域的作物以小麦为主，兼有玉米、马铃薯、水稻、花生等。而

---

(1) 孙宏义，中国科学院西北生态环境资源研究院副研究员，陕西白水人，主要从事固沙造林、固沙设备的研究。

(2) 董治宝（1966— ），男，陕西横山人，陕西师范大学行星风沙科学研究院教授，主要从事风沙物理研究。

且只有小麦是可以发面的。春小麦和冬小麦的口感性质不同，冬小麦口感优于春小麦。

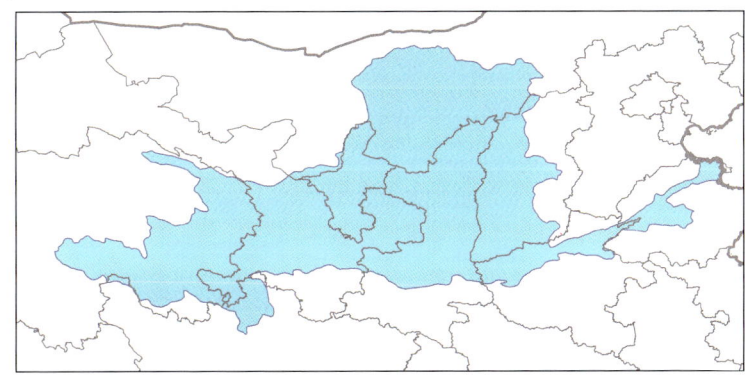

图 1　黄河流域全图

## 二、黄河流域有序性产生的物质和能量交换动力

耗散结构理论[1]指出：一个远离平衡的开放系统（力学的、物理的、化学的、生物的及至社会的、经济的系统），通过不断地与外界交换物质和能量，在外界条件的变化达到一定的阈值时，可能从原有的混沌无序的混乱状态，转变为一种在时间上、空间上或功能上的有序状态。黄河流域河道周边一切变化最后都反应在河道的河流通向东部海洋。河道高于一定的阈值时为正熵流，引起混乱。降水是流域的水分来源，合适的降水产生负熵流，少降水和过度降水都形成正熵流（图2）。水循环是联系地圈—生物圈—大气圈的纽带，是全球碳循环、水循环和食物纤维中的核心问题之一。随着社会的进步，经济的发

图 2　黄河流域熵流

展，人类对河流的治理程度越来越高，同时对河流索取的更多。与此同时，水循环的天然流路发生了改变，这就引起物质输送和能量循环的改变。特别是水沙关系，黄河托克托至三门峡为主要产沙河段，近年来得到很大的改善，说明系统向耗散结构变化。

从热力学的观点来看，自然界有两类有序结构。一类是像晶体中出现的那种有序结构，它们是在分子水平上定义的有序，并且可以在孤立的环境条件下和在平衡的条件下维持，不需要和外界环境进行任何物质和能量的交换；另一类可呈现出宏观范围的时间有序，这类有序只有在非平衡条件下通过和外界环境间的物质和能量的交换才能维持。第二类有序现象是耗散结构，它是活的有序化结构。耗散结构理论认为随机涨落与系统的结构和功能呈如下关系：

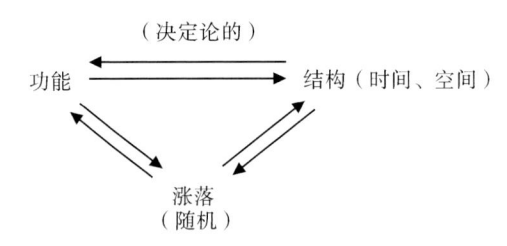

图3 随机涨落与系统的结构和功能关系

涨落来自系统内部和外部的扰动。小的涨落不足以改变系统的稳定性。在黄河流域，外部涨落来自降水，小的降水为植被和作物吸收，系统走向有序；大的超长事件暴雨，产生大的涨落，系统走向崩毁。这里，黄河的高质量发展，实际就是落实把黄河流域无序的单元变成能用技术和技术区域的——政府可以规划操作投入的有序结构。

## 三、有序结构产生的几个案例分析

### （一）沙坡头铁路固沙工程

沙坡头地段位于宁夏回族自治区中卫县，腾格里沙漠东南缘。自然地理单元是草原化荒漠，年降水量186.2毫米，沙层含水量在1%~4%之间。在这样的环境容纳量条件下，该地段经过近60年的工作，在铁路两侧建立起了牢固的人工植被。该人工植被建立的初期，其基本问题是植物种的选择问题，之后便是所选择的植物种对环境条件的适应问题，最后达到饱和环境容纳量。本工作[2]

从该地段沙漠绿洲化进程中提取信息熵作为沙漠开放系统从无序走向有序的参变量，针对该地沙漠段固沙造林工作如何样逼近造林极限条件进行了研究。各年沙坡头地段绿化进程熵值与时间的回归关系是：

$$H(t)=1.3138e^{1.0576/t}$$

$$\gamma=0.7600$$

关系式表明，沙漠地区的绿化过程，从绿化后约 10 年开始，绿化进程的熵值就趋于稳定（图4）。

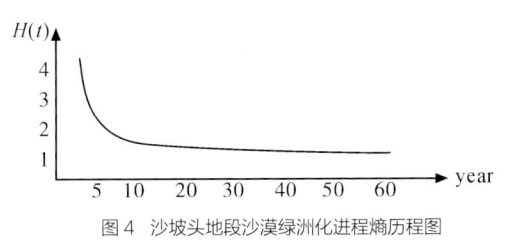

图 4　沙坡头地段沙漠绿洲化进程熵历程图

近 60 年来，沙坡头地段沙漠绿洲化进程是开放系统从无序趋向有序的过程，有序的标志是熵值在不断减小，这个减小的关系是 $H(t)=1.3138e^{1.0576/t}$，指明了沙坡头地段从造林后的第 10 年开始，绿洲化植被的生长状态就已近于该地段环境容纳量的极限，这个极限是降水量 186.2 毫米，沙层含水量 1%～2%。

## （二）河南新乡中低产田改造工程

随着我国国民经济迅速发展，人口增长，在肥沃耕地日趋减少的情况下，扩大耕地面积和提高中低产田的单位面积产量，才能适应人口不断增长对粮食及农副产品大幅度增加的需求。黄淮海平原地处半湿润地区，该区的风沙土整治投资少，周期短，见效快。1988 年，中国科学院兰州沙漠研究所在河南省延津县开始了沙荒地的综合开发研究[3]，试验开发面积 10000 亩。黄淮海平原共有风沙化土地 204.4 万公顷，其中沙丘占 38%。延津县风沙土地面积 50000 公顷，位于黄河下游北岸，属华北黄河冲积平原。黄河从古代的禹河故道至目前现行河道长达 4000 多年的历史中，在现行河道以北流经时间约 3300 多年。黄河 26 次较大的改道迁徙中涉及本区的就有 13 次之多，河道决口流水挟带的大量泥沙形成较厚的泥沙沉积，河漫滩和泛水漫流区为粉细沙沉积，回水和静水区多为黏土质沉积。延津县的风沙土多属黄河故道主流沉沙，经风力再搬运堆积于故道旁发育而成的一类土壤。由于季风风力大小不同，形成的沙丘、沙垄形状、大小也各有异同，分别有沙丘连片成群，或者呈零星独立状，相对高差在2～10米之间。由于延津县风沙土分布面积较大，颗粒粗，所以危害严重。根据土壤风蚀程度、发育状况、质地粗细、地形、地貌等因素，延津县风沙土可分为沙壤土、细沙土、固定风沙土、半固定风沙土和流动风沙土，总面积5.15万公顷，其中流动沙丘280公顷，半固定沙丘1553公顷，固定沙丘2433公顷，细沙土900公顷，沙壤土4.63万公顷。在沙壤土中有3.88万公顷耕地和7467公顷的沙荒地，这些沙荒地的开发成为国家提供大量商品粮的潜力所在，也是该区大气环境污染治理的主要所在。

延津县中低产田改造，对1万亩土地进行规划，每100亩建立作物或者果园，采取创造细土层，改造粗骨性，增加土壤养分。风沙土因粗沙含量太高，要夺取农业好收成，必须首先创造细土层。在试验区，一是利用黄河水进行灌溉，利用含有大量泥沙的黄河水进行淤灌，淤积泥沙；二是大量施用腐熟人工土粪和有机肥，以改良风沙土的粗骨性，并增加土壤养分含量，十多年来对土壤机械组成和养分含量的改良效果见表1和表2。

表1 不同改良方式对机械组成的影响

| 改良类型 | 各粒级含量（mm）/% |  |  |  |
|---|---|---|---|---|
|  | 0.5—0.25 | 0.25—0.125 | 0.125—0.063 | 0.063—0.02 |
| 改良前 | 3.50 | 16.26 | 45.53 | 34.71 |
| 淤灌 | 3.27 | 11.21 | 29.50 | 55.02 |
| 施有机肥2t | 3.37 | 13.25 | 37.42 | 45.96 |
| 施有机肥4t | 2.91 | 10.78 | 32.63 | 53.68 |

表2 不同改良方式对土壤养分含量的影响

| 改良类型 | 有机质/(g·kg$^{-1}$) | 全国养分含量/(g·kg$^{-1}$) |  |  | 速效养分含量/(mg·kg$^{-1}$) |  |  |
|---|---|---|---|---|---|---|---|
|  |  | N | P$_2$O$_5$ | K$_2$O | 水解N | P$_2$O$_5$ | K$_2$O |
| 改良前 | 4.11 | 0.17 | 0.84 | 22.5 | 1.78 | 6.0 | 90 |
| 淤灌 | 6.66 | 0.28 | 0.98 | 22.5 | 15.0 | 8.1 | 80 |
| 施有机肥2t | 5.11 | 0.23 | 1.10 | 22.5 | 16.9 | 36.8 | 60 |
| 施有机肥4t | 7.56 | 0.47 | 1.41 | 22.5 | 43.90 | 51.6 | 120 |

延津县风沙土系黄河故道主流沉沙经风力搬运后发育而成，因而形成的各类土壤均具有质地轻粗，有机质贫乏，保肥能力弱和富钾缺磷等特点。所以，在改良利用上应该积极营造防护林，引黄淤灌，创造细土层，改造粗骨性，大力施用有机肥，因地制宜，综合发展，并以广开肥源，种植绿肥，培育和提高土壤肥力为重点。

### （三）宁夏中卫迎水桥—盐地塔拉沙草炭拐枣固沙工程

草炭也称泥炭，主要是草本植物的残体在水分过多、空气不足的条件下，分解不充分，经过多年累积而自然形成。一直以来，草炭被认为是一种矿产，农业领域在多数情况下是作为肥料在土壤中应用，在能源、化工、饲料、医药领域也有广泛的应用 。近年来利用草炭保水特性，用于荒漠化防治的尝试多起来，进行了DS植树法、倒"T"双层指数法植树的研究，取得了好的进展，特别在甘肃武威进行了固沙研究。然而草炭对荒漠植物初期幼根的作用一直不清楚，影响了草炭在防治土地沙漠化中作用的发挥。为此本研究选择了沙拐枣

照片1 草炭对植物幼根幼苗影响1 　　照片2 草炭对植物幼根幼苗影响2

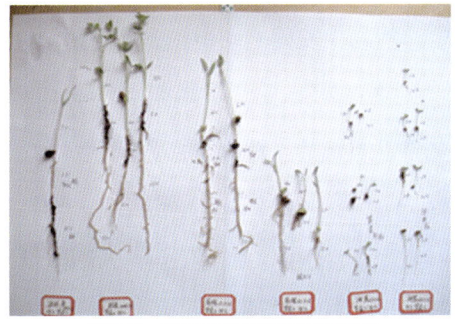

照片2 草炭对植物幼根幼苗影响3 　　照片2 草炭对植物幼根幼苗影响4

（Calligonum mongolicum）、柠条（Caragana korshinskii）、花棒（Hedysarum scoporium）、油蒿（Artimisia ordosica）四种荒漠植物，设计了 3 个控制实验来研究荒漠植物幼根对草炭的响应，了解荒漠植物在含草炭的风沙土中和风沙土两种介质中，种子开始出苗的天数、幼根的特性。

荒漠植物在第四天就能发芽，2—3 天发芽结束；荒漠植物幼根在草炭风沙土中表现细而长的特性，在风沙土中表现粗而短的特性；荒漠植物幼根在草炭风沙土中的生长量大于幼根在风沙土中的生长量；荒漠植物幼根从草炭风沙土层进入风沙土层和从风沙土层进入草炭风沙土层，草炭对植物幼根的影响大多数情况下明显，少数情况下不明显。不论是哪种状态，油蒿发芽容易但长大很难。

照片 2　草炭对植物幼根幼苗影响 5

### （四）榆林—靖边高速公路 K50 处固沙工程

1.K50 处 30° 坡度风沙土固沙混合料喷播后植物生长密度

榆林—靖边高速公路 K50 千米处，上覆第四系风积沙，褐黄—褐灰色，均质，稍湿，含植物根系，含水量（W）4.1%，稍湿；标贯击数 6—17，松散—中密。表 3 粒度组成显示挖方段风沙土没有粘粒，植物生长困难，但挖方产生的坡度小又便于施工。

表 3　榆林—靖边高速公路 20—50 千米处风沙土粒度组成（%）

| 砾石 | 极粗沙 | 粗沙 | 中沙 | 细沙 | 极细沙 | 粉沙 | 粘粒 |
|---|---|---|---|---|---|---|---|
| 72mm | 2—1mm | 1—0.5mm | 0.5—0.25 | 0.25—0.125 | 0.125—0.05 | 0.05—0.01 | <0.01 |
| 0.72 | 0.4 | 2.60 | 36.21 | 38.07 | 21.70 | 0.30 | 0.00 |

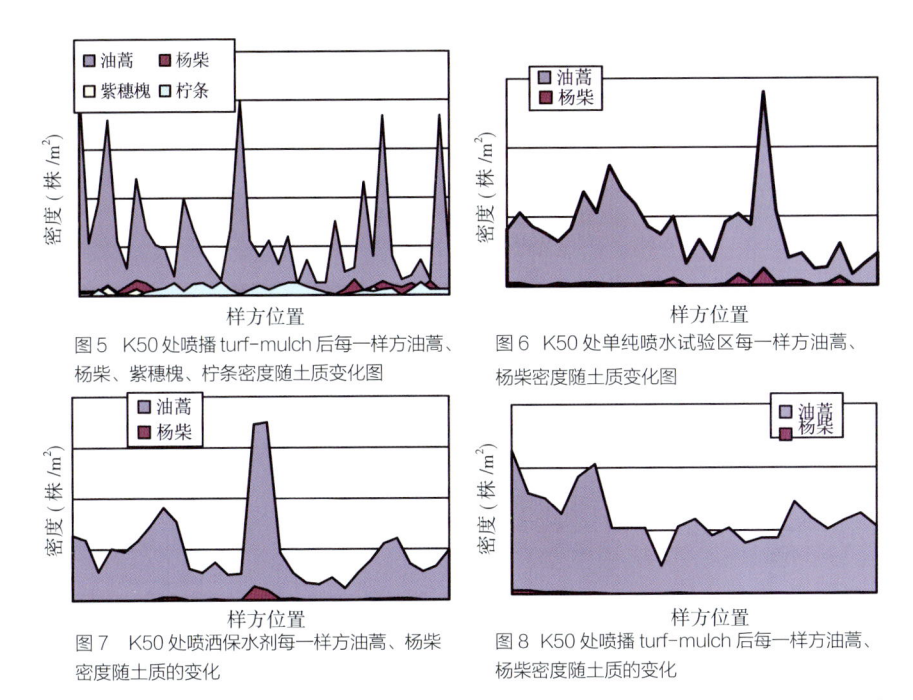

图 5 K50处喷播 turf-mulch 后每一样方油蒿、杨柴、紫穗槐、柠条密度随土质变化图

图 6 K50处单纯喷水试验区每一样方油蒿、杨柴密度随土质变化图

图 7 K50处喷洒保水剂每一样方油蒿、杨柴密度随土质的变化

图 8 K50处喷播 turf-mulch 后每一样方油蒿、杨柴密度随土质的变化

K50处植物生长调查如图5，四种植物都出现，但以油蒿占绝对优势，柠条、杨柴次之，紫穗槐量微。图5喷水试验区植物生长情况以油蒿为优势，密度接近50株/平方米；图6加保水剂实验区，也以油蒿为优势，但密度接近100株/平方米，说明加保水剂有利于固沙。图7加固沙混合料后，植物密度如图6，仍然以油蒿为优势，密度更大，接近200株/平方米，说明turf-mulch材料固沙效果显著。

2. 固沙混合料防止水蚀结果

喷播固沙混合料后，恰遇几场大雨，表4列出2002年K5和K50两地的降雨量资料，两地的降雨量都在500毫米左右，在这样降雨量强度下，表5显示3万平方米的实验区仅有5平方米的地方有冲沟，而没有喷播的紫穗槐造林地全部有大小不等的冲沟，平均宽度5厘米，深度5厘米，有些地方甚至形成大沟。

表4 K5、K50处2002年降雨量统计表

| 取样位置 | 1 | 2 | 3 | 4 | 5 | 6 | 7 | 8 | 9 | 10 | 11 | 12 | 合计 |
|---|---|---|---|---|---|---|---|---|---|---|---|---|---|
| K5处 | 0.0 | 1.1 | 3.7 | 24.5 | 38.8 | 156.1 | 169.1 | 35.6 | 78.0 | 10.2 | 0.0 | 9.5 | 526.6 |
| K50处 | 0.1 | 0.7 | 8.3 | 14.8 | 54.1 | 170.7 | 98.1 | 20.1 | 109.7 | 6.6 | 0.6 | 12.5 | 495.7 |

表5 榆林—靖边高速公路边坡水蚀情况调查表

| 取样位置 | 坡度 | 取样横距（m） | 细沟条树 | 代表范围（万m²） | 沟宽(cm)×沟深(cm) 最大 | 沟宽(cm)×沟深(cm) 最小 | 沟宽(cm)×沟深(cm) 平均 | 细沟占据的面积(%) | 侵蚀量（m³/hm²） |
|---|---|---|---|---|---|---|---|---|---|
| 紫穗槐造林地 | 45° | 5 | 8 | 300 | 25×20 | 0.2×0.3 | 6×5 | 30 | 240 |
| K5喷播地 | 75° | 5 | 0 | 1 | | | | | |
| K50喷播地 | 30° | 5 | 0 | 2 | | | | | |

## （五）兰州新区荒漠草原高削坡治理工程

### 1. 工程措施对植被盖度的影响

兰州新区水秦立交70°坡面，采取水平长条、长圆形和圆形人工整地后形成的三种微地形与未产生微地形的无纺布坡面、对照坡面的上坡位、中坡位、下坡位的植被盖度如图（图5），除长条坑之外的两种微地形与坡面上坡位、中坡位、下坡位的植被盖度变化趋势一致，在种草后的前60天均迅速增加，61—104天缓慢减少，这是由于9月之后进入秋季，部分植被出现了干枯死亡的现象，而长条坑在8月9日就达到了100%植被盖度，死亡的部分对整体盖度未产生影响。无纺布坡面上坡位、中坡位、下坡位的植被盖度（图9—A），下坡位的植被盖度最大，9月9日达到峰值43.07%；中坡位的植被盖度次之，9月9日达到峰值22.50%；上坡位的植被盖度最小，9月9日达到峰值12.72%。对照坡面上坡位、中坡位、下坡位的植被盖度（图9—B），下坡位的植被盖度最大，9月9日达到峰值18.19%；中坡位的植被盖度次之，9月9日达到峰值11.23%；上坡位的植被盖度最小，9月9日达到峰值1.83%。无纺布坡面、对照坡面的上坡位、中坡位、下坡位的植被盖度中，均为下坡位的植被盖度最大，中坡位次之，上坡位最小。无纺布坡面中坡位、下坡位的植被盖度约为对照坡面的2倍，无纺布坡面上坡位的植被盖度达到对照坡面的6倍。三种微地形的植被盖度（图9—C），长条坑的植被盖度最大，8月9日达到100%的植被盖度后再未下降；小圆形坑的植被盖度次之，9月9日达到峰值82.27%；大圆形坑的植被盖度最小，9月9日达到峰值63.24%。

对不同微地形、不同坡位的植被盖度进行方差分析,除小圆形坑与大圆形坑的植被盖度不存在统计学意义上的差异($P>0.05$)之外,不同微地形、不同坡位的植被盖度均存在统计学意义上的显著差异($P<0.05$),这可能是由于小圆形坑与大圆形坑的形态类似,只存在大小区别,大圆形坑约是小圆形坑的1.5倍大,对植被盖度的影响差异不大。无纺布坡面的植被盖度显著大于对照坡面,下坡位的植被盖度显著大于中坡位和上坡位,中坡位的植被盖度显著大于上坡位。三种微地形的植被盖度均显著大于三种坡位,三种微地形中长条坑的植被盖度显著大于小圆形坑和大圆形坑。

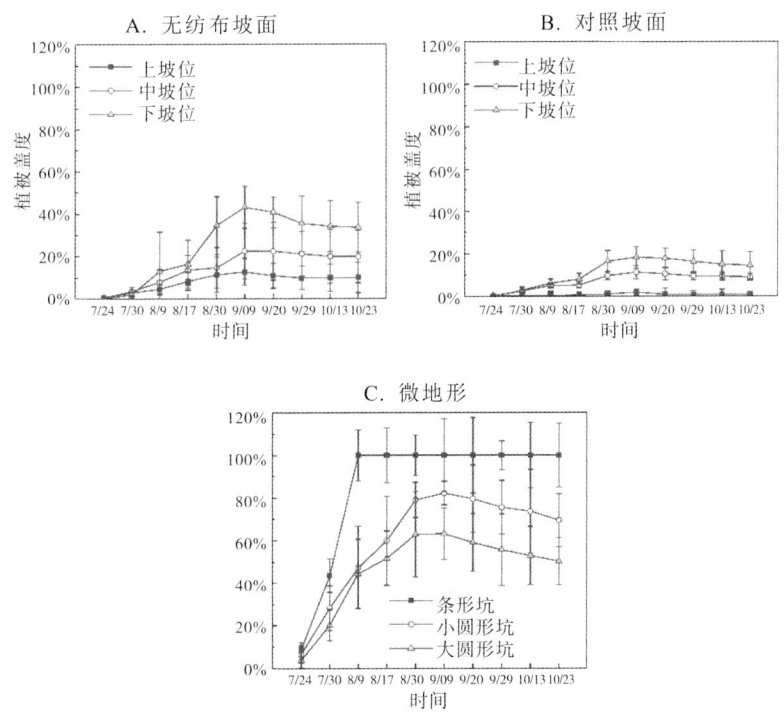

图9 微地形与无纺布坡面、对照坡面的植被盖度动态变化

2. 边坡的土壤硬度、土壤水分动态变化

三种微地形、原状坡样地和无纺布坡面上坡位、中坡位、下坡位三个坡位的土壤硬度(图10—A),原状坡样地和无纺布坡面三种坡位的土壤硬度变化趋势一致,三种微地形的土壤硬度变化趋势一致,原状坡样地和三种坡位的平均土壤硬度为4.5 $kg \cdot cm^{-2}$,微地形的平均土壤硬度为3 $kg \cdot cm^{-2}$,这是

由于微地形特殊的凹陷于地表的地形使其在灌溉及降水时能接收坑位上方冲刷下来的松散土壤。三种微地形和原状坡样地的土壤水分（图10—B），条形坑的土壤含水量最高为（12.02±1.61）%，原状坡样地的土壤含水量较高为（10.84±1.35）%，小圆形坑的土壤含水量较低为（9.81±0.81）%，大圆形坑的土壤含水量最低为（4.79±1.74）%。

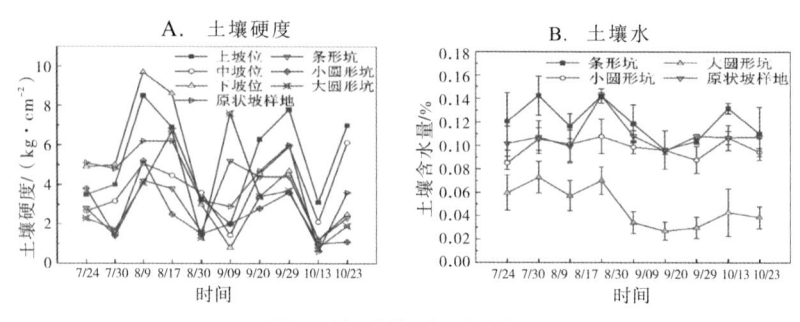

图 10 坡面土壤硬度和水分变化

### 3.边坡植被盖度和环境因子的相关性分析

对植被盖度和土壤硬度、土壤水分、地表温度和空气温度四种环境因子进行相关性分析（表6），相关系数顺序为土壤水分＞空气温度＞地表温度＞土壤硬度（由于仅监测了微地形和原状坡样地的土壤水分，因此未在表6列出）。微地形和原状坡样地植被盖度与土壤水分均呈正相关关系，相关系数平均值为0.869，存在统计学意义上的显著相关（$P < 0.01$）。上坡位、中坡位、下坡位和三种微地形的植被盖度与空气温度和地表温度均呈负相关关系，除条形坑与大圆形坑外均存在统计学意义上的显著相关（$P < 0.05$）。只有中坡位和下坡位的植被盖度与土壤硬度存在统计学意义上的显著负相关（$P < 0.05$、$P < 0.01$），上坡位和三种微地形的植被盖度与土壤硬度的负相关关系均不存在统计学意义上的显著相关（$P > 0.05$）。

表6 边坡植被盖度和环境因子的相关性分析

| 环境因子 | 上坡位 | 中坡位 | 下坡位 | 条形坑 | 小圆形坑 | 大圆形坑 |
| --- | --- | --- | --- | --- | --- | --- |
| 空气温度 | -0.678* | -0.779* | -0.761* | -0.520 | -0.683* | -0.551 |
| 地表温度 | -0.692* | -0.772* | -0.755* | -0.498 | -0.673* | -0.543 |
| 土壤硬度 | -0.005 | -0.446* | -0.590** | 0.304 | -0.351 | 0.311 |

注：* 表示以显著性水平 $a=0.05$ 检验，差异显著；** 表示以显著性水平 $a=0.01$ 检验，差异显著。

## 四、结论

本文把黄河流域看成河道和两岸区域流域组成的开放系统,水和沙主要承担系统的物质和能量的交换,由于物质和能量输入人为及自然的不确定性,因而这个开放系统是不稳定的。因此黄河流域高质量发展,实际就是制定该开放系统从不稳定态走向稳定态形成耗散结构,同时通过沙坡头铁路固沙工程、河南新乡中低产田改造工程、宁夏中卫迎水桥—盐地塔拉沙草炭拐枣固沙工程、榆林—靖边高速公路 K50 处固沙工程和兰州新区荒漠草原高削坡治理工程等五个案例说明黄河流域开放系统形成耗散结构的林学、生态学、土壤水分和养分的作用过程。

[参考文献]

[1] 湛垦华,沈小峰.普利高津与耗散结构理论[M].陕西科学技术出版社,1982.

[2] 孙宏义,刘新民.沙坡头地段沙漠绿洲化进程的研究[J].干旱区资源与环境,1995,9(3):88—92.

[3] 段争虎,刘发民.延津县风沙土及其改良利用[J].中国沙漠,2000,(20)增刊:171—174.

[4] Hongyi Sun, Jixia Zhou, et al, *Study on Direct Seeding Forestation on Shifting Sandy Land with Peat*[J], Journal of Japan Peat Society, 2009,8(1):53—60.

[5] 孙宏义,徐增友,董治宝,李芳.黄土高原北部风沙区喷播植物护坡研究[J].西安科技学院学报,2004,(24)186—89.

[6] 刘乐,孙宏义等:几种工程措施对黄土区陡峭边坡植被盖度的影响及其机理[J].干旱区研究,2019, 36 (4):1041—1048

# 还林还草工程后榆林市 NDVI 时空变化趋势分析

杨波[1,2]　王全九[*,2]　许晓婷[1]　周佩[1]　雷景森[1]　王艳[3]　郭勇[4]

植被是陆地生态系统的最重要组成部分，有维持生态系统平衡和调剂气候的重要功能。土地的过度开垦、城市快速扩张等造成的荒漠化加剧、水资源枯竭、气候异常等一系列问题严重威胁着可持续发展（Mohammad et al.，2010；易浪等，2014；石玉琼等，2018）。在生态脆弱的干旱地区植被对生态系统的维持有着重要的作用，对环境的变化敏感（李文斌等，2012），因此对干旱地区植被研究对于监测该地区的生态系统和环境变化有着重要的意义。在区域尺度下利用遥感方法获取的植被指数能够定量反应植被生长，在40多种植被指数中，其中归一化植被指数（NDVI），被学者们广泛接受并用于研究植被覆盖变化（闫敏等，2016；王伟军等，2016），NDVI 为无量纲单位，数值在（-1,1），NDVI 越接近1，表示植被覆盖越好（张东海等，2013；张景华等，2015；季国华等，2016；陈爱京等，2016）。

榆林市作为黄土高原的核心区，南部丘陵沟壑区水土流失严重，土壤侵蚀模数一度达到了 $8968.82t \cdot km^{-2} \cdot a^{-1}$（杨波等，2016）。北部处于毛乌素沙漠边缘，加上对土地的不合理利用，土地沙化现象逐渐加重，生态环境恶化。为了改善生态环境，国家从1999年开始实施退耕还林工程植被恢复较快，植

---

＊国家自然科学基金项目（51239009、05149212、41661042）、教育部社科青年基金（19YJCAH204）、陕西省优势学科建设项目（历史地理：0602）、咸阳师范学院科研项目（XSYK17017）、大学生创新项目（201828030、2018087）资助。

(1) 杨波，男，博士，咸阳师范学院资源环境与历史文化学院讲师，主要从事水土流失和 GIS 信息化研究。
(2) 西安理工大学水利水电学院。
(3) 陕西省榆林市榆阳区农业技术推广中心。
(4) 陕西省榆林市水保所。

被作为生态环境变化的重要评估因子,在黄土高原地区成为学界关注的热点(赵安周等,2016)。1999年之前,黄土高原植被覆盖以小幅波动为主(张宝庆等,2011),对 GIMM/NDVI 数据的分析表明,20世纪80年代到21世纪初,黄土高原的 NDVI 在0.24—0.27之间波动,2000年 NDVI 和1985年相近,约为0.245(信忠保,2007)。截至2016年榆林,市退耕还林还草面积累计达到 $1.37×10^6$ 公顷(王涛等,2017)。

退耕还林还草工程实施以后,黄土高原地区植被覆盖迅速增加(信忠保,2007;赵安周等,2016),土地沙漠化程度减轻(张莉等,2002),黄土高原地区的 NDVI 指数增加速率为 $0.1497a^{-1}$(易浪等,2014)。1961—2014年黄土高原气候总体呈现暖干化趋势(晏利斌等,2015),随着纬度的升高,植被对气候因子响应的滞后时间逐渐缩短(白建军等,2014;王伟军等,2016)。与 GIMM 数据相比,MODIS 数据更适合反映黄土高原地区植被的空间分布(邵霄怡等,2017)。植被指数具有一定的空间差异性(朱林富等,2018),陕北地区植被对干旱反应灵敏(谢秋霞等,2016),目前伴随着黄土高原地区大规模植被快速恢复,土壤干层现象逐渐加剧(易小波等,2017),过度追求还林还草规模可能会带来未知风险,故黄土高原地区还林还草工作需要和水资源持续利用、人民群众的增产增收等问题合理全面考虑,统筹规划,实现生态环境建设和人民群众增产增收统一发展。为了研究目前该地区的植被指数特征和未来植被分布的变化趋势,故笔者用 MODIS 16d 250m 分辨率数据,利用 GIS 技术,结合气象资料,分析了榆林市 NDVI 时空变异、变化的趋势以及与气候响应关系,预测未来 NDVI 的变化趋势,为该地区生态环境建设和退耕还林后土壤侵蚀和生态保护提供支持。

## 一、研究地区与研究方法

### (一)研究区概况

榆林市位于陕西省最北部,西邻甘肃环县、宁夏盐池县,北连内蒙古准格尔、伊金霍洛、乌审、鄂托克等四旗,东隔黄河与山西相望,南与陕西省延安市接壤。位于36°57′N—39°35′N,107°28′E—111°15′E。总面积43578平方千米,约占陕西省总面积的21%。地貌主要有风沙草滩区、黄土丘陵沟壑区、梁状低山丘陵区三大类。该区域气候属暖温带和温带半干旱大陆性季风气候，四季分明，无霜期短，年平均气温 10℃，年平均降水量 400 毫米左右（刘新颜等，2013）。

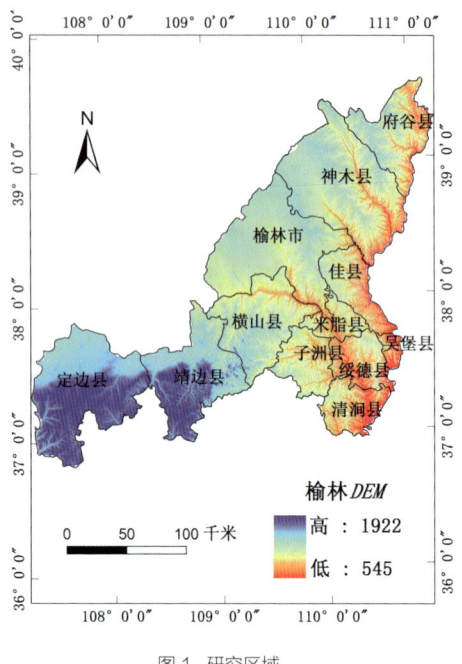

图 1 研究区域

## （二）数据来源

MODIS 250m NDVI 来源于 https：//search.earthdata.nasa.gov/，研究区域 MODIS 轨道号为 h26V05，2000—2017 年 16d 合成数据，累计 432 景，每月两景 NDVI 数据采用最大化合成法（MVC）计算得到月 NDVI，逐月 NDVI 再利用最大合成法（MVC）计算得到年 NDVI（赵安周等，2016），最大化合成法（MVC）可以有效地反映出 NDVI 的明显变化。1980—2017 年榆林市各县月降水量、月平均温度数据，来源于中国气象共享网（http：//cdc.cma.gov.cn/）。2000，2008 和 2013 年榆林市 1∶100000 土地利用数据来源于寒区旱区数据中心（http：//westdc.westgis.ac.cn/）。DEM 数据来源于地理空间数据云，空间分辨率为 30 米。粮食、畜牧数和退耕还林面积等数据来源于榆林市统计局网站和政府工作报告。数据处理方法：空间数据采用统一高斯克吕格投影，在 excel 里面计算了榆林市 13 个气象站点的年平均降水和气温，然后在 ArcGIS 地统计分析中进行了空间插值。文中所有降水、温度、NDVI 等空间栅格数据均重采样到 250 米分辨率进行分析。

### （三）研究方法

1. 趋势分析

趋势分析采用最小二乘法逐像元拟合年均 NDVI 的斜率，统计每个栅格的变化趋势（宋怡等，2008），但是当样本数少于 30 的时候 T 检验效果更好。同时采用 T 统计检验法对变化趋势的显著性进行检验，其一元线性回归分析公式如下：

$$S = \frac{\sum_{i}^{n}(NDVI_i - \overline{NDVI})(i-\bar{t})}{n\sqrt{\sum_{i}^{n}(i-\bar{t})^2 \sum_{i}^{n}(NDVI_i - \overline{NDVI})^2}} \tag{1}$$

式中：$S$ 为 2000—2017 年 NDVI 变化率；$i$ 为年序号，$NDVI_i$ 为第 $i$ 年的 NDVI 图层，2000—2017 年，$i$ 依次取 1 到 18；样本时间长度均值，$\bar{t} = (n+1)/2$；$NDVI_i$ 为第 $i$ 年的 NDVI 值。$S$ 为变化趋势，$n$ 为时间序列，$NDVI_i$ 为第 $i$ 年的 NDVI 值。当 $S > 0$，表示 NDVI 呈现增加的趋势，越接近于 1 增加越明显；$S < 0$，表示 NDVI 呈现减小的趋势，越接近于 -1 减少越明显。

2. 标准差分析

标准差分析反应了 NDVI 的年际差异性，数值越小表明相邻年份的 NDVI 变化越小，数据越大表明相邻年份的 NDVI 变化越大，该指标可以反映 NDVI 年际空间变化差异。从而反映植被覆盖的时空演变格局（赵安周等，2016）对变化趋势的显著性进行检验，其一元线性回归分析公式如下：

$$S_i = \sqrt{\frac{1}{n}\sum_{i=1}^{n}(NDVI_i - \overline{NDVI})^2} \tag{2}$$

3. Hurst 指数

英国水文专家在研究水文问题的时候提出了一种基于重标极差（R/S）分析方法，Hurst 指数是预测时间序列数据相对于过去未来发展趋势的一个重要指数，目前被广泛应用在水文、气象、经济等多个领域。

基于重标极差（R/S）分析方法 Hurst 指数是一种定量描述时间序列信息长期依赖性的有效方法，其计算方法步骤如下所示：

计算一个时间序列的均值序列：

$$<\xi>_t = \frac{1}{\tau}\sum_{j=1}^{r}\xi(t)\, \tau = 1,2,\ldots\ldots n \qquad (3)$$

计算累计离差：

$$X(t,\tau) = \sum_{j=1}^{r}(\xi(t) - <\xi>_t) \qquad (4)$$

计算极差：

$$R(\tau) = \max_{1<t<r}[X(t.\tau)] - \min_{1<t<r}[X(t.\tau)] \qquad (5)$$

计算标准差：

$$S(\tau) = \{\frac{1}{\tau}\sum_{t=1}^{r}[\xi(t) - <\xi>_t)]^2\}^{\frac{1}{2}} \qquad (6)$$

考虑比值 $\frac{R(\tau)}{S(\tau)} \cong \frac{R}{S}$，若存在 $\frac{R}{S} \propto (\frac{\tau}{2})^H$ 关系，则说明时间序列 $\{\xi(t)=1,2,3\cdots\cdots\}$ 存在 Hurst 现象。在双对数坐标系（$\ln\tau$, $\ln R/S$）中通过最小二乘法拟合式得。Hurst 指数的值为 0—1。若 $0<$ Hurst $<0.5$，$H<0.5$，表明时间序列具有反持续性，未来发展趋势和现在相反，且 $H$ 越接近于 0，反持续性越强。若 $0.5<$ Hurst $<1$，$H>0.5$，表明该时间序列是一个持续性序列，未来发展趋势和现在相同，且 $H$ 越接近于 1，持续性越强；若 Hurst=0.5，$H$=0.5，表明该时间序列是一个随机序列，在未来变化中没有趋势（赵安周等，2016）。

## 二、结果与分析

### （一）NDVI 总体变化特征

榆林市 2000 年平均 NDVI 为 0.271，2017 年平均 NDVI 达到 0.511，增长 88.56%，年增长率为 4.92%。18 年来呈现"波动式"特征，2000 年、2007 年、2009 年、2013 年和 2016 年出现"波峰"，2003 年、2005 年、2008 年、2010 年和 2015 年出现"波谷"。2000—2017 年榆林市 NDVI 指数增长可以用线性方程回归拟合为：

$$y = 0.0746x + 0.2586 \quad R^2 = 0.7415 \quad P<0.05 \qquad (7)$$

式（7）为 NDVI 随时间变化回归方程，X 为时间序列，Y 为 NDVI。$R^2$ 和 P 表示了 NDVI 指数变化的显著性。该地区 NDVI 随时间变化显著，年增长约 0.012，2000—2010 年年增长率约为 0.015，2011—2017 年年增长率约为 0.008，NDVI 随年份增加呈现变缓趋势。2000 年是近 30 年来降水最少的年份，NDVI

和 1985 年近似相等（信忠保等，2007），可能和降水偏少有关。2000—2016 年 NDVI 和降水之间的相关系数达到显著水平（$r=0.743$，$n=17$，$P < 0.01$）。

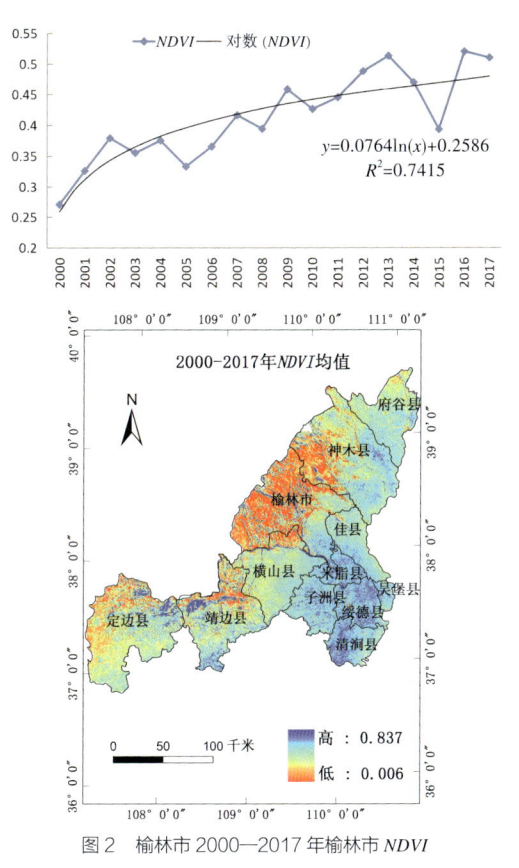

图 2　榆林市 2000—2017 年榆林市 NDVI

## （二）NDVI 空间变化特征分析

截至 2016 年，榆林市退耕还林 $5.42×10^6$ 公顷，林地面积 $1.24×10^6$ 公顷。府谷县、神木县、榆阳区、定边县属于陕北风沙区，2001 年 NDVI 均值分别为 0.287、0.294、0.282 和 0.340。如表 1 所示，NDVI 体现出一定的空间差异特征，东部区县高于西部区县、南部区县大于北部区县，这种空间格局也和地貌密切相关。丘陵区的米脂县、子洲县、绥德县、吴堡县、清涧县和靖边县 2001 年 NDVI 均值分别为 0.408、0.388、0.427、0.389、0.381 和 0.332。2017 年府谷县、神木县、榆阳区、定边县 NDVI 均值分别为 0.287、0.294、0.282 和 0.340。米脂县、子洲县、绥德县、吴堡县、清涧县和靖边县 NDVI

均值分别为 0.408、0.388、0.427、0.389、0.381 和 0.332。$NDVI$ 高值区出现在南部区县的河谷平原区和丘陵沟壑区，这些地区的植被类型主要为针叶林、落叶阔叶林灌丛为主，植被长势较好。$NDVI$ 低值区主要集中在西部和北部的风沙区，以荒漠地貌为主、植被较为稀疏。除定边县外 18a 来榆林市各区县的 $NDVI$ 的增长超过 30%。

表1 2000—2017 年榆林市各区县 $NDVI$ 变化统计特征

| 区县 | 2001 | 2003 | 2005 | 2007 | 2009 | 2011 | 2013 | 2015 | 2017 | 均值 | 标准差 | 增长率(%) |
|---|---|---|---|---|---|---|---|---|---|---|---|---|
| 佳县 | 0.353 | 0.352 | 0.306 | 0.474 | 0.505 | 0.513 | 0.582 | 0.451 | 0.594 | 0.459 | 0.103 | 40.49 |
| 吴堡 | 0.389 | 0.368 | 0.318 | 0.506 | 0.546 | 0.545 | 0.623 | 0.414 | 0.602 | 0.479 | 0.109 | 35.38 |
| 子洲 | 0.388 | 0.355 | 0.369 | 0.501 | 0.561 | 0.526 | 0.618 | 0.425 | 0.601 | 0.483 | 0.101 | 35.53 |
| 定边 | 0.340 | 0.388 | 0.323 | 0.373 | 0.437 | 0.421 | 0.434 | 0.318 | 0.458 | 0.388 | 0.053 | 25.72 |
| 府谷 | 0.287 | 0.362 | 0.383 | 0.465 | 0.504 | 0.409 | 0.526 | 0.398 | 0.547 | 0.431 | 0.085 | 47.50 |
| 榆林市 | 0.282 | 0.310 | 0.300 | 0.344 | 0.368 | 0.379 | 0.433 | 0.382 | 0.431 | 0.359 | 0.054 | 34.56 |
| 横山 | 0.319 | 0.348 | 0.326 | 0.396 | 0.451 | 0.457 | 0.545 | 0.367 | 0.522 | 0.415 | 0.083 | 38.85 |
| 清涧 | 0.381 | 0.404 | 0.350 | 0.545 | 0.531 | 0.518 | 0.622 | 0.451 | 0.600 | 0.489 | 0.097 | 36.42 |
| 神木 | 0.294 | 0.336 | 0.334 | 0.397 | 0.436 | 0.419 | 0.496 | 0.430 | 0.505 | 0.405 | 0.073 | 41.75 |
| 米脂 | 0.408 | 0.401 | 0.365 | 0.516 | 0.551 | 0.568 | 0.665 | 0.463 | 0.616 | 0.506 | 0.103 | 33.65 |
| 绥德 | 0.427 | 0.388 | 0.354 | 0.533 | 0.575 | 0.546 | 0.637 | 0.446 | 0.618 | 0.503 | 0.102 | 30.88 |
| 靖边 | 0.332 | 0.369 | 0.352 | 0.416 | 0.468 | 0.461 | 0.521 | 0.382 | 0.494 | 0.422 | 0.067 | 32.69 |

标准差反映了 $NDVI$ 年际的增长变化，数值越小表示增长速度越均匀，数值越大表示增速波动越大。佳县、吴堡、子洲、米脂和绥德县的 $NDVI$ 标准差介于（0.101，0.103），表明这三个县 $NDVI$ 的年波动幅度相比其他区县比较大。相比风沙区，有更好的土壤肥力和降水条件。植被密度大，数量多，该地区植被对降水有着更为敏感的反应（杨强，2012）。定边、府谷、榆林市和靖边县的标准差介于（0.05，0.08），这些区县有比较严重的土地沙化趋势，退耕还林还草工程后，沙化区种植了适合沙漠生长的耐旱沙草植物，但由于降水稀少、太阳辐射较强等各个因素相互影响，导致该区域的植被覆盖增速缓慢。由于能源需求，在该地区开发了一系列油田，需要在开发油气资源时做好对环境评价和合理的保护措施。

从趋势系数来看，18年来趋势系数在（-0.953，0.992），均值为 0.70，榆林市 98.67% 的地区 $NDVI$ 表现出增长趋势（图 3）。仅有的一些负值出现在城区、沙漠和河流上，约占 1.33% 地区的 *NDVI* 是减少的，区域主要分布在榆阳区城区、定边县、靖边县城。*NDVI* 随时间增长呈现弱正相关地区约占总面积的 3.39%；*NDVI* 随时间增长呈现正显著相关地区约占总面积的 8.90%；*NDVI* 随时间增长呈现正极显著相关地区约占总面积的 78.29%。

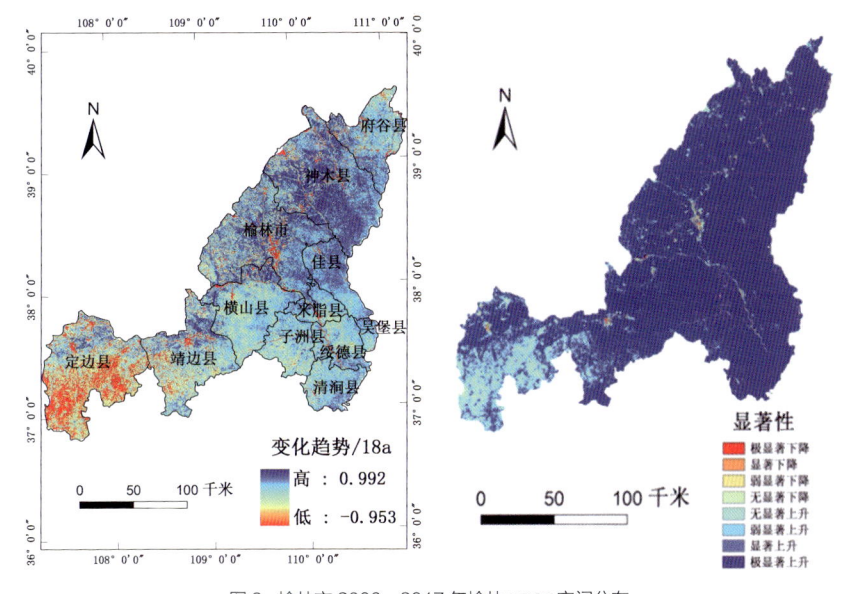

图 3　榆林市 2000—2017 年榆林 *NDVI* 空间分布

### （三）不同土地利用类型下 *NDVI* 分析

榆林市土地利用类型空间差异明显（图 4）。2000 年耕地面积约 16649.99 平方千米，占 38.95%；林地面积约 2015.049 平方千米，占 4.71%；草地面积约 18802.60 平方千米，占 43.98%；水域面积约 490.346 平方千米，占 1.15%；建设用地面积约 163.23 平方千米，占 0.38%；未利用土地面积约 4630.47 平方千米，占 10.83%。2013 年耕地面积约 15823.06 平方千米，占 37.02%；林地面积约 2382.23 平方千米，占 5.57%；草地面积约 19083.34 平方千米，占 44.65%；水域面积约 458.97 平方千米，占 1.07%；建设用地面积约 533.57 平方千米，占 1.25%；未利用土地面积约 4459.14 平方千米，占 10.43%。还林还草工程实施后土地利用类型发生了比较大的变化。2013 年相比 2000 年耕地减少 826.92 平方千米、林地增加 367.18 平方千米、草地增加 280.73 平方千米、水域增加 31.38 平方千米、建设用地增加 370.34 平方千米、未利用土地减少 171.32 平方

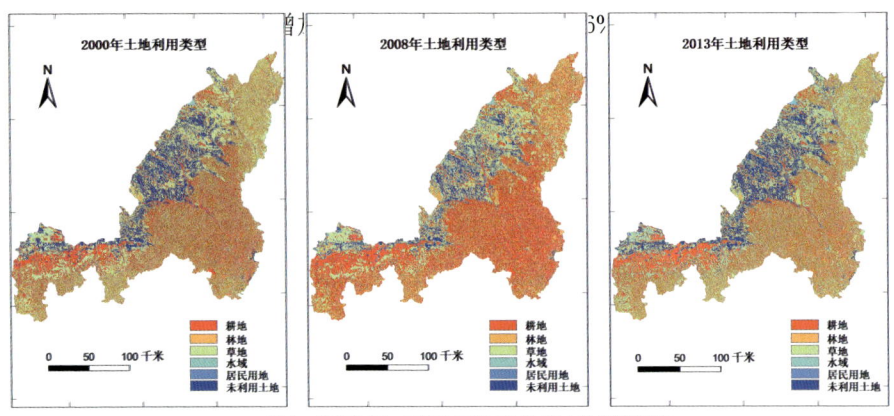

图4 2000年、2008年和2013年土地利用类型

耕地、林地、草地和未利用土地的植被覆盖度年增速为0.012、0.012、0.012和0.010，耕地最大。耕地的NDVI由2000年的0.299增加到2017年的0.562，退耕还林后，保留的都是优质耕地，随着新技术的投入和农业灌溉条件的改善，农作物产量得到提高。农作物产量和农作物植被指数也达到了显著相关。2000年以来，林地和草地累计增加约647.91平方千米，林地和草地的NDVI由2000年的0.298和0.264增加到2017年的0.544和0.503。减少的坡耕地被种树种草，植被得到了快速生长。未利用土地的NDVI由2000年的0.192增加到2017年的0.364，未利用土地大部分为沙漠和沙化土地，随着治理的不断深入，沙漠和沙化土地上的植被生长也不断好转。

## （四）不同高程和坡度下的NDVI分析

榆林市高程在521—1922米之间，均值为1218.58米。为了分析高程和NDVI指数变化特征，将DE米按照100米的间隔分成13个等级，介于（545—700米、700—800米、800—900米、900—1000米、1000—1100米、1100—1200米、1200—1300米、1300—1400米、1400—1500米、1500—1600米、1600—1700米、1700—1800米和1800—1922米）。如图5所示，18年来不同高程区间下的NDVI均有明显增长，NDVI随高程呈现"米"字形起伏波动变化，波动区间为545—1300米和1300—1922米。900—1100米是NDVI的高值区，2013年最大为0.595，1200—1300米是NDVI的低值区，2001年最小值为0.276。黄土高原丘陵沟壑区的子洲、吴堡、绥德、清涧、米脂县都位于 545—1100 米。风沙区的榆阳区、神木县、定边县、靖边县都位于 1300—1922 米。2015 年的 *NDVI* 是一个低谷值，为 0.393，低于 2014 年的 0.470 和 2016 年的 0.520。在高程分布上来看，545—1100 米区间范围基本是"n"形波动，但是在高程 1300—1922 米范围内迅速减少，低于 2001 年（0.085—0.178）。不同高程区间下的 *NDVI* 拟合回归方程均达到显著水平。

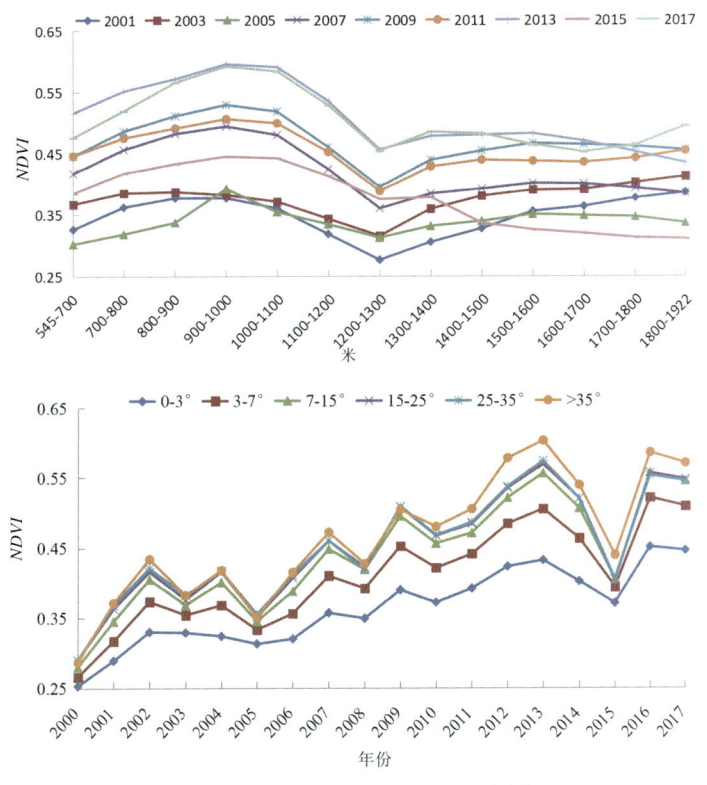

图 5　不同高程和坡度下的 *NDVI* 变化趋势及波动特征

研究区域平均坡度为 8.59°，坡度区间为（0°，86.63°）。为了分析不同坡度下的 *NDVI* 指数变化情况，把坡度分为 6 个等级，介于（0—3°、3°—7°、7°—15°、15°—25°、25°—35° 和 >35°）。如图 5 所示，6 个等级的坡度分别占到总面积的 26.78%、24.08%、30.96%、15.21%、2.59% 和 0.39%。重点还是 15° 以下地区。坡度较大的地区出现在黄土高原丘陵沟壑区。不同坡度等级下的 *NDVI* 都表现出增长趋势，总体表现出坡度越高，植被指数越大的特征。不同坡度区间下的 *NDVI* 拟合回归方程均达到显著水平。

## （五）NDVI 和降水与温度相关性分析

从多年平均降水量来看，黄土高原丘陵沟壑区的绥德、米脂、清涧、子洲县降水量最大，向西、向北逐渐递减。1980—2000 年降水的年际差异在 100 毫米以内。2000 年后降水的年际差异又增大。榆林市多年降水标准差在（310.75，479.66），其中南部丘陵沟壑区的降水高于西部和北部风沙区，定边县降水最小。多年降水标准差在（87.52，112.63），定边县和靖边县年际降水波动最小，北部的神木县和府谷县差异较大。还林还草后降水未发生明显变化。

在 ArcGIS 利用地统计分析工具对 2000—2017 年年平均温度和降水进行空间插值，得到分辨率为 250 米的年温度和降水栅格，计算了年降水、温度与 NDVI 之间的关系。榆林市 NDVI 和降水的相关性如图 6 所示，NDVI 和降水的相关系数在（-0.959，0.997），均值为 0.58。NDVI 和降水相关系数在（-0.2，0.2）为不相关或者极弱相关，这些地区主要以面状分布为主，在定边县西北部和秃尾河上游，处于沙漠腹地，植被稀疏，对降水基本无响应。不相关的地区主要集中在榆林市区和下属各个县城城区；水域也呈现出不相关，如：雷龙湾水库和红碱淖；另外地处沙漠的油气田也表现出了较强的不相关性。相关系数在（0.2，0.4）的弱相关地区约占总面积的 11.01%，也主要分布在

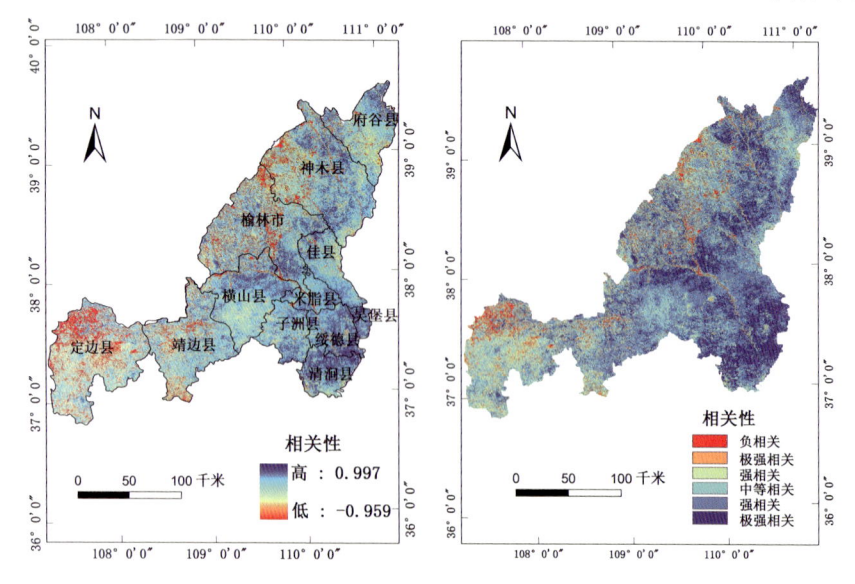

图 6 降水与 NDVI 相关性

该区域,在沙漠和沙漠过渡地区,植被生长主要靠根系吸取水分,对降水有一定的响应但是不明显。相关系数在(0.4,1),中等程度及以上相关的占总面积的80.67%,以面状广泛分布在丘陵沟壑区和秃尾河、佳芦河、无定河的中下游地区。米脂、子洲、绥德、吴堡和清涧县相关系数达到了0.7以上。表明榆林市除沙漠和建设用地之外的大多数地区,植被对降水的响应比较积极。

黄土高原地区年平均降水量具有下降倾向,降水量则呈现出年际波动状态(张宝庆,2014)。侵蚀性降水量和汛期降水量明显减少,但暴雨量却未显著减少(王麒翔等,2011)。近年来榆林市、定边县、横山县和绥德县的年平均温度为9.61℃、9.93℃和10.67℃。榆林市温度和NDVI未体现出相关性,南部丘陵沟壑区NDVI随着温度的增加反而减少。

1980年以来温度现出震荡、激增、震荡的变化。1980—2000年年平均温度由8.44℃缓慢上升到2000年的8.56℃。进入21世纪后,2000—2010年的平均温度比1990—2000年的平均温度陡然增高1.24℃。2010—2017年的平均温度为9.75℃,略低于2000—2010年的平均温度。多年温度标准差为0.89,北部风沙区温度年际变化较南部地区大,多年平均温度的空间分布在6.87—9.37℃,南部丘陵沟壑区高于北部风沙区的特征。榆林市温度和NDVI的相关性为不相

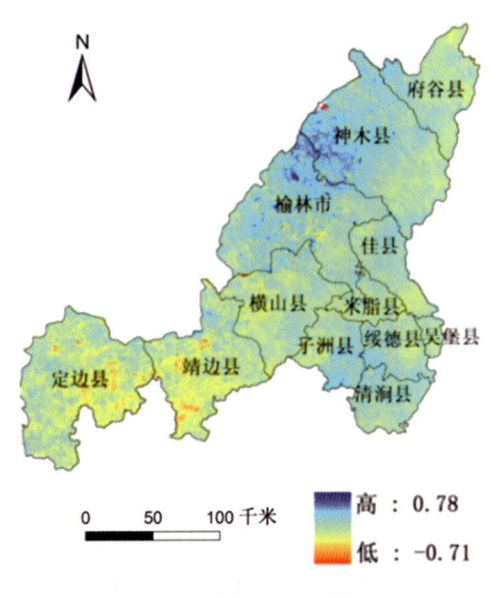

图7 温度与NDVI相关性

关性。而在丘陵沟壑区 NDVI 随着温度的增加反而减少。温度的升高会进一步导致土壤水分的蒸发，加重土壤干化，形成负反馈效应，从而不利于植被的生长。这正是该地区阴坡植被生长比阳坡植被茂盛的原因。NDVI 变化和气候相关性较低，气候对 NDVI 影响更主要的表现为年内月际之间 NDVI 的波动变化。

### （六）人类活动对 NDVI 的影响

榆林市植被覆盖的变化，人为活动是重要的影响因素。榆林市南部为陕北黄土梁峁丘陵区北端，沟壑纵横，北部为毛乌素沙地南缘，山岩裸露，植物稀少。除了地貌、水文条件对植被生长的影响外，人为活动可以积极（退耕还林还草工程实施），或者消极影响（建设用地的扩张、开垦荒地等）NDVI。从退耕还林还草工程、城市发展和粮食生产等方面分析人类活动对 NDVI 的影响。榆林市多年降水标准差在（310.75,479.66），水热条件决定了农业作物生长和空间分布。2000—2017 年榆林市粮食产量增长和 NDVI 的波动增加几乎同步进行。两者相关性达到显著水平（$r=0.807, n=17, P<0.05$）（图 8）。

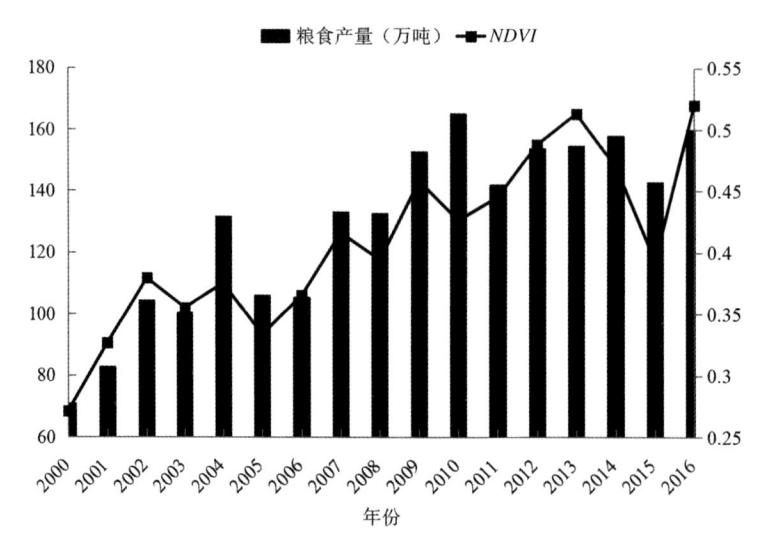

图 8 粮食产量和 NDVI 相关性分析

中国政府从 1999 年开始试行退耕还林生态工程。榆林市作为黄河中游主要的泥沙来源区，成为首批试点的地区，该政策的实施成为 NDVI 指数快速增长的直接原因。截至 2016 年，还林还草面积累计达到 $137.57 \times 10^4$ 公顷。统计分析表明 NDVI 数值和退耕还林还草总面积之间相关性达到显著水平（$r=0.724$, $n=17$, $P<0.01$）。2000—2003 年是 NDVI 指数增长最快时期，从 0.271 增加到 0.379，增幅达到 39.85%。退耕还林还草工程实施，有效地恢复了黄土高原地区植被，改善了生态环境（图 9）。

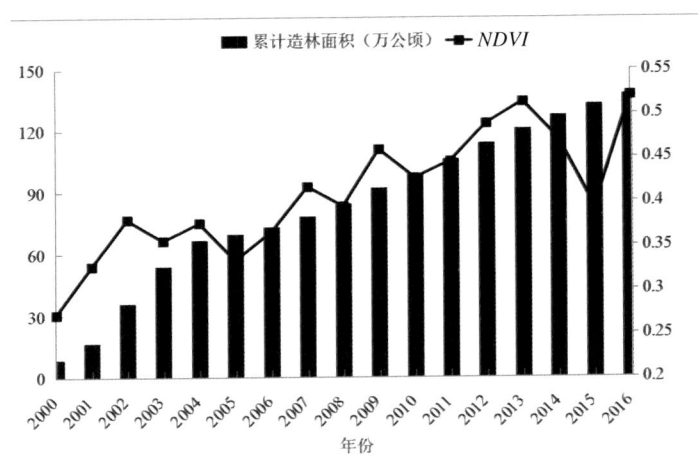

图 9 退耕还林和 NDVI 相关性分析

榆林市牛羊存栏数由 2002 年的 27.32×104 头，增加到 2016 年的 681.06×104 头，增加 24.93 倍。统计分析表明 NDVI 数值和榆林市牛羊存栏数之回归拟合方程（$R^2=0.57$, $n=17$, $P<0.01$），表现出极显著相关性，还林还草工程实施后，对于牛羊的饲养基本以圈养方式为主，有效地保护了坡耕地的林草生长（图 10）。

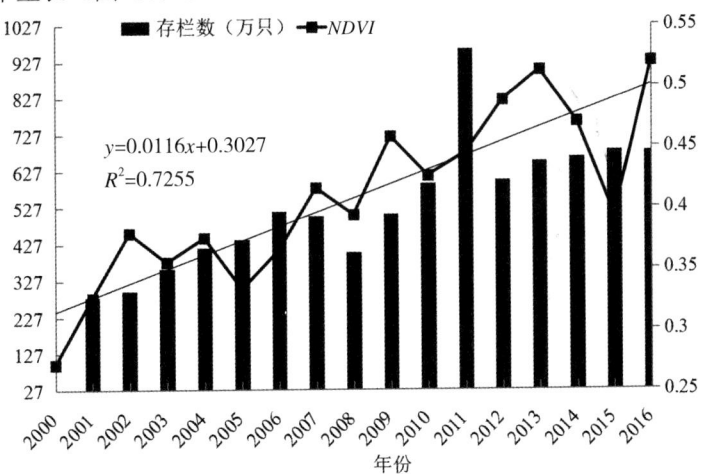

$y=0.0116x+0.3027$
$R^2=0.7255$

图 10 牲畜产量和 NDVI 相关性分析

## （七）NDVI 增长潜力分析

以 2000—2017 年的 NDVI 计算了 Hurst 指数，预测未来 NDVI 的变化情况。如图 11 所示，研究区域 Hurst 指数介于（0.116, 0.955），均值为 0.471。Hurst 指数在 0—0.5 表示未来 NDVI 呈现反向变化，表示 NDVI 会降低；0.5—1 是表示正向变化，表示 NDVI 会增长。正向变化和反向变化的区域分别达到了 61.00% 和 38.99%。为了进一步分析未来 NDVI 退化的程度，将 Hurst 指数重新分类后（图 9）介于 0—0.3 的地区占总面积的 4.05%；介于 0.3—0.7 的地区占总面积的 94.59%；介于 0.7—1 的地区占总面积的 1.35%。表明未来 NDVI 急剧减少的区域是剧烈增加地区的 3 倍，约 1921 公顷，虽然占总面积的比例较小，但是绝对面积较大。还是要引起足够重视。从空间分布来看，主要集中在目前 NDVI 植被指数恢复较高的黄土高原丘陵沟壑地区，主要集中在子洲、米脂和绥德县。利用最小二乘法计算时间序列逐个栅格的线性趋势。如图 12 所示，未来榆林市 NDVI 可以达到 0.620，目前 NDVI 均值为 0.522，能增加约 0.98，还有约 10% 的提升潜力，榆林市退耕还林已经接近植被恢复潜力值。

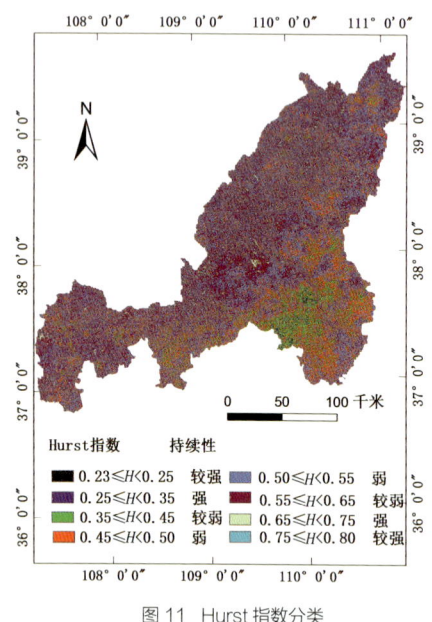

图 11 Hurst 指数分类

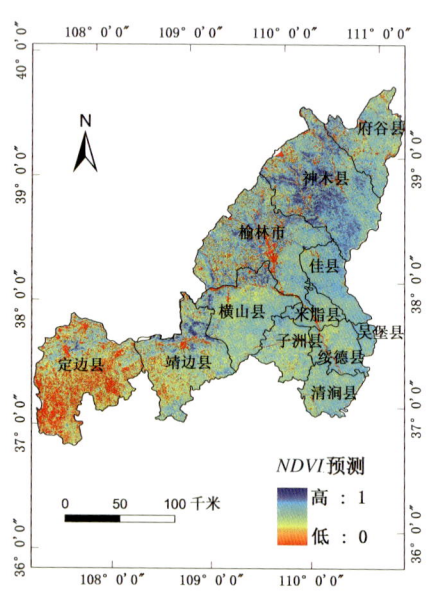

图 12 最小二乘法预测 NDVI 指数

## 三、讨论

榆林市 NDVI 变化和温度相关性较低，对 NDVI 影响更主要的表现为年内月际之间 NDVI 的变化（白建军等，2014）。利用最小二乘法预测的榆林市 NDVI，未来 NDVI 均值为 0.620，目前 NDVI 为 0.522，NDVI 还能增加约 0.098，还有约 10% 的提升潜力，目前榆林地区植被恢复已接近其潜力值。1980—2017 年年平均温度为 8.42℃，以每 10 年约 0.32℃ 增加，1997 年后增温显著。降水呈波动变化趋势，变化不显著。榆林市植被分布受水分控制显著，阴坡植被比阳坡植被茂盛。温度的升高会加剧土壤表层水分的蒸发，不利于植被的生长。其次，大规模的还林还草使得植被耗水激增，土壤干层面积扩大（邵明安等，2016）。Hurst 指数预测表明未来 NDVI 有可能急剧减少的风险区域达到 1921 公顷，主要集中在目前 NDVI 恢复较好的丘陵沟壑地区，虽然面积百分比较少，但是绝对面积较大，需要引起高度重视。在未来若遇到百年一遇的极度干旱的年份，草木有干旱致死的风险，目前该地区的水资源持续利用是亟须解决的课题。本文分析了榆林市 NDVI 时空变化趋势，缺少实际土壤水分实验，后期结合田间土壤水分的实验，进一步完善研究成果。

## 四、结论

18 年以来 NDVI 累计增长 88.56%，年增长率 4.92%，NDVI 的增长呈现"波动式"特征。NDVI 增加的地区占到总面积的 98.67%。总体而言，丘陵沟壑区相比风沙区有更好的降水和土壤肥力，NDVI 增速高于风沙草滩区。大型工业园区和油气田的建设对 NDVI 影响明显，需要做好风险预警。NDVI 和降水表现出正向显著相关，温度和 NDVI 的变化不相关。粮食的产量增长、退耕还林还草总面积、牛羊存栏数与 NDVI 之间的变化达到显著相关水平。Hurst 指数表现出与纬度递增的特征，未来 NDVI 还有一定的增长潜力，但是降水也随着纬度的升高而减少，在今后的退耕还林中要更加注重合理规划种植密度和树草品种的选择，实现水土资源的合理利用。

[参考文献]

[1] 白建军，白江涛，王磊．2000—2010年陕北地区植被NDVI时空变化及其与区域气候的关系[J].地理科学，2014.34(7):882—888.

[2] 陈爱京，肖继东，曹孟磊．基于MODIS数据的伊犁河谷植被指数变化及其对气候的响应[J].草业科学，2016.33(8):1502—1508.

[3] 季国华，胡德勇，王兴玲，等．基于Landsat 8数据和温度——植被指数的干旱监测[J].自然灾害学报，2016.25(2):43—52.

[4] 李文斌，李新平．陕北风沙区不同植被覆盖下的土壤养分特征[J].生态学报，2012.32(22):6991—6999.

[5] 刘新颜，曹晓仪，董治宝．基于T—S模糊神经网络模型的榆林市土壤风蚀危险度评价[J].地理科学，2013.33(6):741—747.

[6] 邵霄怡，李奇虎，王书民．GIMMS和MODIS在黄土高原地区植被监测中的应用[J].长江科学院院报，2017.34(5):141—145.

[7] 宋怡，马明国．基于GIMMS AVHRR NDVI数据的中国寒旱区植被动态及其与气候因子的关系[J].遥感学报，2008.12(3):499—506.

[8] 石玉琼，郑亚云，李团胜．林地区2000—2014年NDVI时空变化[J].生态学杂志，2018.37(1):211—218.

[9] 谢秋霞，孙林，韦晶，等．基于遥感估算方法的干旱区植被覆盖度适应性评价[J].生态学杂志，2016.35(4):1117—1124.

[10] 王涛，杨梅焕，徐澜．陕西榆林地区植被退化与沙漠化趋势分析[J].西北师范大学学报自然科学版2017.53(2):104—111.

[11] 王伟军，赵雪雁，万文玉，et al．2000—2014年甘南高原植被覆盖度变化及其对气候变化的响应[J].生态学杂志，2016.35(9).

[12] 信忠保，许炯心．黄土高原地区植被覆盖时空演变对气候的响应[J].自然科学进展，2007.17(6):770—778.

[13] 晏利斌．1961—2014年黄土高原气温和降水变化趋势[J].地理环境学报，2015.6(5):276—282.

[14] 杨波，王全九．退耕还林后榆林市土壤侵蚀和养分流失功效研究[J].水土保持学报，2016.30(4):57—63.

[15] 杨强．基于遥感的榆林地区生态脆弱性研究[D] 2012.南京大学．

[16] 闫敏，李增元，陈尔学．内蒙古古大兴安岭根河森林保护区植被覆盖度变化[J].生态学杂志，2016.35(2) :508.

[17] 易浪,任志远,张翀,等.黄土高原植被覆盖变化与气候和人类活动的关系[J].资源科学,2014.36(1):166—174.

[18] 易小波,贾小旭,邵明安,等.黄土高原区域尺度土壤干燥化的空间和季节分布特征[J].水科学进展,2017.28(3):373—381.

[19] 张宝庆,吴普特,赵西宁.近30a黄土高原植被覆盖时空演变监测与分析[J].农业工程学报,2011.27(4):287—293.

[20] 张东海,任志远,王晓峰,等.基于MODIS的陕西黄土高原植被覆盖度变化特征及其驱动分析[J].生态与农村环境学报,2013.29(1):29—35.

[21] 张景华,封志明,姜鲁光,等.澜沧江流域植被NDVI与气候因子的相关性分析[J].自然资源学报,2015.30(9):1425—1435.

[22] 张莉,王飞跃,张铁军.陕北榆林地区沙漠化土地类型及时空变化分析[J].中国地质,2002.29(4):426—430.

[23] 赵安周,刘宪锋,朱秀芳,等.2000—2014年黄土高原植被覆盖时空变化特征及其归因[J].中国环境科学,2016.36(5):1568—1578.

[24] 朱林富,谢世友,杨华,基于MODIS—EVI的重庆植被覆盖时空分异特征研究[J].生态学报,2018.38(19):6992—7002.

[25] *Mohammad AG, Adam MA. 2010.The impact of vegetative cover type on runoff and soil erosion under different land uses. Catena,* 81:97—103.

# 陕西省渭河流域水资源管理制度的研究与思考

高升荣[1]

## 一、引言

渭河是黄河第一大支流，发源于甘肃渭源县鸟鼠山，于凤阁岭流入陕西，经宝鸡、杨凌、咸阳、西安、渭南后，于潼关的港口注入黄河，全长818千米，流域总面积13.5万平方千米。陕西境内河长502.4千米，流域面积6.71万平方千米，占陕西省全省面积的34.3%。流域内集中了全省64%的人口、56%的耕地、72%的灌溉面积、68%的粮食产量和82%的工业总产值，地区生产总值占全省的81%。[1]

渭河流域陕西段地跨黄土高原、关中盆地、秦岭山地三个地貌单元，干流横贯关中盆地东西。流域内水资源贫乏，时空分布不均，西部较丰，东部贫乏，河道径流丰枯变化大，年内分配不均。流域多年平均自产水资源量为73.13亿立方米，入境水量33.90亿立方米，两者合计水资源总量为107.03亿立方米。流域多年平均地表水（含入境水量）资源可利用量为34.58亿立方米，地下水资源可利用量为28.26亿立方米，二者重复量为4.82亿立方米，流域水资源可利用总量为58.03亿立方米。流域人均、亩均占有自产水资源量分别为329立方米和318立方米，相当于全国平均水平的15.3%和20.8%，远远低于国际公认的500立方米绝对缺水线，是全国最缺水的地区之一。加之地表水的60%集中在汛期，使得水资源紧缺的矛盾就更加突出，属于资源型缺水地区。

水资源问题既有技术根源，又有制度根源。技术根源产生于人与水资源的关系和作用，制度根源产生于人类利用水资源时所形成的人与人之间的关系。

---

(1) 高升荣（1976— ），女，陕西师范大学历史学博士，陕西师范大学西北历史环境与经济社会发展研究院副研究员，硕士生导师，研究方向为水利社会史、灾害史、环境史。

渭河流域总体呈现缺水的态势,使之成为流域各行政区域社会经济发展的瓶颈。从古至今,人们通过各种方式和手段试图解决水资源短缺的问题,这些解决的方式和手段多集中于工程和技术层面。事实上,水资源的管理不善也是导致水资源短缺问题的重要原因之一,管理制度缺失是造成水资源短缺问题的主要根源之一。

本文以水资源管理制度为切入点,考察陕西省渭河流域水资源管理制度的历史演变,剖析当前的水资源管理制度现状,结合历史经验,针对当前问题提出一些建议和思考,以期化解流域水资源短缺危机,实现流域水资源的合理利用和可持续发展。

## 二、渭河流域水资源管理制度的历史溯源

陕西省渭河流域水资源利用历史悠久。秦时有郑国渠,汉有白公渠、成国渠和龙首渠,唐有三白渠,宋凿丰利渠,民国时期有泾惠渠、洛惠渠、渭惠渠、黑惠渠、沣惠渠、梅惠渠、涝惠渠等所谓"关中八惠"水利工程。中华人民共和国成立以后,党和国家以及陕西省政府十分重视解决流域水资源短缺问题,水利工程建设取得了较大成就。到20世纪末,流域有灌溉面积在50万亩以上的泾惠渠灌区、宝鸡峡灌区、洛惠渠灌区、交口抽渭灌区及冯家山水库灌区等五大灌区,分布在渭河北岸,自西而东连成一片。

陕西省渭河流域属于资源型缺水地区,从历史时期开始,人们就十分重视对水资源的管理。水资源管理是一个庞杂的体系,从性质上看,它主要反映的是主体(国家、政府或个人)与客体(水资源)之间的一种互动关系。从传承性上看,在一系列的社会变迁进程中,水资源管理在制度层面上具有很大的继承性,但有时也不乏创新性。水资源管理制度是一种宏观调控机制,其成效的好坏直接影响着水资源的利用效率,甚至影响着地方社会生活的稳定。

### (一)传统时代的水资源管理制度

中国的传统时代以农业为主,水资源的利用也主要以农业为主。从现存文献记载来看,西汉时期已经有了明确的分水用水制度。元鼎六年(前111),倪宽为六辅渠"定水令,以广溉田", 颜师古注曰:"为用水之次具立法,

令皆得其所也。"[2]均水令，定约束，目的均在于借助某种法规，防止对水源的争夺和破坏而影响整个水域内灌溉效果的发挥。

唐代出现了我国历史上第一部比较完整的水利法典——《水部式》，这是唐代中央政府制定的一部水利法规，是由中央政权以法律的形式正式颁布的，地方各级州县河官员必须严格执行，其内容包括农田水利管理，碾硙（石磨）设置及用水量的规定，运河、津渡、船闸、桥梁的管理和维护等方面。确定了许多用水的规则，开创了许多的用水制度，为以后的历朝所延续。这些用水制度的规定目的都是为了保证水资源利用的有效性，力求实现水资源利用效率的最大化。

宋元时期渭河流域的用水制度主要保存于元代留存下来的一部地方志——李好文的《长安志图》下卷的《用水则例》中。专门记载了泾渠流域的用水制度，用水管理采用"申帖制"，即渠道（斗以下）管理人员根据农户种植面积和用水情况，向渠司申请，官府给申帖，方能开渠放水，这包括申请用水和河渠官允许供水申帖（即供水许可证）两项内容。水使用量分配是按"土地"的多少和总水量的多少来分配的。

明清时期渭河流域的水资源管理制度基本沿袭了宋元以来的旧例。对于灌溉分水、用水以及农田用水的轮灌次序等都有具体的规定。水权的初始分配机制普遍发展为水册制。所谓"水册"，是在官方监督之下，由所涉渠道之利户即受益人在渠长主持下制定的一种水权分配等级册，制定水册的基本依据是"以地定水"，水册一旦制定，就具有地方水政法规性质，在一个较长的时期内是稳定的。水量分配上实行所谓"额时灌田"的农田灌溉制度，也就是按一定时间内水资源所可能提供的水量来进行分配。将这一段时间划分为若干单位，按照一定的标准，比如土地面积和等级，而不是实际需求，分配给不同的利户，每个利户只能在其所获得的以时间表示的水权限额内引用渠水。

## （二）近代的水资源管理制度

民国时期西方先进的水利技术和管理理念传入中国，此期渭河流域对于水资源管理最大的变化就是通过法律条文的形式规定了用水权以及征收水资源费。1933年7月陕西省政府公布了地方性法规——《陕西省水利通则》。根据该部法律，本省范围内的公水在非营利及不妨害他人的情况下，可供生活用水（私人洗濯、沐浴、汲水、取水、饮牲畜、淘蔬谷）、行驶小船及私人、团体利用公水[3]；发展农林、渔业、工业、航运及其他用水事业时，必须向主管机关呈请注册，发给证书，取得使用权。1942年南京国民政府颁布了中国近代第一部《水利法》，该水利法于1943年4月1日起实施，共9章71条。依据这部《水利法》的规定[4]，所说的水权主要为水的使用权。《水利法》规定，凡地表、地下水均需要首先取得水权状。

1944年公布实施的《水利法实施细则》规定：水利事业完成后，得按其使用情形酌收费用，其收费标准由主管机关核定之[5]。水费是用于水利工程维修、管理机关运作的费用。作为地方法规，《陕西省各渠灌溉地亩征收水费办法》对水费查定、水费等级、水费减免、征收程序、罚则等都做了规定。各个灌区根据地区的实际需水情况制定相应的用水制度，因地制宜，提高了水资源的利用效率。

民国时期渭河流域逐步建立了专门管理与群众管理相结合的管理制度，即在管理局的统一管理下，将干、支渠的段、斗交由群众管理，段设水老，斗设斗长（斗夫），村设渠保。

### （三）中华人民共和国成立以来的水资源管理制度

在中华人民共和国成立以后的相当长一段时间内，陕西省渭河流域的水资源管理工作十分薄弱，实行的是多部门、分散管理，水资源管理制度比较零散，缺乏法律上的界定和系统性，执行的力度和效果也比较差。1988年我国颁布了《中华人民共和国水法》，国家实行统一管理与分级、分部门管理相结合的管理模式。

由于实行的是统一管理与分级、分部门管理相结合的管理体制，陕西省渭河流域的统一管理权限属于黄河水利委员会（简称黄委会），黄委会作为国家在黄河流域设立的流域管理机构，自中华人民共和国成立之初至20世纪90年代，主要开展了渭河流域规划的编制和水文水资源监测等工作；90年代后，开始涉及渭河流域水资源的行政管理。黄委会按照水利部的授权行使包括渭河流域在内的黄河流域水行政管理职能，对渭河流域的规划、水资源等进行宏观管理和协调、监督。

渭河流域没有设立专门的流域管理机构，分级、分部门管理的权限属于陕西各级水行政主管部门，具体而言：渭河流域水利管理的大部分权限属于陕西省水利厅，同时国土部门和城建部门保留一部分地下水资源的管理权限，而环保、城建、市政等部门也涉及部分河流水质的管理权限。

1998年《水法》颁布实施以后，为加强黄河水资源的统一管理，国务院有关部门及黄委会制定了《黄河水量调度管理办法》《黄河取水许可制度实施细则》《黄河取水许可水质管理规定》《黄河流域省际边界水事协调规约》等规范性文件，都涉及渭河水资源、水污染防治等。陕西省根据国家的相关法律法规，先后修正了《陕西省河道堤防工程管理规定》，颁布了《陕西省水资源管理条例》《陕西省水工程管理条例》《陕西省渭河流域水资源保护条例》《陕西省渭河流域水污染防治条例》等与渭河流域水资源管理相关的地方法规，涉及了取水许可管理、水费与水资源费征收管理、城市节水等，渭河流域的水资源管理初步走上了法制化轨道。

2002年国家修订了《水法》，逐步与国际通行的水资源管理制度接轨。明确国家对水资源实行流域管理与行政区域管理相结合的体制，强化水资源的统一管理，注意水资源宏观配置。2006年国务院发布了《取水许可与水资源费征收办法》，明确规定了流域水资源实行统一调度、总量控制、分级管理、分级负责。2016年国家再次修改了《水法》，水资源管理重心从开发利用管理转移到合理配置和节约保护，把节约用水放在突出位置，要求建设节水型社会。陕西省根据国家修订的《水法》等法规，先后颁布和修订了《陕西省渭河流域生态环境保护办法》（2009颁布，2018年修订）、《陕西省渭河流域管理条例》（2012颁布）等。

2006年7月1日，渭河流域管理局的成立，初步形成了流域管理与行政区域管理相结合的水资源管理格局。渭河流域管理局成立以来，积极探讨开展流域水资源管理工作，在流域内建立了计划用水制度，开展水量调度，实现了重要调度河段不断流，基本建立了以控制断面流量为标志的水量调度指标体系，对优化水资源配置、维护渭河健康生命起到了积极推动作用。另外，启动了渭河水量调度系统的建设，开展了一批有关水量调度的基础研究，为水量调度精细化打下了良好的基础。但是，由于流域管理工作起步较晚，流域水资源统一管理的强度还需要加强。

## 三、渭河流域水资源管理现状分析

陕西省渭河流域水资源管理体制的变迁与我国宏观水资源管理体制变革密不可分。历代的管理实践在经济社会发展中发挥了重要作用。改革开放以来，水利行业虽然在逐步从计划经济走向市场经济，水费、电价也在不断地改革与调整，但由于流域内水资源配置采用部门间、地区间的分块管理模式，体制改革不到位、法制不健全等原因而导致水资源不合理的开发利用、水资源浪费和污染的加剧，水资源短缺的状况一直存在。渭河流域现有水资源管理主要存在以下几个问题。

### （一）水资源利用效率有待提升

陕西省渭河流域内的水利工程大都建于 20 世纪六七十年代，老化失修严重，配套不全，效益得不到充分发挥。由此带来的问题是：灌溉率不高，在 1425 万亩农田有效灌溉面积中，每年实灌面积仅 892 万亩左右；城市、乡镇供水不足，农村饮水困难。流域内各城市每年用水高峰期都不同程度地出现水荒，而被限时限量供水。

2017 的统计数据显示，陕西省渭河流域万元 GDP 用水量、农田灌溉每公顷用水量、万元工业增加值用水量略低于陕西省平均值，分别为全国平均值的 50.68%、59.95%、30.43%，分别为发达国家的 2.06 倍、1.88 倍、1.40 倍，表明渭河流域的水资源利用效率基本达到全国平均水平，但相比发达国家仍有一定的提升空间。该区域目前的节水灌溉面积占耕地总面积的 70%，与发达国家的节水灌溉面积占耕地总面积 80% 左右相差不大，但是灌溉用水量差距显著[6]，对于渭河流域而言，加强区域的节水灌溉技术与水资源管理的有效性，成为当前流域面临的最大困境和挑战。

### （二）缺乏统一的、科学的水资源管理体制

我国历史上一直延续着"统一管理与分级管理"相结合的水资源管理模式，是国家、地方政府和用水户长期博弈形成的稳定的均衡制度，从制度供给的角

度来说，其实质是国家为获得其资源租金最大化的制度安排，从制度需求的角度来说，这一制度安排既能满足地方政府作为一个相对独立的利益主体的需求，同时又是为绝大多数用水户所认可的制度安排。

陕西省渭河流域对水资源实行统一管理与分级、分部门管理相结合的制度，渭河流域的区域水资源管理主要集中在地（市）一级。各市水资源管理职能部门是在水利（务）局下设水资源管理办公室，水资源管理职能主要有四个方面：水资源配置管理、节约用水管理、水资源保护、监督检查。而县级水资源管理工作主要是征收水资源费。这样的管理制度在实施和操作中面临着一些困难：首先是部门分割，地区分割，多龙管水，各行其是；其次是缺少一个权威机构在行业（农业用水、工业用水、城市生活、水力发电、生态用水等）、地区之间进行协调、平衡和最终决策。

由于缺乏对水资源的统一管理，长期以来，渭河水资源分属各地市、多部门管理，未形成全流域的统一管理机构和有效管理体制，加之干流缺少控制性骨干枢纽工程设施，使流域水资源不能有效实施统一调度、合理配置，难以协调地市之间、干流与支流、生态与生产的用水关系，也存在一定程度的用水浪费和无序开发。[7]近年来社会经济快速发展，产生了大量的污水，也挤占了河道生态用水，污水治理需要大量的资金，成本很大，生态用水的缺失严重影响了水资源的再生能力，使得水资源不能可持续发展，制约了流域经济的发展。

### （三）水权制度不健全

水权又称水资源产权，是产权理论在水资源配置领域的具体体现。广义的水权是指与水资源有关的一组权利的总和，是水权主体围绕或通过水而产生的责、权、利关系，可以归结为水资源所有权、水资源使用权、水资源工程所有权和经营权。狭义的水权是指水资源的使用权和收益权，是一项建立在水资源国家所有的基础上的他物权，即一种"用益物权"，依照法律的规定或者通过交易来取得。从法律上对水权的界定可归结为对水权的拥有和转移所产生的权利义务，而在经济学上对水权界定的意义则在于因水权的拥有与转移而产生的效益。本文所指的水权是指狭义的水权。

水权具有可分解性、有限性、排他性和可转让性的属性。研究水权的目的在于通过水权的管理手段实现对水资源的合理配置,提高水资源的使用效率。[8]

水权制度是划分、界定、配置、实施、保护和调节水权,确认和处理各水权主体责、权、利关系的规则,是调节个人、地区与部门之间水资源开发利用活动的一套规范,是从法制、体制、机制等方面对水权进行规范和保障的一系列制度的总称。[9]2005年,水利部下发了《水权制度建设框架》。按照该框架的构想,水权制度体系由水资源所有权制度、水资源使用权制度、水权流转制度三部分组成。

由于我国地域广阔,水资源条件的地区差别很大,中央政府集中管理水权的成本非常高,因此做出了"国家对水资源实行流域管理与行政区域管理相结合的管理体制"的规定。这样,地方政府和流域管理机构也成了一级水权所有人代表。同一流域的水资源通常以直接的行政调配方式分到各个地区,再通过取水许可制度分配给不同用水者。[10]

陕西省渭河流域在水权分配与水权制度建设方面存在的问题是资源产权关系不清晰,三权混淆,以使用权、经营权的管理代替所有权管理。正是由于产权关系不明确,在水资源开发利用中常常是用使用权挤压所有权,用使用者的权益挤占所有者的权益,用地方或部门利益挤占国家利益,用资源的经济效益挤压生态环境效益,各个行为主体为了自身利益而盲目开发,造成水资源浪费严重。

## (四)水资源管理法律法规不完善

近年来,陕西省人大、省政府及行政主管部门根据国家出台的相关法律法规,制定或与有关部门联合制定了一些涉及渭河水资源管理的地方性法规、政府规章及规范性文件。如《陕西省水资源管理条例》《陕西省渭河流域水资源保护条例》《陕西省渭河流域生态环境保护办法》《陕西省渭河流域管理条例》等,这些法规、规章在渭河流域管理中发挥了一定的作用,渭河流域的水问题虽然在一定程度上得到了缓解,但是并没有彻底解决。

这些法规主要存在以下主要问题:一是法律制定和修订具有明显的部门痕迹,不同部门不同时期颁布的法律规定或行政规章存在相互冲突之处,导致水资源管理体制混乱、管理权属不清;二是一些法规中的部分规定缺乏可操作性，不便于实施、检查和监督；三是现行的法律法规虽涉及了取水许可管理、水费与水资源费征收管理、城市节水和流域防洪等，但还存在不少空白点，法律体系建设尚未构建完备。四是由于缺乏强有力的监督机构进行监督实施，有法不依、执法不严的情况屡屡发生，流域管理与行政区域管理的结合问题也没有得到解决。

## 四、渭河流域水资源管理建议

水资源作为战略性的经济资源，其管理制度在国家经济运行中充分体现配置水资源，提高用水效率。水资源管理的最终目的是实现渭河水资源的可持续利用，保证生产、生活和生态用水，解决水资源短缺的矛盾。鉴于渭河流域水资源管理存在的问题，结合历史实践，本文提出几点建议和思考。

### （一）建立统一的、科学的水资源管理体制

要求以流域为对象进行统一管理，是现代社会发展过程中由于严重的水资源短缺和生态环境恶化等问题而对统一管理提出的要求，也是被许多国家所验证的成功的管理模式。[11] 以整个陕西省渭河流域作为管理对象，进行系统管理。首先，要解决目前在水资源管理中存在的"多龙管水、多龙治水"的混乱局面[12]，建立一个具有权威的统一的水管理体系。管理机构应具有明确的法律地位，能够对全流域水资源和水环境实行统一规划，统一界定水权，统一调度水量，统一规定排污标准，统一监测水环境。其次，理顺统一管理机构和地方水行政主管部门之间的关系及其各自的职责，通过建立权威的制度对流域管理机构的正常运行提供制度保障，减少地方行政权力的影响。

渭河流域管理的目标应该是一种科学的动态管理目标，合理制定并实施阶段性目标，逐步推进，实现水资源可持续利用，满足全流域社会经济可持续发展的要求，最终实现人与水资源环境的和谐相处。

### （二）建立健全水权制度

明晰水权，建立符合实际的水权制度，对水资源合理配置和有效管理至关重要。水利部原部长汪恕诚曾指出：明晰水权，要逐步建立两套指标体系，

一套是水资源宏观控制体系,一套是水资源微观定额体系;[13]前者用来明确各地区、各行业、各部门乃至各企业、各灌区可以使用的水资源量;后者是对每创造万元产值所需的水量进行限定,根据不同地区、不同产业及不同行业制定不同的用水标准。有了两套指标的约束,各地区、各行业都明确了用水指标和节水指标,节水责任就可以层层落实,水权转让也就有了基础,各方权益才能从根本上得到保障。

在完成水权初始配置后,就需要建立水权市场,实现水资源产权和水商品产权的有偿转让,以优化配置水资源,实现水资源的高效利用。同时,要建立水权市场的管理机构、仲裁机构、监督机构等。另外,水权制度的建立需要政府部门去完成,水市场的监管和水资源的合理分配需要政府部门参与,再加上水资源的所有制特性,水权交易不可能完全由市场调节。为此,政府和水行政主管部门要加强宏观调控,引导水权交易,并给水权交易以有力的政策支持和法律保护。

建立水权市场,实行水权转让制度。建立起总量控制与定额管理相结合的用水管理制度,制定水权转让办法。对于用水户通过技术更新或更换更节水的生产设备或生产工艺,将用水计划的余额可以通过有偿转让的方式转让给其他用水户。

### (三)健全水管理的法律法规并保障其实施

目前,黄河干流水量统一调度的实施取得了明显的效果,为渭河流域依法治水管水提供了良好的指导意义。渭河流域计划用水、节约用水制度还有待建立和完善。

开展计划用水管理,加强水资源配置和调度工作,在保障人民群众饮水安全的同时,对水资源进行合理的配置和整合,全力保障经济社会发展的用水需求。严格用水计划,超计划用水实行累进加价制度。加大对一些行业及用水大户的监督管理力度。建立节约用水制度,逐步规范用水行为,强制实施计划用水、节约用水措施,提高供水利用率和重复利用率。对超计划用水实行加价收费制度,以经济手段调节节水工作的全面开展,确保水资源可持续开发和有效利用。在征收水资源费的同时征收水污染费。

广泛深入开展基本水情的宣传教育，强化社会舆论监督，进一步增强全社会水忧患意识和水资源节约保护意识。

### （四）引进先进的科学技术，提高水资源管理的能力和水平

科学解决理论问题，技术解决实际问题。加强水资源管理离不开科学技术的支持，用先进的管理技术和手段实现水资源管理的现代化，加强水资源技术标准制定及认证认可、计量等技术监督工作，开发并推广先进实用的水资源配置和节水技术。

利用系统科学方法、决策理论和先进的计算机技术，统一调配水资源；注重兴利与除弊相结合，协调好各地区以及各用水部门之间的利益和矛盾，尽可能地提高区域整体的用水效率，以促进水资源的可持续开发利用和区域的可持续发展。[14]

加快基础水文信息数据的采集和观测，健全流域水文观测站点和水文信息共享平台的建设；加快节水型生产工艺、节水灌溉技术和节水器具的推广和实施，建立精确的用水效率控制指标体系。在取水、用水、排水三个方面严格控制，减少水资源开发量、提高用水效率、减少水体排污总量，以实现水资源与经济、社会、生态环境协调的可承载、有效益、可持续的发展。

[参考文献]

[1] 王晋芳，郑国璋.渭河流域水资源开发利用现状及可持续利用对策[J].山西师范大学学报.2005(2):103—107.

[2] 班固.汉书[M].颜师古注，中华书局.1962:卷58.

[3] 陕西省地方志编纂委员会编.陕西省志·水利志[M].陕西人民出版社.1999:671—673.

[4] 行政院水利委员会编印.水利法规汇编（第1集）[M].1944:1—7.

[5] 行政院水利委员会编印.水利法施行细则,1944.

[6] 胡德秀，刘子晨，刘铁龙，刘琴平，李依江.陕西省渭河流域用水效率时空差异性分析[J].人民黄河.2020(8):56—61.

[7] 刘海江，王伯阳，朱峰霞等.陕西省渭河流域综合治理规划专题规划之——水资源开发利用规划[J].陕西省水利厅.2002.

[8] 左其亭，窦明，马军霞.水资源学教程[M].中国水利水电出版社.2010:161.

[9] 左其亭，窦明，马军霞.水资源学教程[M].中国水利水电出版社.2010:163.

[10] 左其亭，窦明，马军霞.水资源学教程[M].中国水利水电出版社.2010:170.

[11] 刘伟.中国水制度的经济学分析[M].上海人民出版社.2005:380.

[12] 郑贤.水资源管理与水利资产管理[J].中国水利.2002(10):74—75.

[13] 汪恕诚.水权管理与节水社会[J].中国水利.2001(5):6—8.

[14] 左其亭，窦明，马军霞.水资源学教程[M].中国水利水电出版社.2010:250.

# 近代以来陕西植树造林的实践过程及现代启示

杜 娟[1]

## 一、引言

植树造林对于防风固沙、保持水土、涵养水源、美化环境等均发挥着举足轻重的作用。陕西的中北部地区曾经是森林匮乏的地区，陕西南部的秦巴山地虽然生长有茂盛的亚热带常绿阔叶林，但历史上的开山拓土及林木利用使得山地地带的森林资源破坏严重。在陕西这片由南而北自然地理特征逐步过渡的地带，本已是具备农业、林业、牧业发展的交错区域。近代以来，这里依然延续前代农林牧争地的现象，随着黄河中下游水旱灾害日益严重，民众生命财产遭受重大威胁的时刻，保护黄河流域水土环境的渴望与需求逐渐在中央及地方政府、科研学者、有识之士，甚至普通民众中间得以倡导和体现。民国以来的百余年间，陕西的植树造林事业取得了显著的成绩，据陕西省第九次森林资源清查，陕西现有林地面积1236.79万公顷，森林面积886.84万公顷，森林覆盖率达43.06%[1]，"绿色陕西"的宏伟蓝图已初见成效。这其中，政府决策、科技力量、民众响应等切实而有效地推动着造林事业的发展。

2004年，陕西省委、省政府在《关于贯彻〈中共中央、国务院关于加快林业发展的决定〉的实施意见》中提出了陕西省林业发展的目标任务，到2010年，全省森林覆盖率达到41.7%，2020年达到43%，2050年稳定在43%以上，生态状况步入良性循环，建成比较完备的森林生态体系和比较发达的林业产业体系，基本实现山川秀美的目标。要实现这一目标，保护与建设森林的道路必须切实稳步发展，同时在以往的历史路径中寻求经验和不足亦为必要之方法。本文回顾与梳理陕西省植树造林发展的历史脉络，对揭示这一地区的植被演变过程，

---

[1] 杜娟（1978—），女，陕西师范大学历史地理学博士，陕西师范大学西北历史环境与经济社会发展研究院助理研究员。研究方向：历史地理学，环境史。

进一步探讨生态—经济—社会之间的协调发展有重要的学术意义。同时，对现阶段陕西生态环境建设以及整个黄河流域高质量发展具有广泛的借鉴意义。

## 二、历史时期陕西林业景观及林木资源变迁

陕西的地形南北狭长，类型多样，夹有山地、平原、高原、盆地和峡谷等，南部是层峦叠嶂的秦巴山地，中部是一马平川的关中平原，北部是广阔富饶的陕北高原。由于陕西省境南北长达860多千米，纬度跨度大，不可避免地引起南北间气候的显著差异，加之多样的非地带性因素导致陕西南—中—北部自然综合特征的不同。就气候而言，跨有亚热带湿润区、暖温带半湿润区、暖温带半干旱区以及温带半干旱区四个地带。根据陕西植被区划，陕西可划分出含常绿阔叶树的落叶阔叶林、落叶阔叶林和草原等三个植被带和五个植被区。

陕北高原，是广阔的黄土高原的一部分，地势西北高、东南低，分布着厚层的黄土，沟壑纵横、梁峁交错的复杂地形使这里的植被呈现出森林、灌丛、草原、荒漠均有的景象。位于黄土高原东南部的关中平原，暖温带的气候与肥沃的褐土使这里曾经发育了广泛的落叶阔叶林，但阶地与台塬为主的地形促使这里成为早期农业开拓的优先地带，森林植被早已被农田景观所替代。陕南地区属于暖温带和北亚热带两个典型的植物区系的接壤地带，也是我国南北植物交汇的场所。秦岭和巴山是陕西森林植被的主要分布区域，两山夹一川的地势结构致使该区植被分布的水平地带性与垂直地带性均表现明显。

上述陕西的自然特征是森林植被得以生长的地理基础，从植被的空间分布来看，陕南秦巴山地、关中沟谷平原、陕北山地地带均具备植被发育的自然条件。历史证据也表明，古代的陕西也曾是森林富饶的地区。早在蓝田猿人的时代，秦岭北麓的渭河谷地曾经遍布森林，同蓝田人一起生活的森林动物，如剑齿虎、剑齿象等即可说明当时人们的生存环境。这些出土的动物化石有体形硕大、生性凶猛的森林动物，也有善于奔跑的草原动物，指示在那个时代，关中地区既有广袤的森林，也有水草丰美的大草原。孢粉分析的结果也显示，关中的木本植物种类多样，包括有松、侧柏、胡桃、桦、栎、朴等众多科属。在《诗经》的记载当中，"肃肃兔罝，施于中林""林有朴樕、野有死鹿""鴥彼晨风，郁彼北林"[2]等诗句不乏对林木的景观描述，想必在关中的河谷冲积

瘠的荒凉之地。由于地表水土环境的破坏，水土流失引发的灾害给人们带来深重灾难。

一方面依靠开垦山坡地获取并维持民众的基本生活需求，另一方面忧于水土流失带给民众的巨大生命财产安全，故在极力耕垦的同时，一些有识之士及地方官员倡导保护林木，并采取积极措施改善缺林状况。于是，通过植树改善环境的意识逐渐强烈，以孙中山为代表，晚清时期已接受西方林业思想影响的领导者及留学归国的林学家们纷纷大力提倡农林建设，并在全国范围内开展植树造林活动。戴季陶曾在《关于经营西北农林专校办法之意见书》中言："吾国夙称以农立国，我汉民族，素来认开辟草莱，披荆斩棘，为文明大事业，然只讲开辟而未培植之适宜，则其害亦随之而生。今日西北亢荒之现象，其最大缘由，即在开山为田。秦中各处高原地带之森林，除借宗教力量保存些许外，其余凡应有森林以养水源之地，几皆成畎亩，以致灾荒频仍，无术挽救。"[8]这种对森林破坏与灾害频发，经济凋敝关系的深刻认识无疑促进了陕西植树造林与保护环境的行动。1917年来陕主政仅三个月的省长李根源也明确认识到森林的生态功能，发布了《禁止采伐东西大道旁树木布告》《提倡农林畜牧布告》《提倡农林畜牧通令》等一系列通告[9]，积极宣传森林的生态功能，并提倡保护森林树木，植树造林，发展林业经济。

在政府的积极倡导下，各地造林活动陆续开展，西北各省自是积极响应。1922年，陕西省实业厅在西安西关创办陕西农业试验场，内设苗圃。1927年，合并省立的三个苗圃，创建陕西省立林业试验场。1934年成立省林务局，并先后设立西安、草滩、平民、槐芽及西楼观、终南山森林公园、关山林区七处林场，从事育苗造林工作。为保障林业发展，陕西省政府还先后出台各项制度政策，如1929年发布《护林公告》，1932年公布《陕西省各县农村林业公会章程》，1934年颁布《陕西省奖励造林及保护办法》，1935年颁布《陕西省公有荒地承领造林规程》及《陕西省行道树植护及奖惩暂行办法》，此后还颁布了《陕西省管理林木办法》等。

该时期各个林场的造林育苗工作最为显著，林场多设置在靠山或临河处，如沿渭河设立保安林，"渭河两岸，滩地甚多，种植则潦旱不时，不种则废弃可惜。拟于各滩地完全造林。"[10]临近渭河的槐芽、草滩分设林场，黄河滩地的朝邑也设立了林场。林场培育栽植的树木种类较多，以行道树、经济林、生态林等为主。如西安林场以栽培臭椿、白榆、中槐、洋槐、苦楝、扁柏、梧桐、合欢等行道树以及桃、杏、胡桃、苹果、梨、李、石榴、葡萄、柿等果树林。槐芽林场为防止渭河改道淹没农田，以栽植椿、榆、楸、槐、核桃树等。西楼观林场一方面栽植适宜山坡地、作为军用的胡桃木，一方面则是适宜河滩地的橡、榉、栗、桑、椿、楸、梧桐、杨、柳、洋槐、中槐、桃、杏等。关山林区在原有林木保留相对较多的基础上，培植了胡桃、洋槐、桃、杏、华山松等，荒坡栽培党参、大黄、川芎等中草药。

除各大林场，陕西省各县造林成绩也卓有成效。据统计，关中及陕北各县区植树造林的植株成活率大多都在60%以上，岐山、盩厔、大荔、栒邑、长安、榆林的植株成活率已达90%以上。但在耀县、淳化、神木、宝鸡、府谷五县，成活率不足50%。按照各区县自然条件之差异，造林植株数量也存在明显差异，华县、宝鸡、韩城、武功造林植株数已超于10万株，临潼、淳化、府谷等造林数量则较少（见表1）。

表1　民国三十一年关中及陕北各县区植树造林成绩报告统计表

| 各县 | 原植株数 | 树种名称 | 现在成活株数 | 成活百分率 |
| --- | --- | --- | --- | --- |
| 扶风 | 3065 | 椿、榆、槐等 | 2565 | 84% |
| 鄜县 | 11500 | 小叶杨、洋槐 | 10000 | 87% |
| 岐山 | 7660 | 杨槐、榆等 | 7390 | 96% |
| 耀县 | 5100 | 榆、椿 | 1579 | 31% |
| 澄城 | 3060 | 榆、椿 | 2100 | 67% |
| 盩厔 | 12100 | 杨、槐、柳、榆 | 11450 | 95% |
| 三原 | 61600 | 阳、槐、榆等 | 48500 | 79% |
| 临潼 | 1345 | 洋槐、榆、柏、桃、杏 | 917 | 68% |
| 潼关 | 45803 | 杨、柳、椿、榆 | 28589 | 62% |
| 郃阳 | 40808 | 洋槐、椿 | 26730 | 66% |
| 陇县 | 46170 | 杨、柳 | 37760 | 82% |
| 韩城 | 131000 | 杨、柳, 槐 | 102000 | 78% |
| 泾阳 | 95402 | 杨、柳、榆、槐 | 80607 | 84% |
| 大荔 | 66300 | 榆、槐 | 64700 | 98% |
| 淳化 | 1360 | 洋槐、杨、柳、椿 | 429 | 32% |
| 乾县 | 8570 | 洋槐、椿 | 4932 | 58% |

续表

| 各县 | 原植株数 | 树种名称 | 现在成活株数 | 成活百分率 |
|---|---|---|---|---|
| 蓝田 | 17400 | 洋槐、榆、椿 | 14300 | 82% |
| 栒邑 | 7300 | 杨、柳 | 6800 | 93% |
| 富平 | 37200 | 洋槐、椿、榆 | 25300 | 68% |
| 神木 | 40654 | 青桐、柳、杨 | 16559 | 41% |
| 宝鸡 | 188010 | 杨、柳、椿 | 92980 | 49% |
| 渭南 | 23346 | 杨、柳、榆 | 15603 | 67% |
| 同官 | 27964 | 杨、柳、椿 | 20155 | 72% |
| 华县 | 580000 | 杨、柳、椿 | 510000 | 88% |
| 武功 | 125210 | 榆、槐、杨、柳 | 89800 | 72% |
| 佳县 | 5200 | 杨、柳、榆、椿 | 4410 | 85% |
| 长安 | 14300 | 杨、榆、椿、洋槐 | 13290 | 93% |
| 榆林 | 35269 | 杨、榆、柳 | 34000 | 96% |
| 府谷 | 917 | 杨、柳 | 308 | 34% |
| 横山 | 5123 | 杨、柳、榆 | 4319 | 84% |

资料来源：《陕西省各县民国三十一年度植树节造林成绩报告统计表》，《陕西省统计资料汇刊》，1942年，第3期，第262—264页。

  陕西是一个地形地貌多样的地理单元，在此造林亦需要选择合适的地带，尤其在黄土高原农林争地之矛盾实属存在。平原与台塬是黄土高原面积最大的地貌单元，也是土壤质量甚好的地形部位。这里的土地垦殖最早，多用于农作，且于天旱之时，农作物尚且难于丰收，故在此干燥土地上可供培植的树木并不多，仅在沟间谷地可见诸如臭椿、槐树、皂角、榆树、桐树、柿树等林木。1933年，德国专家芬次尔受邀指导我国西北地区的造林工作，他特别指出"黄土河流之滩地"属于黄土地区特别之造林区域，"尤以潼关以上及渭河流域为指归。此种地面，时遭广大肤浅及水流稍缓之泛滥，故于此等公地，偶培农作物，每被摧残，但杨柳能抗洪水，生长可保无虑。"[11]渭河滩地属于河流泛滥及冲积滩地，一直未被利用。芬次尔提倡在这一区域栽植树木，多年后不仅可以收获木材，治理河道，且是滩地土壤利用的良好途径。[12]

  除了河流滩地，芬茨尔还论证了在秦岭北坡和黄土塬地造林的自然条件及技术方法。经过实地调查，他选定武功县张家岗的三道塬渭河滩地、眉县齐家寨金锁沟、咸阳周陵设立林场和苗圃，这三个地点分别代表黄土高原地区河流滩地、秦岭北坡及黄土塬地三种不同的地貌单元。[13]但黄土塬地尚属于"优美之农地",仅可划出一部分作为苗圃之用,至于"造林事业,以施于价廉无用之地,若能利用官荒,则更可节省购买土地之麈费矣。"[11]限于此种原由,利用荒地造林是当时积极提倡的,"是类官荒,非全行童凸,亦有灌木茂草,遮被其上,惟因政府未及利用,致邻近穷苦居民,得以采薪刈草,散居放牧,相沿已久,遂成习惯,不过似此利用土壤,不仅肤浅而低效,且所获亦必甚微,故此蔓生野植之荒地,占据者苟无法律之根据,则收回造林,实为急务。"[11]

民国时期,社会动荡不安,土匪经常出没,使陕北黄土高原一带人口相对稀少,这为该区域局部自然林的恢复与保存带来了机遇。在子午岭、黄龙山区,林木资源状况均保持较好,呈现"田野荒芜,荆榛遍野,飞禽走兽,结队成群,吾人旅经其境,目睹山雉白雕、麋鹿黄羊,到处狼奔豕突,踯躅横行,即知此地为野兽繁育的渊薮"[14]。除自然林之外,佳县、绥德、神木、吴堡等县在民国时期种植了较多的果木经济林。但在陕北的大多数地区,因雨量缺乏仍是处于无林少林的状态。芬茨尔还曾提出在陕北造林的必要性及可行性,其一为陕北地带人口稀疏,荒地甚多,人们生活水平较低,土壤培植的经济率不高。若给予贫民技术、行政及经济上的援助,则可以开始造林。其二为黄河的泥沙多源于陕北黄土高原,实施造林是减少泥沙,减轻下游诸省水患的途径。其三为在榆林一带沙丘上造林,可防止沙之南侵。[11]但是,当时省林务局因交通不便,最先在秦岭北坡易到地方,及沿渭肥沃滩地从事造林,陕北一带造林活动尚无暇顾及。

### (二)中华人民共和国成立以来的陕西造林事业

中华人民共和国成立初期,举国上下百废待兴,经济的大发展对黄河流域的生态环境保护带来了新的考验。一方面"大炼钢铁"的工业需求导致大量的砍伐森林,一方面又迫切地需要护林造林。20世纪五六十年代,陕西主要采取在道路、河流、库区等沿线多部门联合造林的模式。陕西的地形地貌复杂多样,也有学者建议,依据陕西全省的气候区划和农业区划,将全省林业建设划分为砂砾丘陵固沙林与农田防护林;黄土丘陵沟壑水土保持林与用材林区;桥山、黄龙山土石山地水源涵养林兼用材林区;渭北高原沟壑区农田防护林与沟谷水土保持林区;关中平原四旁绿化及农田防护林区;关山土石山地用材林区；秦巴山地用材林、特种经济林及水源涵养林区等。[15]显然，这一时期的造林工作已经围绕着生态建设、农田保护、景观营造、林业经济等逐步实施。

1970年以后，一系列国家重点造林工程相继实施。1977年陕西省启动平原绿化工程，进行四旁植树、农田林网和道路、水系、荒地绿化工作。1978年启动"三北"防护林工程，工程涵盖陕西70%的水土流失区域、100%的沙化和荒漠化土地。1989年在宝鸡、汉中、安康、商洛等30个县区启动长江中上游防护林工程，涵盖全省1.02亿亩土地。1998年开始实施天然林资源保护，1999年率先实施退耕还林工程。20世纪90年代开始，陕西省开始引进外资，与德国、比利时、日本、美国、韩国等开展多个合作造林项目，这为进一步建设陕西省林业提供了必要的资金保障。

在此期间，众多专家学者在陕西一带的科研与试点工作使这里的生态与生活面貌大为改观。中国科学院水土保持研究所研究员卢宗凡在1974年到安塞县茶坊村建立试验站。初到这里，茶坊村村民们乱垦乱伐，生态环境破坏严重，广种薄收，平均亩产仅25千克。村民辛苦一年却吃不饱，生活窘困。他们开始广为传播科学种田知识，大搞基本农田建设，采取植树造林、种草等措施。几年下来，村庄面貌大变，沿杏子河流域的几百亩川地，田林路已林网化，粮食亩产翻了一番。[16]诸如这种小流域植树种草与农田建设相结合的工程在陕西许多地方陆续开展，成为陕西水土保持与生态环境改善颇具成效的举措。20世纪五六十年代，陕南地区仍然以林业的经济效益作为造林的主要目标，但随着水土保持工作在全省范围内的推广，秦巴山地也开始提倡造林不仅重视直接的经济效益，也要注重造林的生态效益和水土保持效益，开始提倡优选推广适宜当地自然条件、水土保持效益良好的树种草种，如刺梨、龙须草等。在陕南水土保持的考察报告中指出："林业的生态效益周期长，单纯的造林，3—5年起不到水土保持作用，特别是经济林就更差。可是陕南山区造林，过去没有整地的习惯，应该改革。今后，造林前必须先进行整地，最好是一次修成反坡梯田，特别是土层较厚的丘陵山区造林，一定要这样做。现在林业部门造林，也开始强调这一点。[17]"并且已经在陕南各地推广了荒地水平带状造林、坡耕地布设水平灌木带、地埂林带等、水平林带加水平沟等整地造林方式。可见，造林前的整地工程已逐渐成为陕西南北地区造林的必要措施。

科技力量下的造林方式、整地措施为植树造林提供了实施方案，调动民众植树造林的积极性是方案得以实施的基础条件。如何激发干部和群众植树造林的积极性，并坚持不懈地开展这一工作是各级政府指导造林实践的重中之重。在陕西神木县窝兔采当大队，民国时期过着"吃尽风沙苦，亩打一斗谷，地主搜刮尽，白白累断骨"的贫苦生活。中华人民共和国成立后实行农业合作化后，群众自己动手，采树种，育树苗。队干部到县里开会，都利用休息时间，爬树采种，会议结束后，步行一百二十里，背回一麻袋树种。当年就育了四亩树苗。几年来，他们仅仅依靠广大群众，坚持自力更生的方针，没有种苗，自采自育；没有资金，集体筹集；没有技术，边干边学，并适当争取外援，终于使历史上缺树少林的黄沙滩迅速绿化起来。[18]森林造起来，依然得依靠群众进行管护。在窝兔采当大队干部和群众的造林实践体会中，造林和管护是不可分割的。"造上就管，才能保证成活，加速绿化。只造不管，树木往往会遭到损坏，不能长大成林，就失去造林的意义……十分造林，二十分管护，是他们造一片，活一片，成一片，不断前进的关键。"[18]事实证明，发动群众，调动群众的积极性，将群众的切身利益与林业建设紧密结合起来是造林事业稳步发展的巨大推动力。

21世纪以来，大面积荒山荒沙绿化已经取得阶段性成果，全省森林绿化中心转移。2001年启动绿色通道建设工程，对省内道路、河渠、堤防沿线、村镇周边实施绿化美化，以及治沙工程与黄河中游防护林工程。2004年启动以创建国家森林城市为重点的"身边增绿"工程。2009年起，先后启动陕西东大门、汉丹江、晋陕峡谷等重点区域绿化工程。2012年起，陆续开展关中大地园林化、陕北高原大绿化、陕南山地森林化建设。这其中的每一项工程都展示着陕西植树造林的决心和努力，取得的成果也令世人瞩目，2000—2008年陕西省植被指数变化百分率平均为17.9%，为全国平均值的2倍，植树指数平均值由0.5751增长到0.7219.[19]以上显著成效的获得与正确的方针政策密不可分，从中华人民共和国成立之初到80年代末，全省积极贯彻"普通护林护山，大力植树造林，合理采伐利用"的指导方针，森林面积持续保持缓慢增长的趋势，90年代开始，森林面积、森林蓄积量、森林覆盖率逐年快速增长。

退耕还林、治沙造林是陕北地区林业建设与生态恢复的典范。1999年党中央、国务院在延安提出"退耕环境、封山绿化、个体承包、以粮代赈"的16字方针，使陕西成为全国退耕还林的先锋。自陕西省开展退耕还林试点以来，工程覆盖全省10个市、102个县区，退耕还林还草4039.7万亩，占全国的9%，居全国第一。陕西省造林治沙的成绩也赫然在目。中华人民共和国成立之初，治沙专家便在榆林探索治沙造林的技术方案，陆续开展引水拉沙、沙障固沙、前挡后拉等治沙造林技术，樟子松的引种栽培使造林保存面积大大提高。1974年开创了流动沙地飞播造林种草实验，累计完成飞播治沙900多万亩。[19]

在中华人民共和国初期，秦巴山地的木材不仅供应本省的建设需求，为全国的经济社会发展也做出了巨大的贡献，但同时也付出了沉重的生态代价。自20世纪90年代末，秦岭林区全面停止天然林商品性采伐，以木材生产为主转向以生态建设为主。经过不懈努力，秦岭已建设国有林场83处，森林公园50处，总面积16664平方千米。建成各类保护区33处，总面积5600平方千米。

### 四、以古鉴今：陕西植树造林的影响因素分析

陕西是全国水土流失最为严重的地区，必然也成为黄河流域植树造林、保持水土的重点区域，尤以陕西中北部更是全省林业建设的关键所在。陕西中北部地区属于黄土高原，降水量少、蒸发量大、气候干燥给植树造林工作带来极大的困难。限于这种气候条件，这一地带的广植森林实属不易。水分是限制植被生长的重要因素，东南面的暖湿气流进入陕西，受秦巴山地阻挡，陕南降水量最多，年均降水量可达800—1000毫米。关中盆地东宽西窄，东低西高，湿热气流与东下的冷空气首先在渭河谷地的关中西部相遇，形成较多的降水机会，而关中东部的降水量则少于西部，故在关中西部林业发展的水分条件明显优于东部。陕北一带南有北山，东有山西高原阻隔，对东南暖湿气流推进有一定影响，致使陕北的降水量较少，陕北北部年均降水量不足500毫米，安塞以南的陕北南部，降水量虽有增加，但也多不及600毫米。这样的降雨格局必然引起土壤水分的显著差异，尤其在水分较少的黄土高原地区造林，合理利用土壤水分是森林建设的关键。

近代以来陕西的造林史中频频出现造林成活率低，很多树木即使成活，生长状况不佳的现象也时有出现，人们形象地将这些树木称为"小老树"。如

榆林的小纪汉林场,1958年在滩地营造的合作杨林,树高仅3米左右,胸径4—5厘米。靖边县王渠则乡在一片荒山上营造的杨树和沙棘混交林,1979年整地,1980年栽树,杨树高仅2—3米,沙棘却长势良好。[20]这使林木应有的生态及经济效益难以发挥。林木长势不佳的主要原因为生长土层中出现了土壤干层,致使植被生长过程中大量耗水造成土壤水分的极度短缺,无法供应林木持续生长所需的必要水分,从而出现停止发育或缓慢发育的现象。[21]受此影响,依据黄土高原不同地区的土壤持水能力,如何进行植被建设空间布局,植被种类选择等问题一直是陕西林业发展关注的热点。近几十年来,乔灌草的合理配置,针阔叶树种的选择,经济果木林的引种在不断地实践与改进中取得了显著成就。

另外,近代以来的陕西灾祸频仍、经济凋敝、生活贫困的社会环境也加剧了陕西植树造林的难度。李仪祉曾论证它的难点所在:"一、西北气候干燥,树木不易生长。二、交通不便,木运困难,植林者无利可求。三、面积广漠,遍植林木,非百年不为功[22]"。西北降水量稀少的确是限制林业发展的重要因素,故在黄土高原植树种草过程中必须要有适应之方法来确保植物生长所需水分。黄土高原普通农户的单独造林,虽为有价值之举动,但实则难以成为推行林政的主要力量。究其原因,在富庶之区,农民虽有略用工本植树者,然土地大半由小农分耕,从事农作,地价甚为昂贵。仅在偏僻之处,可以植树。若在土地荒泛之区,人民生活贫苦,气候及土壤亦不甚适宜,若无专门技术人员指导及经济援助,一般贫民虽有造林之愿,也将束手无策。另外,林木的经济利益收获较为久远,不利于农家收益,"缘农家中资本本微薄,境况至不安定,有时或有家庭忧患,以至经济恐慌,又如旱荒饥馑,匪祸、疾病不时侵凌,自不得不砍伐未成年之树木,以企稍获微利,藉以苟延残喘,故农家植树,颇难望其成林。"[11]

## 五、陕西植树造林未来发展的建议

纵观近代以来陕西植树造林的发展历程,经历了晚清至民国时期初步探索、中华人民共和国成立初期缓慢发展、改革开放后快速迈进、新世纪稳步发展的不同阶段,陕西的林业建设已颇具成效。实践证明,以生态环境保护为导向的造林方针始终是政府决策的宗旨,因地制宜探索适宜之造林方法是科技力量投入的目标，将林业产业与广大农民脱贫致富、地方经济发展紧密结合是造林行动的巨大推动力。回顾这段历程，陕西也曾经历林木过度砍伐、天然林保护力度不足、林木存活率不高、林木建设工程不够完善、林业产业单一化等问题与困境。在营造陕西秀美山川的生态文明建设道路上，积极总结历史经验，也算是为未来的造林事业探索行之有效的路径。本文提出以下几点建议：

（1）在进一步贯彻实施因地制宜，乔灌草相结合的植被恢复及建设方案的同时，因地制宜，积极发展多功能、多目标的林木种类。在湿润地区发展乔木林；半湿润地区发展乔灌结合；半干旱地区以灌木为主，兼顾乔木；干旱地区发展灌木及草地。均衡有效利用土壤水分是该区植树造林的关键因素，山地、台塬、平原、沟谷等地带土壤水分储存量及耗散形式均有显著差异，综合评估区域降水、土壤质地、土壤储水能力为选择适宜之树种的前提。通过进一步的科学研究和试验，在重视乡土树种的前提下，选择优势树种，在强调植树造林促进生态建设的同时，发展林业产业体系，建立丰富多样的经济林资源，诸如红枣、苹果、花椒、猕猴桃、核桃等果品基地不仅是陕西重点发展的经济产业，也推动了陕西的经济林建设。与此同时，带动起来的森林生态旅游、林副产品加工、木材加工利用等多个林业经济产业体系，将林木建设与经济建设相结合，实现生态—经济—社会可持续发展的理想模式。

（2）结合陕西的水土保持工作，继续完善造林整地工程。干旱、半干旱地区的土壤水分主要依赖于大气降水，水平沟、鱼鳞坑、梯田等土地整理方式可有效拦截地表径流，改善土壤的理化性质。在水土流失显著的地区造林应有必要的整地工程，以改善下垫面性质的方式为森林生长的土壤条件提供保障。

（3）切实有效地开展森林资源保护工作是维持现有森林保有量及恢复森林生态系统协调发展的必要措施。民国时期的植树造林，中华人民共和国成立后的退耕还林、治沙造林、天然林保护、三北防护林、自然保护区等一系列造林工程使陕西的森林资源步入休养生息和恢复发展的良好阶段。未来应尽可能保证林地资源数量与林木资源数量均保持在一个合理的水平，这需要协调交通、工业、化工等行业发展与林地发展的矛盾；农业产业结构调整与林地资源保护的矛盾；经济快速发展与林木缓慢增长之间的矛盾等。

[ 参考文献 ]

[1] 王孝康.基于连续清查的陕西森林资源动态变化分析及管理建议[J].陕西林业科技.2019,47(1):45—51.

[2] 周振甫.诗经译注[M].中华书局，2002.

[3] 周云庵.陕西古代林业资源[J].农业考古.1990,(2):254—259.

[4] 焦国模.中国林业史[M].渤海堂文化公司，1999，257.

[5] 乔欣.清末《陕西全省造林区域图说》刍论[J].农业考古，2018，(4):210—218.

[6] 袁德新.陕西之社会文化：陕北社会状况一瞥[J].新陕西月刊，1931,1(9):59—65.

[7] 乐天宇等.陕甘宁边区森林考察团报告书[A].武衡.抗日战争时期解放区科学技术发展史料（第2辑），中国学术出版社，1984，86—92.

[8] 戴季陶.关于西北农林教育之所见[M].新亚细亚学会，1934，41—42.

[9] 冯尕才.李根源主陕期间振兴林业的思想和举措论析[J].北京林业大学学报（社会科学版），2016，15(1):18—23.

[10] 西安市档案馆.西安档案资料丛编：民国开发西北[M].2003,186.

[11] [德]芬茨尔.西北造林论[M].陕西省林务局，1934.

[12] [德]芬茨尔.沿渭泛滥区域及低冲积滩地之树木培植[J].新亚细亚，1934,9(6):5—11.

[13] 白荫元.我所知道的芬次尔和陕西省林务局[A].文史资料存稿选编22（经济下），中国文史出版社，2002,976—979.

[14] 张萍.风俗所见黄土高原土地利用方式的差异——以民国时期陕北为例[J].陕西师范大学学报（哲学社会科学版），2009,38(3):67—72.

[15] 李家骏.陕西森林植被变迁与林业建设布局[J].陕西林业科技，1979,(3):27—33.

[16] 卢宗凡——默默耕耘黄土高原[J].中国贫苦地区，1997,(6):21.

[17] 秦巴山区水土保持造林种草要有新突破——陕南水土保持考察报告附件之四[J].水土保持通报，1988,8(2):48—51.

[18] 农林部调查组.沙漠变绿洲——陕西神木县窝兔采当大队植树造林的调查报告[J].陕西林业科技，1973,(4):3—6.

[19] 陕西林业的时代步伐[J].西部大开发，2019,(10):50—61.

[20] 杨正昌.陕北植树造林考察报告[J].陕西林业科技，1987,(3):4—7.

[21] 韩仕峰.从土壤的储水能力分析黄土高原的植被建设[J].中国水土保持，1992,(12):45—49.

[22] 李仪祉.请由本会积极提倡西北畜牧以为治理黄河之助敬请公决案[A].李仪祉水利论著选集，水利电力出版社，1988,72.

# 清至民国关中城市水环境变迁、用水改良及当代启示

程 森[1]

自古以来，关中地区一直是西北地区最为重要的经济区域。在这一经济区内，水无论在农业生产还是在城市生活中无疑都扮演着极为重要的角色。就城市发展来说，水已成为制约当前关中城市发展的关键限制性地理因素。[2] 以往研究对关中省会城市周边水系变迁、水利建设、水源、城市用水的水质等研究较多[3]，而从整体考察关中地区水环境变迁与城市发展互动关系的研究则较为少见。本文在梳理相关史料基础上，考察清至民国时期关中地区水环境变迁的具体脉络，并思考其与城市发展的互动关系，以期为解决当前关中城市发展的"水"问题提供历史经验和启示。

## 一、城市水环境变迁

### （一）城市地表水环境

#### 1. 河流

关中地区流动着大小不一的河流，如渭河、泾河、洛河、漆水、千河、沪河、灞河、沣河、黑河、清峪河、冶峪河等。这些河流都属黄河流域，因其绝大多

---

[1] 程森（1984— ），男，历史学博士，陕西师范大学西北历史环境与经济社会发展研究院副教授，硕士生导师，研究方向为历史地理学，环境史。

[2] 王社教.历史时期西安城市发展的限制性地理因素分析[J].载华林甫主编.新时代、新技术、新思维——2018年中国历史地理学术研讨会论文集.齐鲁书社，2020.

[3] 代表性论著有黄盛璋.西安城市发展中的给水问题以及今后水源的利用与开发[J].地理学报，1958（4）；李健超.汉唐长安城与明清西安城地下水的污染[J].西北历史资料，1980(1)；马正林.由历史上西安城的供水探讨今后解决水源的根本途径[J].陕西师范大学学报（哲学社会科学版），1981（4）；史念海.论西安周围诸河流量的变化[J].陕西师范大学学报（哲学社会科学版），1992（3）；李昭淑等.西安水环境的历史变迁及治理对策[J].中国历史地理论丛，2000（3）；包茂宏.建国后西安水问题的形成及其初步解决.载王利华主编.中国历史上的环境与社会.生活·读书·新知三联书店，2007；史红帅.明清西安城市地理研究[M].中国社会科学出版社，2008；史红帅.民国西安城市水利建设及其规划——以陪都西京时期为主[J].长安大学学报（社会科学版），2012（3）等。

数汇注渭河，故又可以称之为渭河流域。渭河是黄河的一级支流，泾河与洛河又为渭河的一级支流。泾、渭、洛三大河及其支流与关中其他河流共同构建了关中城市的基本地表流域水环境。渭河北岸和南岸径流差异明显，渭河南北水系成羽状分布，北岸长而疏，南岸短而密。南岸河流依靠秦岭北麓水源地之补给、秦岭之顶托，河流短促。南岸关中境内著名河流有沣河、浐河、灞河、黑河、涝河、滈河、田峪河、沈河、赤水河等。唐宋以来，秦岭北坡植被破坏严重，水土流失加剧，南岸径流普遍由清变浑，汛期洪水多发，枯水期又接近断流。1935年，秦岭北坡山洪暴发，酿成巨灾，学者何幼良指出："本年入伏以来淫雨连绵，山洪暴发，各河暴涨。堤防既告溃决，近河陇亩，几成泽国；交通断绝，庐舍为墟，为灾之烈数十年所罕见。"[1]这些河流以沣、灞、浐为大，为祸也最烈。

北岸河流多发源渭北高原和陇东山地、陕北高原。河流源远流长，以泾河、洛河为大。无论是渭河北岸还是南岸河流径流量均呈季节性变化特征。除了渭河、泾河、洛河等大型河流外，其他二、三级河流流量旱季、雨季差异极大。旱季河床裸露，雨季水量充足。南岸河流多出秦岭各峪口，"各峪山峡逼窄，绵亘环绕，河床陡峭，河底多沙砾。暴雨时狂流倾泻，如神龙蜿蜒。诸泉下注峰间，如白练悬天。亢旱时细流潺潺，诸泉枯竭，涓滴细流"[1]。甚至像渭河这样的大河流洪枯期水量也差异明显。丰水期水量充足，渡船悠然，颇有南方水乡之境。但到了枯水期，渭河则又是另一番情景：民间于"春冬搭小桥，仅容一车，夏秋则以舟渡"[2]。

由史料判断，咸丰以来渭河流量又有变化，呈下降趋势。光绪年间，冯焌光经过咸阳渭河渡口，说"余咸丰间过此，一望弥漫，今河身渐狭"[3]。当然，这也可能与两次路过的季节不同，冯焌光也注意到了，他说"兼之入夏少雨，水势亦杀"，但水量总体下降还是可以看出来的。冯焌光尤其注意到了秦岭北麓河流径流量的变化，即呈减少趋势。他指出："秦省商州各属及西安之户县、盩厔等属皆翼带南山、秦岭，昔人引水灌注，常资饶沃。今途次所经，水道多以湮塞。惟灞桥左近，有兵牟疏浚。"[3]在渭南沈水，冯焌光追忆此前民众引水灌田，栽种竹木之情："上下川原七十余里，向时居民资以灌注。溉田数千百亩，翼岸竹木蓊郁，人烟环匝。昔人比之小江南。"他用了"向时"一词，则"今日"之情形已大不如前了。夏季天旱时节，"浐、灞二水皆涸，沣、滴、洛三水亦仅细流涓滴矣"[4]。1935年高良佐随邵元冲前往西北，四月二十五日路过咸阳渭河渡口，也指出："渭河春冬可架小桥，仅容一车，夏秋则以舟渡。车至，以舟载之，水甚浅，舟人以木竿推撑。"[5]

关中河流淤塞甚至无踪，时人多有评述。早在1932年有学者就指出，所谓关中八川只有泾、渭、洛三河源流四季少断，其余五条河早就"淤涸"了。而且河床极浅，遍布沙砾。从两岸耕地到河底，最深处不过几尺。一到夏秋两季，山洪暴发的时候，四边汪洋，似乎成了泱泱大川。而一过此期，却又干涸如常。关中河流总体上是淤浅的，流量大不如前。[6]

关中河流的"淤"有人为的因素，即植被破坏，水土流失；"浅"除了人为活动导致水土流失外，恐怕也有气候趋于干旱的原因。20世纪40年代，邵潭秋曾记述西安周边的水环境，尤其提及气候干燥与水环境的演变："西安为周秦汉唐之古都，文物风俗宜应杰出其他都会之上。顾一按实际，则与吾人理想所估定之价值相距甚远。如言天候地理，则自沙漠南移之后，天气干燥，黄尘涨弥，水道枯竭，木卉不番。如昔日之曲江、杜曲，水木清华者，今则多为黄沙所布，茂草更不多见。江南人士初来此地，每不惯莫水土……渴望思去。"[7]

2. 湖泊、湿地

关中平原在地理上是个盆地，盆地在地质时代即形成，周边水系内聚后由渭河东注黄河。因地质、地貌、水文等因素的作用，在平原内部分布着一些湖泊、湿地。湖泊集中在河流的尾闾、城市周围，湿地则以河流下游两岸居多。不过在关中水环境总变迁的大背景下，仅有为数不多的湖泊、湿地为时人常常提及。

关中自古以来就有着许多著名的自然湖泊和人工湖泊，如灵沼（西安）、渼陂（户县）、南湖（富平）、曲江池（西安）、东湖（凤翔）等。西安附近湖泊颇负盛名，汉唐以降，气候变迁，政治社会环境更迭，湖泊湮塞。1932年，邵力子、戴季陶等考察西北，谈及西安曲江池说："流觞泛舟之曲江已成陆地民田"[8]。1935年安华注意到"关中的雨量历代都很缺乏，据近年调查每年雨量至多不过四百七十千米，并且雨期不均。……水渠最多的长安城及近郊，现在连一个小的水池都没有"[9]。

再看地方中小城市。在中小城市中以凤翔东湖最负盛名。该湖自北宋苏轼主政凤翔开辟以来，一直相沿不废。湖泊利用凤翔天然泉水为水源，布景开园。1932年，吴震华徒步旅行西北，来到凤翔，对东湖之印象甚深，其称："出凤翔东门数伍外，即护城河，东湖公园在焉。每届春季，桃李争艳，杨柳初叶；碧水漾漾，游鱼可数；人所乐聚，洵称佳境。"[10]同年，一位南方军人张扬明因军队开拔，于六月六日路过凤翔，他也盛赞东湖之景，如称："（凤翔）东门外有一个东湖公园，却又远胜西安。实际地说，东湖公园确为西北各地公园所不及。"[11]东湖为二三十亩的人工湖，原有荷花，湖中可以荡舟。但到了1936年，游人记述的东湖已是"荷死湖塞"了。[12]

富平南湖也很知名。富平八景之一就有"南湖烟雨"。富平县城高阔，四周低下，城南有低洼滩地，称为"南滩"。一到雨季，数日滂沱不停，潴水连月不开。四处流水全注入此滩。加上滩地地下水浅露，底水畅旺，于是成湖，经久不涸。乾隆时期，富平境内千年渠、永润渠东通南湖，说明南湖水源尚好[13]。在乾隆《富平县志》卷首舆图中清楚地标明了县城南部的南湖。"南湖形成，水面平静。农民利用地势，修渠设闸，常将多余之水，引导入东济桥下，汇流于温泉河中。于是平整地亩，种稻植藕，遍及南滩。每年一到六月，荷开稻长，香闻里外，风景美丽，可与西湖里的'曲院风荷'相比美。"[14]但在光绪十七年的《富平县志稿》舆图中已不见南湖之名，恐已无当年之盛。有一种说法认为1928年（民国十七年）后南湖开始干涸。1946年学者任省鉴调查时已尽成桑田，他也指出民国十八年（1929）大旱，南湖干涸数年。"南湖地带，在往昔水田区域辽阔，栽培特盛。今因水量减少，水田面积缩小，藕之生育，大受限制。故栽培之区域狭小，较之往昔，几有天壤之别。"[15]。

尽管区域环境的差异性是客观存在的，在秦岭北麓河流出山附近和关中西部、北部河流出山附近，仍有不少湿地，如沪河、灞河下游[16]和陇县南河[10]。但零星的湿地和"丰水"区域，不足以证明关中城市整体的水环境良好。由以上史料判断，清代以来，关中地区气候环境总体上呈渐趋干旱态势，导致大部分城市周边地表水环境不佳，影响居民生活，从省会到地方城市大多如此。时人也指出"今日西北非地广人稀，乃地广水稀"[17]。

另一方面，关中平原周边山地的河源区植被破坏严重，影响地表径流流量。1924年7月，北京师范大学历史学教授王桐龄来西安讲学之后写下了《陕西旅行记》，书中表达了作者对秦岭北麓森林砍伐严重，影响城市水源的惋惜：

"水源地应保护之森林""因樵采者太多,遂至童山濯濯"。其在西北大学所做报告《陕西在中国史上之位置》又再次强调了关中乃至陕西森林破坏、城市缺水对西安乃至陕西文化退步的影响:"自周秦以来,陕西久已开化,人口繁殖,建筑及燃料所需之木材甚多,保护林绝无,森林斩伐遂尽。因而水准面低下,水源地涸竭,泉水河变为雨水河,夏秋泛滥。"[4]

## (二)城市地下水环境

地表径流构建了关中城市水环境的总体背景,但关中绝大多数城市用水并不仅仅依靠地表径流。实际上,关中城市直接有河流经过的并不多,多数河流距离城区有一定距离,城区民众因地理、政治、经济等因素的制约直接引水较为困难。因此,常态下,关中城市仍以地下水为主要水源。

关中地貌的著名特点是"原隰相间",原即平坦高大之黄土台塬,往往竖立地表,仰视如山,但登上原后又是平坦广阔。隰即低地,且潮湿。这样高低相间的地貌特点决定了地下水环境的总体态势。一般来说,低地地下水浅,高原则凿井为艰。关中以渭河两岸滩地地势为最低;其次是黄河滩地;再次,渭河南岸出山河流下游低地;最后,以这些低地之外的高地为最高。渭河以南分布着大小不一的原,自古以来以龙首原为最著,但龙首原又分成几个原,如神禾原、少陵原等。渭河以北,北山之南,文献中常以两个"原"来概括,一为"渭北高原",一为"渭北低原"。

渭北高原城市如白水、蒲城、淳化、同官、耀县、大荔、乾县、武功、醴泉、永寿等十余县,"地势高亢,上为黄壤,水泉深而灌溉难,地不平而沟壑多"[18]。渭北低原包括泾阳、三原、高陵、富平、临潼、渭南等县的全部或一部,"面积约三千平方千米,昔有郑国渠及冶河、清河等之灌溉,为麦棉栽培之区域。土地肥沃,交通便利,诚然是沃野千里,太平乐园"。一般来说,低原井较浅,高原井则较深。如有人这样记述:"由长安经咸阳至兴平,百十里内,为平原,地多河流,水脉亦浅。由兴平至马嵬,即高原。故马嵬井水甚深,达三十丈。扶风县,井深十余丈。"[10]以咸阳为例,低地之井在四十余尺左右的,都能灌溉田亩。但"原上井深十余丈或数十丈者,土性高燥,一遇亢旱,汲饮用之时虞不敷[19]"。

表 1 关中部分城市饮用水情况表

| 城市 | 水源 | 水质状况 |
| --- | --- | --- |
| 西安 | 多为井水 | 多为苦水,甜水井少 |
| 咸阳 | 井水、渭河水 | 浑浊,不适为饮料,需用沉淀剂 |
| 临潼 | 不详 | 不详 |
| 蓝田 | 井水 | 良好 |
| 泾阳 | 井水 | 井深约二丈五尺,水极佳良 |
| 三原 | 河水 | 不甚浊,但不能直接饮用,须放置数小时 |
| 渭南 | 井水、洺河水 | 均不甚佳 |
| 醴泉 | 井水、泉水 | 不详 |
| 同官 | 泉水 | 清洌如玉,甘洁异常 |
| 耀县 | 不详 | 良好可饮 |
| 潼关 | 井水少、主要用黄河之水 | 浑浊,需沉淀,但有酸味及恶臭 |
| 华县 | 井水,少量河水 | 均不甚甘冽 |
| 华阴 | 井水 | 均不澄清 |
| 大荔 | 井水 | 不甚甘美,西门外较好 |
| 乾县 | 井水 | 浑浊,不适为饮料 |
| 永寿 | 井水 | 不详 |

资料来源:(民国)刘安国:《陕西交通挈要》上篇第六章《重要都会》。

由表 1 可以看出,民国关中城市以地下水为主要水源。但井水水质普遍欠佳,无论是渭北地区还是渭南地区大多如此,拙劣的水质势必深刻地影响民众的日常生活。这不仅反映出近世关中城市居民的缺水的状况,也深化了我们对缺水的认识。也就是说,水质低劣,实际上也是缺水的表现。

## 二、省会与中小城市的用水困境与改良

### (一)省会城市用水困境

**1. 水环境与地下水水质**

(1)缺水环境。

民国以前,西安城通过引自然河流入城,不仅能满足市民日常生活用水,还能灌注城壕,为防御、防火提供水源。可以说,多数时期西安并不怎么缺水,只是一度水质有问题而已。

到了民国时期,西安城干燥、缺水就屡著史籍了。究其原因,首先是民国关中迭经战乱,政治形势跌宕起伏,影响到前代城市供水工程的修缮。其次,

西安南边秦岭北麓"树少，因樵采者太多，遂至童山濯濯"[4]，以至于出山河流流量大减，无复前代盛况，影响到城市周边水环境。最后，气候渐趋干冷所致。西安地处西北，大陆性气候明显，虽然历史上曾有过温暖湿润气候期，但自明清以来小冰期气候的影响，干冷气候愈发盛行，一直持续至民国时期。时人记述曰："地势崇高，雨泽稀少，故空气干燥，夏令酷热如炽，冬季严寒凛冽，朔风乍起，尘埃蔽天"[20]。又如："雨量稀少，附郭水道大多干涸……即园艺植物亦不堪以灌溉，以致池沼干涸，尘埃弥漫"[21]。

1944年来到西安的记者沈毅调查民国西安的降水量说道："长安在最近十八年来的平均雨量每年仅有五百公厘，约及江浙一带最少的七百公厘的十分之七"[22]。当代西安地区多年平均降水量为504.7719.8毫米[23]。尽管这18年里的降水量不足以作为长时段里多年平均降水量的凭据，但参校其他史料，无疑民国时期西安地区的降水量是不充足的，这加剧了地下水和地表径流补给的减少。历史学家顾颉刚考察西安后对西安缺水印象深刻，甚至将西安城的落寞也归咎于这种缺水环境。指出西安周边所谓八水中滈水和滈水早已淤塞成为平地，所谓"八水绕长安"，成了一句古话，已无从谈起，长安城也自然不再像以前一样繁华。[24]

西安当地记者沈毅也说："在今天，西安仅傍着泾、渭两水，其余六条水淤的淤，干的干，甚至有些连河床的遗迹也已经无影无踪，更谈不到'绕'了。"[22]在民国时期曾经数次讨论过首都选址问题，一些学者曾主张定都西安，也有学者反对之。反对的重要理由即是长安亢旱缺水，不适宜做"二十世纪之首都"。地理学家白眉初就说："渭水平原东西六百里，坦平如掌。……浸假风雨调和，宁非乐国。奈北风卷地，击退东海水分；秦岭凌云，隔断南洋蒸汽。三春六旱，长夏不雨，禾苗枯死，习以为常。……长安居亢旱气象之中，殆永无解脱之一日。20世纪之国都，必欲居此赤地千里之内，哭声迎野之中，长为悲凉沉闷之空气所压迫，斯政象将永无发扬之岁矣。"[25]

城市缺水自然也影响到市政和城市景观的改善，加剧了城市的"干燥度"，街区灰尘较大。当时多数旅行者的游记中常会谈及西安城市环境和卫生状况的不堪。有旅行者说道："（西安）街上一二寸厚的泥灰，把黑鞋染成了黄色"[26]。也有一位旅行者说："今日旧地重游，……只有风沙依旧。在机场至西京招待所途中，我们被风沙新织了一件黄衫，那些初来的同业，初尝风沙滋味，不由大叫，好大的灰呵。"[27]尽管这些旅行者所反映的问题也有气候干旱、市政工作开展不力等原因，然而他们多会联系到西安的缺水环境，即因城市缺水而导致城市清洁、绿化工作开展受阻。

（2）地下水水质低劣。

民国西安民众最主要的水源是地下水。在新式"洋井"出现之前，主要利用"旧井"使用地下水。民众饮用之水时人称为"饮料水"，因旧式打井技术所限，采用地下水只能是"浅井取水"，水质拙劣，常遭诟病。时人感叹"西安城区无河道，俗称'八水绕长安'，均远在城外，居民饮用均汲取井水"[28]。尽管西安市内有一些甜水井，然而大多数水井"多为苦水，味咸而气臭，不堪为饮料"[29]。

再看水质的空间分布。就东西分布来说，城东北隅多属苦水，城西则属甜水；南北分布，则"南甜北咸，以东、西大街分界，愈北愈苦，愈南愈甜"[30]。虽则如此，真正堪用的甜水井并不多见，在西安"饮水苦的多"。这些少量的甜水井分为公有井和私有井。公有井以西门瓮城内之大甜水井最为著名，其次车家巷、柏树林、西南隅一带一些小井水质也较甘洌。[31]私有井之著名者包括：东仓门十九号，东仓门十六号；柏树林街十六号，柏树林街十七号；三学街二十三号；东号巷十号；县仓巷二号；安居巷四号，安居巷十三号；大车家巷十七号，大车家巷三十一号；大保吉巷八号；西举院巷三十五号；牌楼巷十号；新市巷公字五号；西举院三十三号；嗦啰巷二号；新郭巷八号；曹家集十四号，曹家集二十九号、曹家集三十号；喇嘛寺巷十三号；中架村十八号；郭上村一号，郭上村三号，郭上村五号；蔡家巷公字一号。[32]此外，1936年《西安市工月刊》刊载了西安市甜水井地点调查表，可资比较：

表2 1936年西安市甜水井分布

| 地点 | 数目 | 地点 | 数目 |
| --- | --- | --- | --- |
| 东门内 | 1 | 炭市 | 1 |
| 东县内 | 1 | 正学街 | 1 |
| 南院门 | 2 | 西仓门 | 1 |
| 香米园 | 1 | 雷神庙 | 1 |
| 西九府街 | 1 | 民乐园 | 1 |

续表

| 地点 | 数目 | 地点 | 数目 |
|---|---|---|---|
| 西举院巷 | 2 | 西举院巷 | 1 |
| 半截巷 | 4 | 大保吉巷 | 1 |
| 大车家巷 | 1 | 大车家巷 | 1 |
| 安居巷 | 1 | 三学街 | 3 |
| 柏树林 | 2 | 柏树林 | 2 |
| 东仓门 | 1 | 东号巷 | 1 |
| 东号巷 | 1 | 青凉寺 | 1 |

资料来源：《本市甜水井地点调查表》，《西安市工月刊》1936年第1卷第6—7合刊。

当时西安城内外居民几乎"家家有井，全市约有土井万余口"[28]，甜水井之少可见一斑。这些土井水质极差，因而城内少量的甜水井就成为西安民众争相饮用的水源，于是"专以运送甜井之买卖甚盛"。西安市中用手推车、大车卖水者络绎不绝，昼夜排队取水，沿街叫卖。西门瓮城内大甜水井相传系康熙初年"为善识地脉工人刘某穿凿，水清质冽，为全城冠。井口四面均有辘轳，汲水者终日不绝。""每日水车蚁集，不断向城内输送，该井日夜汲取不涸，赖此以营生者，达数百人"。而那些私有甜水井的主人也会用其"私有"甜水进行卖水，也由推车水夫收取费用，运送至各商店住户。即使如此，甜水井所出之水"里面还满含泥汁"，而"其余各处的井水，全是苦汁不能取饮"[31]。除了贩卖甜井之水，卖水者甚至从城外河流运水入城贩卖，那些在西安短期工作的"东方人"出城玩的时候，"往往看到一车一车的水，'既厄既厄'地由城外送来，川流不息。"[33]。

总之，民国时期西安城市水环境总体状况欠佳，城市周边主要河流淤浅，水量不足，无法调剂城市湿润度；城市地下水水质"苦卤"，城市居民面临较为严重的用水困境。

2. 饮水改良

民国西安日常用水环境的恶劣，当局并非不加关注。只因民国前期军阀混战，关中政局不稳，政府无暇顾及。从20世纪20年代末开始，关中政局渐趋稳定，此后西安经历了陪都时代、开发西北、铁路时代等"春风"的洗礼，迎来了城建新阶段，当局对于西安饮水问题日渐关注。

（1）规划自来水厂。

西京筹备委员会（1932—1945）和西京市政建设委员会（1934—1942）存续时期，西安市政建设逐渐繁荣，城市建设取得了不少成就。1935年何幼良拟订了《西安自来水工程初步计划书》，着眼于改善西安城市水环境和居民日常生活用水困境，就西安市引水水源、水质化验、建坝蓄水、水厂选址、工程测量、工程设计与估价等问题都做了深入分析。[21]计划书所拟水源为沣河，建议引水入城，之后建立自来水厂，再分流入各个住户。不过该计划书"工程伟大"，估计整个供水工程及管理、运输等款项合计需1942290元，"需款浩繁，当此灾祲余年，喘息甫定，经济仍感拮据，计划遂未实现。"[32]

（2）开凿"洋井"。

1929年以后，关中城市居民用水开始尝试开凿"洋井"。陕西省建设厅鉴于民众饮水困难着手开凿洋井。至1935年年底，陕西省建设厅已凿成数十眼井，水质较土井为佳，市民称便，当时称为"公共水利"，由建设厅凿井队开凿，以便民众汲饮。新式洋井分布于开元寺、炭市街、东县门街、正学街、南院门、建国公园、西仓门街、西门口、新西街、雷神庙街、西九府街、莲湖公园、平民巷、后宰门、民乐园、通济坊等地。[32]当然，取用公有洋井之水也要收费，不过价格低廉，居民乐于购买。此外，私人出资也可开凿洋井，西京筹备委员会与西安市建设局"均有凿井队之组织，以便民众付低价凿自流井，以求饮料之解决"[34]。

1936年，为进一步改善民众日常用水之需，陕西省建设厅又与上海德威洋行订立合同，在西关南侧筹建利用地下水的自来水厂。当时，自来水网管道也已规划好，而且整个工程是按照上海地区的水质标准订立合同。遗憾的是开工不久即因西安事变一度停工，1937年"抗战军兴，材料来源断绝，工程无法进行，迫不得已半途停工"[30]。直到1951年方才复工，1952年10月1日开始正式供水[35]，因此民国时期西安民众一直未享受到现代自来水之便利。

（3）修复旧渠与引河水入城规划。

修复西龙渠　明清时代进入西安城的通济渠，亦称西龙渠，从城西南丈八沟处引潏水入城。清末慈禧避难西安时，曾经重修一次，名为新龙渠，入城后路线"一股顺西城墙北趋（现十七路军修械所 水源之处），达玉祥门一带；一股蜿蜒曲折，注入莲湖。"[36]民国以来西龙渠年久塌陷，1928年曾翻修一次，其后日益损坏，甚至渠水不通。1933年起开始重修西龙渠[37]。不过西龙渠引水入城后，由于常常出现"阴雨连绵，水无归路，致龙渠崩溃，渠水漏溢，民宅被淹"等情况。为"期市民之永久安全"，西京市政建设委员会于1935年决议再次整修，只是其结果并不理想。

引沣水规划与实践 可能因潏水水量不及以前丰足，加之西龙渠渠道易于淤塞，此后西京筹备委员会又再着手引沣河水入城的规划。1936年后，西京筹备委员会鉴于西安人口日增，需水量加大，自来水工程一时难以底定，"拟定引浐、沣诸流入城计划，以资补救。并约建设厅，水利局，黄河水利委员会等各机关，共同协助进行"。经过比较，西线水源水质和水量较东线为佳，于是着意西线引水。于是1941年1月西京筹备委员会颁布了《西京市引水进城计划书》，明确提出了引沣河水入城的规划。[21]可惜因种种原因所限，从南山引水的计划在经营陪都时期一直没有付诸实施，西安城市居民的生产、生活用水仍主要依赖于开采地下水。[38]1947年，陕西省政府使用中央善后救济总署赈济款再次整修西龙渠（通济渠），由建设厅负责全部工程。渠道由水墨村碌碡堰引潏水，以工代赈招用河北、河南来的难民为劳力，1947年7月建成通水，1956年前后龙渠关闸停水。[39]

需要指出的是，当时修复西龙渠的目的应主要用于改善城市景观，"调剂市民精神"之上了，因为文献中明确指出西龙渠入城后主要供给了莲花池、建国公园、成丰面粉厂。早在1945年前有关人士就建议翻修西龙渠，希望其入城后"使莲湖公园，常有清水一渠，荷苇满池"，甚至有人建议利用渠水开挖游泳池，以提倡西安市民游泳。[40]因此，尽管民国后期西安市政建设上对恢复明清旧渠做了相关努力，但总体上普通民众日常用水的"问题"，诸如缺水、水质低劣等困境并未得到多大改善。

### （二）中小城市的用水困境与改良——以永寿为中心

#### 1. 水环境

永寿县位于关中中部偏西，素为战略要地，有"秦陇咽喉，陕甘通衢"之称。永寿是由关中过渡到关陇的要地，县治的选址统治阶层最初主要从军事、政治要素上考虑，而缺乏对城市水源的关注，历史上永寿县城缺水一直是制约城市发展的痼疾。城市供水的水源无外乎地表径流、降水和地下水。永寿县境内水系以分水岭为断,其南除三岔河流入泾河外,漆水河、漠西河、封侯沟等均由北向南流入渭河。分水岭以北的湃家河、渠头沟、郭村沟、永寿坊沟、后沟、南章沟、店子头沟等皆由南向东北流入泾河。这些河流(沟)无论是在今天还是历史上都距城较远,不便汲引。而且水环境的变迁也制约了城市供水工程的开辟,其原因是河流下切侵蚀严重,水位较低,无法引水入城。

永寿县降水集中于7月、8月、9月三个月,且年际变化大,尽管民众有一些集水措施,但缺水一直困扰着当地民众的生活。该县有这样一首民谣反映了水源稀缺——"雪花儿飘,雪花儿转,老天爷爷下白面。下满了缸,下满了罐,妈妈快来擀长面。"[41]据中华人民共和国成立后新修的《永寿县志》载,在1325—1936年间,永寿旱灾的发生日趋频繁,气候向干性发展,其中从清中期开始一直持续至中华人民共和国成立前(1733—1936),永寿县进入了一个持续而频繁旱灾的活跃期,共发生17次旱灾,平均每12年发生一次。频繁发生的旱灾无疑更加剧了紧张的缺水形势。

地下水的补给以地表径流和降水为主,永寿县境沟谷纵横、地表坡降大,径流下渗小,大部分降雨通过河道、沟坎、泉流形成地表水,但土壤侵蚀严重,地表径流流失严重,地下水的补给,主要通过降雨渗入。永寿境内地下水分为基岩裂隙水、灰岩溶洞水和黄土潜水,前二者受构造影响较大,埋深在100—300米,极难开凿。在历史时期民众只能利用黄土潜水,黄土潜水储存于黄土中或黄土与基岩的接触面上,埋深最高20米,最低78米,就历史时期的凿井技术而言也不易开凿。20世纪90年代的数据显示,永寿县城地下水位标高813.74—1133.31米;基岩埋深多在100—200米之间,个别地方超过300米。

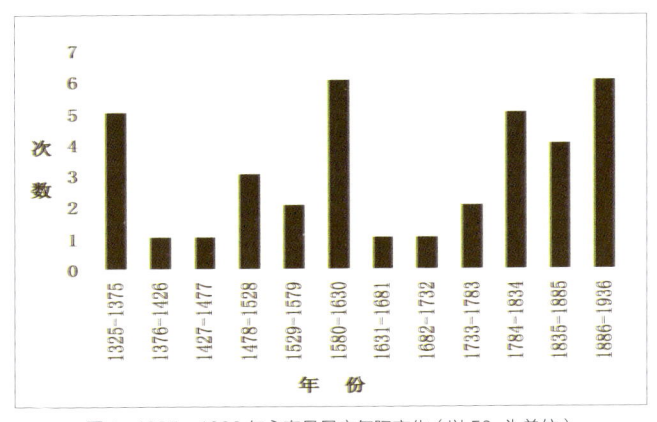

图1 1325—1936年永寿县旱灾年际变化(以50a为单位)

因此，永寿缺水史籍多有记载。如金代郭邦基《重修惠民泉记》就说"（永寿）城在岭之巅，三面阻险，攸居之人，弗能凿井。"清知县张焜《捐疏惠民泉记》也说："永寿山邑也，地厚而燥，土石间杂，穴之者皆焦枯少滋液。掘深百仞不及泉，居民素苦汲。"[42]

2. 解决途径

（1）迁移县治。

据现有史料记载，今永寿境内历史时期县治迁移达八次之多，县治选址先后在永寿坊、永寿村、麻亭（今永平）、义丰堌和监军镇（见表3）。其中以永平存在最长，从1271年开始直至1930年迁往监军镇。频繁迁移固然有战争损毁、统治阶层的政治、军事考虑等因素，但改变县城缺水的环境，寻求水源也是重要原因。明末农民起义使得旧永寿城满目疮痍一片废墟，城池、公署化为丘墟，县署驻虎头山寨窑穴内与几户百姓聊以图存。旧县城"无井而汲苦""汲一水得寻源于数里之外，莽榛遍地，荆棘丛生"，民艰于水。康熙六年（1667），知县张焜以旧县城一部分为基础筹建新城，这一新城一直延续到1930年。但是新县城的选址同样不合理，只是因为"城于山峰高处因地修筑，颇据形势"，即具有军事意义而已。[43]新县城仍旧缺水，随后张焜不得不寻觅泉源，并引水至城内，兴复了前代的吕公惠民泉（渠），才稍稍改善了缺水的困境。

表3 永寿县址迁移情况

| 县名 | 县治 | 时间（年） |
| --- | --- | --- |
| 广寿 | 永寿坊 | 548 |
| 永寿 | 永寿村 | 558 |
| 永寿 | 麻亭（今永平） | 619—621 |
| 永寿 | 义丰堌（今故县村） | 619—621 |
| 永寿 | 永寿坊 | 628—629 |
| 永寿 | 顺政店（今永寿村） | 785 |
| 永寿 | 麻亭（今永平） | 1271 |
| 永寿 | 监军镇 | 1930年至今 |

至民国十九年（1930）三月，土匪张西琨攻打永寿县城，旧城毁坏殆尽。县长王锦堂率僚属突围，后决计迁县治于监军镇，其给上官报告中提到迁城的重要原因就是旧永寿县城水源匮乏，惠民泉久已不存，城内缺水严重。至民国三十年（1941）县长王孟周再次以"水源缺乏，居民零落"为由报请陕西省政

府批准县城定于监军镇。可见,水源缺乏,供水紧张是永寿县城迁移的重要原因。

(2) 凿井、窖水。

凿井而饮是绝大多数北方内陆地区中小城市的主要供水方式,然而受地形、地质、气候等多种环境因素制约,各地差异明显,并非所有的城市凿井都能有显著效果。乾隆初年陕西巡抚崔纪强令陕西境内各处凿井,关中地区是凿井的重点地区,但一些地方效果并不明显。这导致川陕总督查郎阿对其进行弹劾,他认为凿井应因地制宜,关中"地势本高,积土深厚""平原高阜往往挖至二三十丈,尚未得泉"。关中地区"平原高阜,水微土燥,挖井愈深,则汲水愈难,则灌田愈少"。而且"亢旱之年,大河之水尚且减去大半,井中有水十无一二"。一些地方即使得水"各处往往土深而碱重。土深则无水,无水则枉施开挖之功;碱重则味苦,味苦则反有伤禾之患"[44]。

旧永寿县城解决供水问题的方式虽包括凿井,但效果一直不显著,如《幕府燕谈》说:"永寿山县,凿井数十丈尚不及泉,为之者至难;或泉不佳则费已重矣。"[45] 明人郭宗皋撰《惠民泉记》曰"永寿之邑,据高控险,土厚不可以井。"历史上永寿县有十四苦其中之一就是"西来都是燥山坡,百仞无泉可若何""勺水无处取"。

除了凿井外,永寿县城民众还使用窖水,这包括两种方式,一是开挖水窖,在雨季到来之际雨水流入暗窖,妥善保存,留作日常所用。窖水也指水窖中的水,所谓水窖是在地面开一个深洞,以收集雨水或获取地下水。水窖储存的水,可以饮用,也可以用来生活或灌溉。二是在降水时以瓦罐、水缸盛之并窖藏以防蒸发,随后用之。永寿县城自民国时期迁至监军镇至中华人民共和国成立前夕,县城民众"历来饮用窖水、井水"。只是窖水和井水并不能满足城市人口所需的用水量,直至中华人民共和国成立后运用了现代凿井技术,城市供水条件日益改善,方才满足了城市人口日常生活用水之需,甚至工业用水也得到了保障。

(3) 远距离获取沟水、泉水。

利用地表径流和泉水也是旧永寿县城供水的解决途径之一。永寿县境沟壑纵横,一些沟壑因有泉水汇入或降水积聚具有一定水量,随即成为县民利用的水源。其次,一些黄土潜水泉源也可利用。不过,历史上永寿县城选址多重视政治、军事功能,而略于供水考虑,绝大多数沟水、泉源距离县城较远(见表4),县城民众来回取水颇为艰难,而且泉源处地势险要,取水不易。明代永寿县城的一个重要水源就是城东绝壁之深涧,然而民众取水往来要五六里路程,道路崎岖险要,取水甚为艰难。正因为城内缺水,取水艰辛,县城发展了卖水业,但水价极为高昂,当时的水价是一升米尚不能换取一斛水,而且是常价,足见民众饮水之艰。而且雨雪天气取水,路滑步艰,"十汲而常覆二三"。清康熙时期的著名县令张焜是江西人,在故乡习于沐浴,然而来到永寿县看到水贵如醴,竟然三年不曾一浴。缺水甚至影响到了县城民众的饮食习惯,旧永寿民众常食干饼,饮水只是"稍呷勺许润唇吻而已"。

表4 清代永寿县泉源距城里数

| 泉名 | 距城里数 | 存废情况 |
|---|---|---|
| 惠民泉 | 县北五里 | 不详 |
| 益民泉 | 县西北三里 | 康熙时废 |
| 灵泉 | 县北七里 | 清末废 |
| 瀑布泉 | 县西南十八里 | 清末废 |
| 醴泉 | 县东南三十五里 | 清末废 |
| 平泉 | 县东北二十里 | 清末废 |
| 漆泉 | 县北四十五里 | 清末废 |
| 甘井 | 县西南二十五里 | 清末废 |
| 美井 | 县南四十里 | 清末废 |
| 五龙泉 | 县西南五里 | 不详 |

(4)引水入城。

黄土高原地区缺水型城市供水的重要途径是引水入城,水源有自然河流,也有泉水。历史上永寿县城供水的最主要方式是引泉水入城,这正是在县城凿井不易,取水又难的缺水环境下产生的适应性行为。

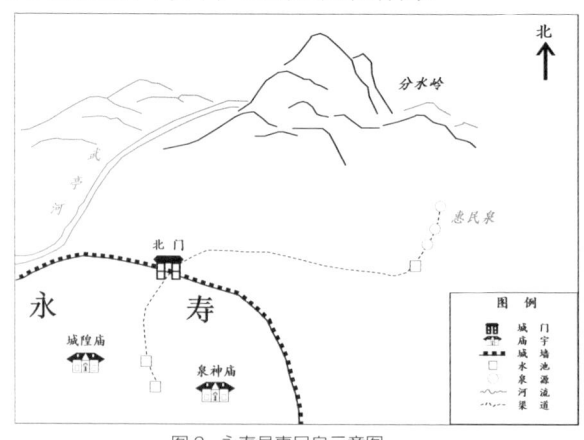

图2 永寿县惠民泉示意图

旧永寿县城所引泉水有益民泉和惠民泉。益民泉位于永寿县城西北3里，曾经人工导引至城内，流入街市以供民众饮用，不过在康熙初年就已废弃。惠民泉则是永寿县城供水的最主要水源，历史最为悠久，持续时间最长。北宋嘉祐六年（1061），吕大防为永寿县令，率领民众在城北分水岭处访得两处泉源，将泉水引流入城，名为吕公惠民泉。其后历代延续吕大防陈迹，反复重修，使得这一供水模式一直相沿不改。金太和年间再次重修，随后泉源湮塞，渠道废弃。到了元朝至大二年（1309）县民白用在城北5里处发现泉源，导泉直达城内，其后又渐湮废。明朝弘治年间知县李纲常又复重修，然而经明末农民战争，渠道废毁，泉源迷失。清康熙九年（1670）知县张煜再次修复，后又因地震，引水瓦沟被压裂。（见图2）雍正十年（1732）乾州知州王以观、知县黄中铨又复修治。乾隆四十一年（1776）知县郑居中又聚工重修。

惠民泉一直沿用至民国时期。民国十七年（1928）冬学者刘文海西行甘肃时经过永寿县，他这样记述道："永寿傍山筑城，城内食水，来自城外灌灌沟中——由发源处用瓷管吸引，经过永寿岭至城中——虽云旧式工程，颇具科学思想。"[46] 直至1930年永寿县城因土匪滋扰，县治迁往监军镇，惠民泉方致废弃。

### 三、关中城市水环境变迁与用水改良的当代启示

**（一）运用系统思维，加强对城市水环境多尺度、整体整治与保护，以提升城市形象**

城市水环境主要包括地表水环境和地下水环境。城市地表水除了为城市提供水源等功能外，还是一个由人类活动和自然环境构成的共同体。其中，城市河流所肩负的防洪、排涝等都是其最基本的功能，除此之外，还有对一定范围内的小气候进行调节以及对水面景观、滨河的形成等功能。简而言之，城市河流不仅具有城市供水、排涝、防洪等生态功能，还具有为城市居民提供娱乐场所的社会功能。因此，传统方法不再适用于现在的城市地表水整治与保护工作，需要运用新的思维、新的生态手段对城市地表水进行整治、保护。城市地下水是多数城市供水的水源，而且对城区地基、分洪等方面都有影响。

在人类无法干预气候变化的前提下，城市水环境的改善只能通过在地表水和地下水两个方面下功夫。其关键在于，运用系统思维对城市地表水和地下

水进行系统整治、保护。同时，还应注意多尺度整治、保护，即不能仅仅重视城区地表水和地下水环境，还应对更大空间尺度的水环境进行整治、保护。进一步来说，要从"山水林田湖草是生命共同体"的理念出发，将城市水环境的整治、保护按照不同的空间尺度推移，从城区到郊区，乃至整个关中地区。将山、水、林、田、湖、草、城结合起来，进行系统考虑、系统保护，为城市发展提供稳固、良好的水环境。

良好的城市水环境对城市发展、城市形象都会产生积极的提升作用。反之，水环境欠佳，城市形象也会大大受损。由本文来看，清至民国时期关中地区城市水环境总体欠佳，有些城市甚至极度缺水，且呈现越往后越严重的趋势。在城市地表水环境方面，城市周边河道干塞，总体水量不足，严重制约城市居民日常用水；汛期河流又多发洪灾，威胁城市居民日常生活和生命安全。城市水源多以地下水为主，但水质普遍低劣、浑浊。缺水环境也对城市形象造成不好的影响。因此，提升城市水环境的整体状况，很大程度上也是在推动城市良好形象的塑造。

（二）进一步提高政府环境治理的能力，保持针对城市水环境改造、治理所制定各项政策的能动性和持续性，推进城市水环境治理能力现代化

各级地方政府的环境治理是国家治理体系的重要而基础的环节，在当前强调国家治理能力现代化的大背景下，各级政府环境治理能力的大小显得尤为重要。城市水环境治理是各级政府环境治理的主要内容之一。民国时期，关中地区省会城市和部分中小城市都曾尝试改变城市水环境不佳的现状，如采取开凿新式机井、筹建自来水厂、引水入城等举措。这些尽管表明各级行政力量在改善城市水环境危机上采取了多方努力，但总体效果不佳。除了军事、政治因素干扰之外，各地政府缺乏制定有效改善城市水环境的政策，而且相关政策、措施的执行缺乏持续性。

城市水水环境治理、保护是一项系统工程，这也考验各地政府的治理能力和治理水平。今后应在宏观层面科学统筹、合理布局，加强对城市经济发展和水环境之间的运行机制建设，从整个城市范围出发，实现区域规划、水资源利用和污水处理等的有机结合，制定出符合城市实际的方针、政策，最终将这些方针、政策落到实处，并保持其可持续性。

## （三）政府、社会、个人全面参与到水环境治理、保护的工作之中，提倡科学的用水理念，建设节水型城市

关中地处西北，水资源总体不足，在西部大开发和关中城市群建设的大背景下，城市发展与水资源短缺的矛盾愈发突出。水是生命之源，个人、社会、国家都无法置身其外。因此，在城市水环境治理、保护的工作者，政府、社会、个人都应参与其中，互相监督、互相配合，而不是各自为政。

一方面，政府应提高水环境治理、保护的能力，完善立法并认真执行，切实改善、保护城市水环境。这不仅关乎政府的形象，也与政府公信力有关。在党的"以人民为中心"的施政理念下，发挥各地政府在城市水环境治理、保护中的关键作用是重中之重。

另一方面，我们也不能单纯依靠政府力量推进城市水环境治理、保护工作，还需要社会和个人的参与。因为，水环境的日益恶化正威胁着人类的生命、威胁着子孙后代的生存。这种状况的改善需要全民参与，不能单纯依靠国家和政府的力量。具体来说，全民都应参与到防治水污染的工作之中，提倡科学的用水理念，建设节水型城市。各级政府首先要进一步加大城市水资源保护的宣传力度，提倡科学的用水理念，唤醒全民水污染防治意识和节约用水意识。其次，社会、个人要对政府水环境治理进行有效的舆论监督，并自觉践行政府推行的科学用水理念，最终建设节水型城市。

建设节水型城市是构建资源节约型社会和环境友好型社会不可或缺的内容，节水型城市要求城市内各单位、企业、社会以及普通市民保持节约用水的意识，在日常生活和工作中避免浪费水资源，提倡重复利用水资源等，在节约资源的同时构建更加绿色和谐的社会。[47]国家和政府要进一步加大成立先进的节水管理机构，形成良好的监督管理体系。同时，要充分调动社会、民众力量对水污染控制的社会监督功能，依靠社会压力、舆论压力改变我国目前水污染治理过程中政府与企业单打独斗的局面。

总之，政府、社会、个人全面参与建设节水型城市不仅有利于保护水资源，提高水资源利用率，还能进一步提升城市居民的综合素养，推进城市生态文明建设。

[ 参考文献 ]

[1] 何幼良.沣灞浐根本治导之探讨[J].陕西水利月刊,1935(9):5—8.

[2] 陈万里.西行日记[M].朴社出版社,1926:29.

[3] 冯焌光.西行日记[M].兰州古籍书店,1990:104.

[4] 王桐龄.陕西旅行记[M].文化学社,1928:48.

[5] 高良佐.西北随轺记[M].建国月刊社印行,1936:12.

[6] 吉云.关中见闻纪要(上)[J].独立评论,1932(28):15.

[7] 邵潭秋.关中游憩观感录(下)[J].旅行杂志,1945(7):12.

[8] 公武.西北纪行[J].新亚细亚,1932(4):128.

[9] 安华.关中水利土壤的考察[J].申报周刊合订本,1935(24):534.

[10] 吴震华.西北徒步之一瞥[M].同仁书店,1935:9.

[11] 张扬明.到西北来[M].商务印书馆,1937:120.

[12] 李文一.从西安到汉中[J].旅行杂志,1936(9):65.

[13] 乔履信.富平县志[M].凤凰出版社,2007:39.

[14] 田坚初.富平老城的变迁[M].//富平文史资料,第10辑,1986:107.

[15] 任省鉴.陕西富平之藕[J].西北农报,1946(1):42.

[16] 蒋迪雷.长安华清之游[J].旅行杂志,1949(11):61—62.

[17] 沈怡.开发西部应有的认识[N].大公报,1945年8月6日.

[18] 赵俊峰.陕西农村经济破产真相之回顾与改进方式之探讨[J].西北农学,1936(1):27.

[19] 刘安国.咸阳县志[M].咸阳市秦都区地方志办公室,2004:239.

[20] 王荫樵.西京指南[M].中国文化服务社陕西分社,1946:3.

[21] 西安市档案局.筹建西京陪都档案史料选辑[M].西北大学出版社,1994:343.

[22] 沈毅.水和西安[J].西北通讯,1947(6):32.

[23] 陕西师范大学地理系编.西安市地理志[M].陕西人民出版社,1988:108.

[24] 顾颉刚.八水绕长安[J].中国边疆,1944(5—6):17.

[25] 白眉初.洛阳与长安[J].地学杂志,1933(2):177—178.

[26] 王家俊.西安点滴[J].杂志,1943(2):132.

[27] 琼子.西安风情画[J].公理报,1948(11):4.

[28] 王望.新西安[M].中华书局1940:2.

[29] 刘安国.陕西交通挈要[M].中华书局,1928:37.

[30] 王荫樵编.西京指南[M].中国文化服务社陕西分社,1941:61.

[31] 倪锡英.西京[M].中华书局,1936:133.

[32] 王荫樵编.西京游览指南[M].大公报西安分馆,1936:245.

[33] 严济宽.西安地方印象记[J].浙江青年,1934(2):253.

[34] 胡时渊.西北导游[M].中国旅行社,1935:2.

[35] 西安市城建系统方志编纂委员会.西安市城建系统志[M].西安市城建系统方志编纂委员会,2000:41.

[36] 王季庐.龙渠工程概况[J].西安市工月刊,1936(6—7):2.

[37] 史红帅.民国西安城市水利建设及其规划——以陪都西京时期为主[J].长安大学学报(社会科学版),2012(3).

[38] 朱士光、吴宏岐主编.西北地区农村产业结构调整与小城市发展[M].西安地图出版社,2003:267.

[39] 西安市水利志编纂委员会.西安市水利志[M].陕西人民出版社,1999:71.

[40] 曹弃疾.西京要览[M].扫荡报办事处,1945:8.

[41] 中国人民政治协商会议陕西省永寿县委员会文史资料委员会.永寿文史资料第2辑[M].1986:150页.

[42] 张焜.永寿县志[M].康熙七年(1668)刻本.

[43] 张维.还我读书楼文存[M].生活·读书·新知三联书店,2010:117.

[44] 中国第一历史档案馆.乾隆初西安巡抚崔纪强民凿井史料[J].历史档案,1996(4):9—14.

[45] 郑德枢.永寿县重修新志[M].光绪十四年(1888)刻本.

[46] 刘文海.西行见闻记[M].南京书店,1933:5.

[47] 陈曦,李兴东.夯实城市节水基础 推进节水型城市建设[J].四川水利,2018(2):87—89.

# 黄土高原地区气候变化对水资源的影响

张耀宗[1]

## 一、引言

降水对黄土高原地区生态环境、雨养农业及社会经济发展有重要影响，极端降水对于黄土高原地区抗旱防汛、土壤侵蚀意义重大。第二次气候变化国家评估报告指出华北地区近50年降水逐年减少，气候暖干化明显，增加了水资源的紧张趋势。降水量的时空变化不均匀，气候变化对于西北地区的水资源造成严重的影响，冰川退缩、地下水资源总体呈减少趋势，一些地区土地沙漠化问题突出[2]。中国从上个世纪70年代开始干旱风险增加，过去60a中国气象干旱面积以66%/10a增加，增加趋势明显，大量的研究表明中国北方地区干旱化正在加剧[3]，已知的干旱灾害已经对中国产生了巨大的影响，尤其对农业影响大，平均每年受灾面积50%以上，严重干旱年份达75%以上，据统计仅2000年因干旱粮食损失$6×10^{10}$kg，经济损失210亿元[4]。

通过GHCN序列及CRU序列分析全球降水量的变化趋势具有很好的一致性，20世纪初的40年为少雨期，50年代中期至80年代为多雨期，通过CRU得出的中国降水的序列与全球降水存在差异，中国降水和全球降水的一致性不大，近百年全球陆地降水有弱的增长趋势，而中国降水量的增量小，而且中国东部降水量为负增长[5]，第三次气候变化国家评估报告[6]指出1916—2012年中国降水量没有显著的变化趋势，但是区域差异大，华南地区、东南地区、长

---

(1) 张耀宗（1982— ），男，甘肃华池人，副教授，博士，主要从事区域环境与资源开发研究。
(2)《第二次气候变化国家评估报告》编写委员会.第二次气候变化国家评估报告[M].科学出版社,2011.
(3) Ma Zhuguo, Fu Congbin. *Some evidences of drying trend over North China from 1951 to 2004*. Chin. Sci. Bull., 2006,51（23）, 2913—2925.
(4) 丁一汇.中国气象灾害大典·综合卷[M].气象出版社,2008.
(5) 秦大河,丁永建,穆穆.中国气候与环境演变:2012（第一卷）[M].气象出版社,2013.
(6)《第三次气候变化国家评估报告》编写委员会.第三次气候变化国家评估报告[M].科学出版社,2015.

江中下游地区、青藏高原和西北地区降水呈增加趋势,东北地区、华北地区、华中地区和西南地区降水呈减少趋势。本文对黄土高原地区近54a降水时空特征、极端降水变化特征,及在气候变暖背景下黄土高原地区空气湿度、蒸发量的变化特征进行了分析,以期对黄土高原地区的生态文明建设提供参考。

## 二、研究区概况与数据来源

### 1. 研究区概况

本文研究的黄土高原地区为中国科学院黄土高原综合科学考察队(1991年)确定的范围,其边界范围北抵阴山,南达秦岭,东到太行山,西至青海日月山,面积 $6.4×105 km^2$ [1]。

### 2. 数据来源

利用黄土高原地区日降水数据、月降水数据、月水汽压数据、月蒸发数据、月相对湿度数据分析黄土高原地区水资源变化特征,数据来源于中国气象科学数据共享服务网(http://data.cma.cn/),为保证序列趋势的一致性,时间序列连续小于45a的站点被剔除,通过元数据分析,上述资料已经经过了严格的质量控制,本研究中气候基准期为1961—1990年,3—5月为春季、6—8月为夏季、9—11月秋季、12月至次年2月为冬季。

## 三、研究方法

本文采用线性趋势法计算黄土高原地区各要素的线性变化趋势,同时使用Mann-Kendall检验法对变化趋势及突变进行了分析。线性趋势法的优点在于方法简单、物理意义清晰,并可以定量估计出趋势大小,通过相关系数检验其显著程度。Mann-Kendall非参数统计检验(M-K)是世界气象组织WMO推荐的应用于环境数据时间序列趋势分析的方法,是检验时间序列单调趋势的有效工具,使用了小波分析对气候变化的周期进行了分析。以上方法在气候变化的研究中已经广泛使用[2][3],算法参照文献[4],算法省略。

---

(1) 中国科学院黄土高原综合科学考察队. 黄土高原地区自然环境及其演变[M]. 科学出版社, 1991.
(2) 张耀宗. 1960—2013年黄土高原地区气候变化及对全球气候变化的响应[D]. 西北师范大学, 2016.
(3) 张耀宗, 张勃, 刘艳艳, 张多勇. 1960—2013年黄土高原地区气温变化对Hiatus现象的响应[J]. 水土保持研究, 2020, 27(04):213—219.
(4) 魏凤英. 现代气候统计诊断与预测技术[M]. 气象出版社, 2007.

## 四、结果与分析

### （一）降水变化分析

#### 1. 降水空间分布

黄土高原地区平均降水量在 105—839mm 之间，区域平均降水 436.5mm，降水量空间分布上表现为南多北少，东多西少，高海拔山区降水较多，降水由东南向西北呈减少趋势（图1），与中国降水总体分布特征一致[1]。陇中黄土高原多年平均降水 402.7mm，陇东黄土高原 495.05mm，关中平原 607.35mm，鄂尔多斯高原 314.7mm，山西高原 518.39mm，河套地区 201.83mm，鄂尔多斯高原 314.7mm。

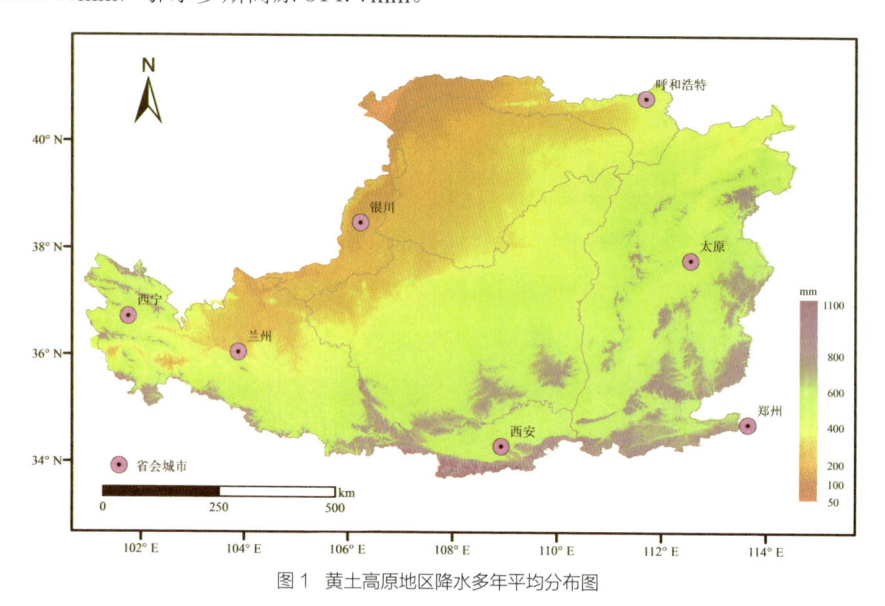

图 1 黄土高原地区降水多年平均分布图

黄土高原春、夏、秋、冬四季降水分别为 80.83mm、236.73mm、107.72mm、10.85mm，占全年降水的 19%、54%、24.5%、2.5%，四季降水的空间分布特征和多年降水的分布特征一致。

#### 2. 降水年际变化特征

近 54a 黄土高原地区降水整体呈减少趋势，气候倾向率为 -8.1mm/10a，没有通过显著性检验。76% 的站点降水表现为减少趋势，其中只有 23% 的站点通过了显著性检验。分析图2可知，近 54a 降水呈增加趋势的站点主要分布在陇中高原西部的青海东部地区，以祁连山东段乌鞘岭—民和为界，以西降水呈增加趋势和西北地区气候转型的趋势一致，以东降水呈减少趋势，减少最显著的区域在六盘山两侧的陇东和陇中黄土高原；在长城一线以北的河套地区、鄂尔多斯高原、山西黄土高原北部，有50%的站点呈增加趋势，王明昌等（2015）[2]也指出内蒙古古西北部降水1960—2012年降水有微增加的趋势，黄土高原地区降水由西向东、由北向南降水减少趋势加剧。本文得出的降水南北的纬向性变化和东西的经向型变化和梁圆（2016）[3]关于中国降水量变化区划有很好的一致性，黄土高原地区腹地处在降水的强减少带上，黄土高原西部由弱减少带向弱增加带过渡，北部处在弱减少带上。

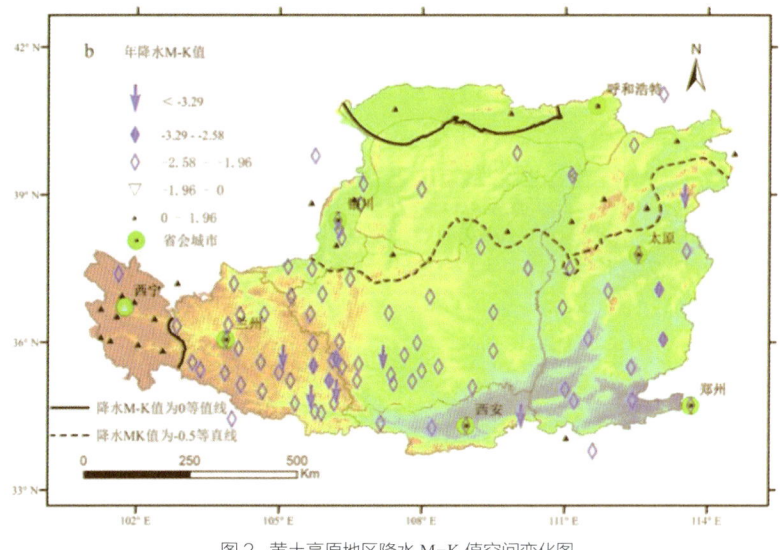

图2 黄土高原地区降水M-K值空间变化图

### 3. 降水年代际变化特征

黄土高原地区各年代降水只有20世纪60年代为正距平，之后各年代降水为负距平。降水距平在20世纪90年代值最小达-46.13mm，其次为21世纪初降水距平为-24.55mm。60年代黄土高原地区各区降水均成正距平，陇东黄土

---

(1) 任国玉,战云健,任玉玉,等.中国大陆降水时空变异规律—I.气候学特征[J].水科学进展,2015,26(3):299—310.

(2) 王明昌,刘锬,江源,等.中国北方中部地区近五十年气温和降水的变化趋势[J].北京师范大学学报(自然科学版),2015,51(6):631—635.

(3) 梁圆,千怀遂,张灵.中国近50年降水量变化区划（1961—2010）[J].气象学报,2016,74(1):31—45.

高原地区降水距平值最大；70年代黄土高原地区及各区降水开始为负距平；80年代除关中平原降水为正距平，其他均为负距平；90年代各分区除河套地区降水距平负值在所有年代中达到最大；21世纪初相对于上世纪90年代降水有所增加。

4. 降水突变与周期分析

图3为黄土高原地区降水Mann-Kendall检验图和累积距平图，分析可知，UF和UB线在1984年有交点，且通过了显著性检验，降水在1984年出现突变，由累积距平分析可知，黄土高原地区降水在1985年之后呈单调减少趋势，林纾（2007）[1]也指出1961—2003年黄土高原年降水在1985年发生突变。综上分析，黄土高原及各分区在1984年前后降水出现突变。

图3 黄土高原地区降水突变图

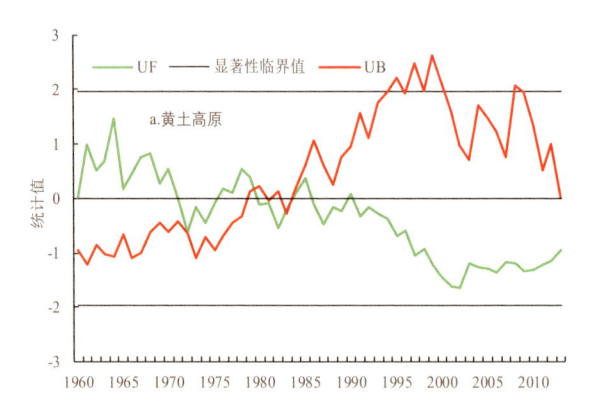

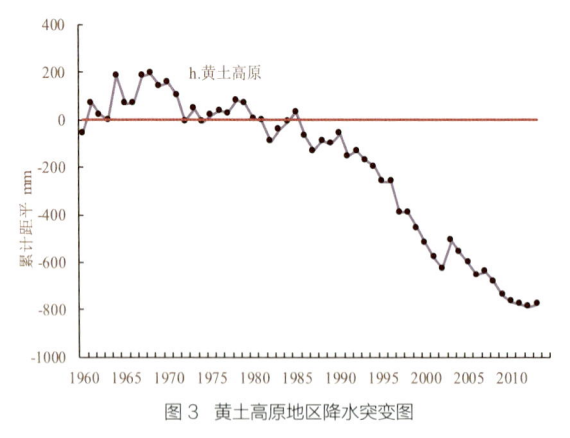

图4为黄土高原地区小波系数等值线图。黄土高原地区降水在1960—1980年以5a尺度为中心存在明显的高低震荡。1970—2013年5—10a的时间

---

(1) 林纾,王毅荣. 中国黄土高原地区降水时空演变[J]. 中国沙漠,2007,27(3):502—508.

尺度上存在明显的高低震荡变化，在 1960—2013 年以 20a 为中心存在四次高低能量震荡，由小波方差可知，降水存在 10a，5a、20a 和 2a 的主周期。

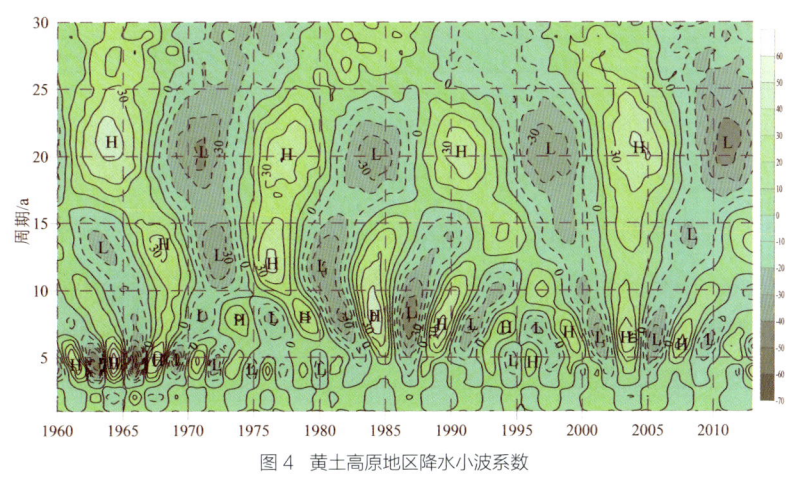

图 4 黄土高原地区降水小波系数

### 5. 极端降水的变化

黄土高原地区特强降水量（R99）变化的线性趋势为 -0.7mm/10a，呈减少趋势，其中 55 个站点呈减少趋势，占所有站点的 56%，3 个站点通过了显著性检验，4 个站点无变化趋势，40% 的站点呈增加的趋势。

强降水量（R95）整体上以 -1.2mm/10a 的速率减少，空间差异显著，其中有 52 个站点呈减少趋势，占全部站点的 53%，5 个站点通过了显著性检验，3 个站点无变化趋势；44% 的站点为增加趋势，3 个站点通过了显著性检验。

一日最大降水量（RX1）整体上以 -0.07mm/10a 趋势减小，有 55 个站点呈减少趋势，占所有站点的 56%，43% 的站点呈增加趋势，3 个站点通过了显著性检验，减少的站点集中分布在陇中黄土高原东部。

五日最大持续降水量（RX5）整体呈减少趋势，减少速率为 -0.044mm/10a。关中平原、河套地区、陇东黄土高原分别以 0.044mm/10a、0.06mm/10a、0.05mm/10a 的速率呈增加趋势。RX5 有 60 个站点呈减少趋势，占所有站点的 61%，7 个站点通过了显著性检验，35% 的站点呈增加的趋势，减少的站点集中分布在陇中黄土高原东部。

R99、R95、RX1、RX5 指数在陇东黄土高原和关中平原、河套地区呈增加趋势而 PRCPTOT 呈减少趋势，表明这 3 个地区降水极端化现象严重。

中雨日数（R10）指数 63 个站点呈减少趋势，占全部站点的 64%，12 个站点通过了显著性检验；36% 的站点呈减少的趋势，2 个站点通过了显著性检验，R10 的变化速率为 -0.22d/10a。鄂尔多斯高原与河套地区表现出微弱的增加趋势，其余各区表现为减少趋势，减少的站点主要分布在陇东黄土高原和关中平原，关中平原地区减少幅度最大 0.5d/10a，其次为陇东黄土高原。

大雨日数（R20）线性变化趋势为 -0.041 d/10a，有 59 个站点呈减少趋势，占全部站点的 60%，37% 的站点呈减少趋势，未通过显著性检验。

暴雨日数（R50）有 53 个站点呈减少趋势，占全部站点的 54%，5 个站点通过了显著性检验，40% 的站点呈增加趋势，整个黄土高原变化的趋势为 -0.001d/10a，无明显变化趋势，增加和减少的站点在空间上分布较为均匀。

持续干旱日数（CDD）指数总体上呈增加趋势，线性趋势为 0.13d/10a，未通过显著性检验。有 57 个站点呈减少趋势，占全部站点的 58%，40% 的站点呈增加趋势。减少的站点分布在鄂尔多斯、陇东地区、陇中、山西高原。

持续降水日数（CWD）整体呈减少趋势，减少速率为 -0.01d/10a，没有通过显著性检验。其中 83 个站点呈减少趋势，占全部站点的 85%，14 个站点通过了显著性检验，15% 的站点呈增加趋势。

降水强度（SDII）表现为增加趋势，线性趋势为 0.04mm(d·10a)-1。62 个站点中呈增加趋势，占全部站点的 63%，7 个站点通过了 0.05 的显著性检验，37% 的站点呈减少趋势。

### （二）水汽压的变化

#### 1. 水汽压年代际变化特征

1960—2013 年水汽压呈增加趋势，气候倾向率为 0.014hpa/10a，未通过显著性检验，空间上 74% 的站点呈增加趋势，其中 42% 的站点通过了 0.05 的显著性水平检验，呈减少趋势的站点主要分布在河套地区（图 5）。黄土高原 6 个分区中河套地区水汽压呈减少趋势，倾向率为 -0.05hpa/10a，关中平原和陇中黄土高原增加最为明显，通过了 0.05 的显著性水平检验。

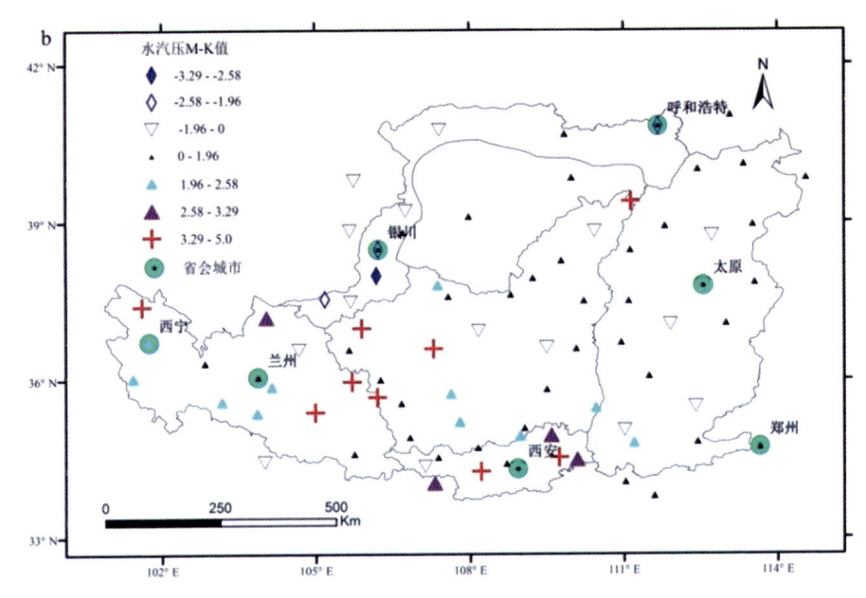

图 5　黄土高原地区平均水汽压 M-K 值空间变化图

#### 2. 水汽压年代际变化特征

据统计，20 世纪 70 年代黄土高原地区水汽压为负距平，其他各年代为正距平，90 年代黄土高原地区水汽压距平值最大。60 年代陇东黄土高原、河套地区和鄂尔多斯高原为正距平，陇中黄土高原、关中平原和山西黄土高原为负距平；70 年代黄土高原地区各分区水汽压均成负距平；80 年代除河套地区和鄂尔多斯高原为负距平，其他各区域均为正距平；90 年代各区均成正距平；21 世纪初只有河套地区为负距平。

### （三）相对湿度的变化

#### 1. 相对湿度年际变化特征

1960—2013 年相对湿度整体呈减小趋势，气候倾向率为 -0.54%/10a，通过了 0.05 的显著性水平检验，空间上 82% 的站点呈增加趋势，其中 42% 的站点通过了 0.05 的显著性水平检验，31% 的站点通过了 0.01 的显著性水平检验，高海拔山区相对湿度呈增加趋势（图 6）。6 个分区中河套地区相对湿度呈减少趋势，倾向率为 1.3%/10a，通过了 0.05 的显著性水平检验。

## 2. 相对湿度年代际变化特征

黄土高原地区 20 世纪 60 年代和 80 年代相对湿度为正距平，1990 年以来为负距平，负距平值在 21 世纪初最大。60 年代各区变化差异较大，陇东黄土高原、关中平原、山西黄土高原为负距平，陇东黄土高原、河套地区、鄂尔多斯高原为正距平；70 年代所有区域均为负距平；80 年代为正距平的区域在 60 年代为负距平；在 60 年代为负距平的区域，在 80 年代为正距平。90 年代、21 世纪初所有的区域为负距平。

### （四）蒸发的变化

#### 1. 蒸发皿蒸发年际变化特征

1960—2013 年黄土高原地区蒸发皿蒸发呈减少趋势，气候倾向率为 -17mm/10a，没有通过显著性检验，空间变化一致性差，空间上 74% 的站点呈增加趋势，其中 54% 的站点通过了 0.05 的显著性水平检验，呈增加趋势的站点主要分布在陇东黄土高原和鄂尔多斯高原。

#### 2. 蒸发皿蒸发年代际变化特征

据统计，蒸发皿蒸发 1960 年和 1970 年为正距平，1980 年蒸发皿蒸发开始出现负距平，2000 年蒸发皿蒸发又出现正距平。1960 年除鄂尔多斯为负距平，其他各区域为正距平；1970 年关中平原为负距平，其他各区域为正距平；1980 年各区域为负距平，负距平值较大，1990 年为负距平值；2000 年关中平原为负距平，其他各区域为正距平。[1]

## 五、结论

1960—2013 年黄土高原地区降水以 -8.1mm/10a 的速率减少，降水减少趋势空间上自西向东、由北向南加剧，存在东西、南北两条降水减少—增加的变化界线，西部以乌鞘岭—民和为界，北部大致沿长城沿线。1960 年降水距平为正，其他各年代降水距平为负，1990 年负距平值最大。1984 年前后黄土高原地区降水出现突变点，降水开始明显减少。降水存在 10a、5a、20a 和 2a 左右的主周期。

---

[1] 张耀宗. 1960—2013 年黄土高原地区气候变化及对全球气候变化的响应 [D]. 西北师范大学, 2016.

5个降水量指数整体呈减少趋势。R99、R95、RX1、RX5变化趋势分别为-0.7mm/10a、-1.2mm/10a、-0.08mm/10a和-0.4mm/10a，未通过显著性检验；降水日数指数除CDD以0.13d/10a增加之外，其他指数均呈减少趋势，都没有通过显著性检验；降水强度指数以0.04mm(d·10a)-1的趋势增加，没有通过显著性检验。黄土高原和中国其他区域降水强度指数变化趋势一致，呈增加趋势，与中国陆地一样，黄土高原地区降水强度的增强是受降水日数减少影响。

近54a水汽压整体呈增加趋势，气候倾向率为0.014hpa/10a，相对湿度呈减小趋势，气候倾向率为-0.54%/10a。近54a蒸发皿蒸发整体呈减少趋势，气候倾向率为-17mm/10a，空间变化一致性较差。

# 黄土高原生态屏障建设路径研究

李文庆[1]

黄土高原位于黄河中上游,是中华文明的发祥地。由于黄土高原生态环境较为脆弱、经济发展比较滞后,水土流失和土地荒漠化较为严重,21世纪以来国家将该区域列为退耕还林还草等生态工程的重点区域,有效地遏制了生态环境退化,实现了经济发展和生态屏障建设的双赢。

## 一、黄土高原生态屏障带范围及地貌特征

黄土高原因生态环境脆弱、土壤侵蚀剧烈而闻名于世。黄河泥沙的90%来自黄土高原,黄土高原的生态状况直接影响着黄河的健康运行。加强黄土高原生态恢复与生态治理,是新时代我国生态文明建设的重要组成部分。

### (一)黄土高原生态屏障带范围及分区

黄土高原属黄河流域,地处黄河上中游丘陵沟壑地带,东起太行山,西至青海日月山,南接秦岭,北抵鄂尔多斯高原,包括山西、内蒙古、河南、陕西、甘肃、宁夏、青海7个省(自治区)341个县(市),总面积64.87万平方千米,约占我国陆地总面积的6.67%。黄土高原平均海拔1200—1600米,境内沟壑纵横、地形破碎。该地区地处我国半干旱气候过渡带,土类以黄绵土为主,土质疏松,易于侵蚀,由于降雨分布时空不均,60%~70%的降雨量集中在6—9月份,且以暴雨为主,极易造成水土流失。该地区地带性植被类型是森林草原带,水资源较为紧缺,生态环境脆弱,生存条件恶劣,不仅是气候变化的敏

---

[1] 李文庆(1964—),男,河北孟村人,宁夏社会科学院农村经济研究所(生态文明研究所)所长、研究员,研究方向为产业经济学和生态经济学。

感区，也是黄河中上游水土流失防治的重点区域，还是我国退耕还林还草的重点区域，对黄河中下游地区发挥着重要的生态屏障作用。

黄土高原地域辽阔，气候类型多样，自然地理条件复杂、空间组合变化明显，水土流失与治理模式区域差别较大。黄土高原地貌类型多样，由丘陵、高原、阶地、平原、沙漠、干旱草原、高地草原、土石山地等组成，其中山区、丘陵区、高原区占 2/3 以上。国家发改委根据自然条件、综合治理措施和资源组合特征以及行政区划的相对完整性等因素，将黄土高原划分为 6 个综合治理区，即黄土高原沟壑区、黄土丘陵沟壑区、土石山区、河谷平原区、沙地和沙漠区、农灌区等。黄土高原沟壑区面积 21.8 万平方千米，以六盘山为界，可以划分为 A1 和 A2 两个副区，A1 副区包括甘肃、青海和宁夏 3 省区共 51 个县，A2 副区包括甘肃、陕西和宁夏 3 省区共 41 个县。黄土丘陵沟壑区面积 12.9 万平方千米，以毛乌素沙漠南缘为界，可以划分为 B1 和 B2 两个副区，B1 副区包括陕西、山西和内蒙古 3 省区共 22 个县，总面积为 5.5 万平方千米；B2 副区包括陕西和山西 2 个省共 35 个县，总面积为 7.4 万平方千米。农灌区和沙地、沙漠区面积 13.5 万平方千米，包括内蒙古和宁夏 2 个自治区共 30 个县。土石山区和河谷平原区面积 17.9 万平方千米，包括内蒙古、宁夏、陕西和河南 4 省区共 122 个县。

### （二）黄土高原形成及演化历程

通过前人的研究，黄土高原的形成和演化历史至少可追溯至 250 万年以前，其生态环境演变和退化，有其内在的规律。大量研究表明，黄土高原诞生于喜马拉雅地区浅海消失、山峰形成之后。由于东西走向的喜马拉雅山挡住了印度洋暖湿气团的向北移动，久而久之，我国西北部地区和中亚内陆越来越干旱，并由于气温的冷热剧变，加之强风蚀作用，岩石更快地崩裂瓦解，成为碎屑，逐渐形成了大面积的沙漠和戈壁，而其中颗粒细小的粉尘和黏土成为沙尘。同时，随着青藏高原不断隆起，使之耸立在北半球的西风带中，并把西风带的近地面层分成南北两支，其中北支从青藏高原的东北边缘开始向东流动，这支空气流成为搬运沙尘的主要动力。此外，由于青藏高原的隆起，东亚季风也被加强了，从西北吹响东南的冬季风与西风急流一起，在中国北方制造了一个黄土高原。

这是黄土高原的成因之一，还有一些学者提出了水成、风化残积等成因学说。

综合各方面的研究成果，黄土高原的成因主要有四种观点。一是风成论，即以冬、春为主的季风，把蒙古、中亚和我国西北一带戈壁、荒漠强烈风化后形成的细小土粒运送堆积到本区域。二是水成论，即喜马拉雅造山运动带来洪水泛滥，造成黄土沉积和新的构造运动抬升，形成黄土高原。三是风化残积论，即岩石风化后残留原地并演化而成。四是多成因论，认为黄土高原既有大风从外地刮来的细沙，又有河流、洪水携带而来的绵土，还有本地土生土长的基岩风化物，是在这三种力的共同作用下形成的。以上观点，我们认为第四种多成因论更为确切，在综合成因中，其贡献大小的次序应是风移、水运、岩基风化，还包括土壤自身发育和人类活动等。

### （三）黄土高原地貌特征

一是黄土疏松，具垂直节理和湿陷性，极易被流水侵蚀，黄土高原水土流失严重，是黄河含泥沙量高的直接原因，水土流失遗留给黄土高原的却是千沟万壑、极为破碎的地表形态。二是黄土高原地貌稳定性差，块体运动和泥石流等灾害地貌过程频繁，特别是在贺兰山—六盘山—岷山一线，秦岭—祁连山—昆仑山—天山一线，在历史时期和当代都是地震活跃带，黄土高原块体运动、泥石流等灾害地貌过程普遍且频繁，崩塌、滑坡是块体运动最常见的自然灾害。三是黄土高原的河谷地貌具有独特之处，较大的过境河流在经过黄土下伏坚硬岩层时，常强烈下切形成长数千米至数十千米，落差很大的峡谷，黄河干流上游的刘家峡、盐锅峡、八盘峡、红山峡、黑山峡、青铜峡等就是很好的例子，峡谷间则是比较宽广的、发育多级阶地的河谷盆地，峡谷与河谷盆地相间排列，成为黄土高原西部河谷地貌的一大特色。

## 二、黄土高原生态特征、退化现状及危害

黄土高原受地形破碎、土质疏松、降雨集中等自然因素和乱砍滥伐、过度放牧、陡坡开垦等人为因素的影响，黄土高原地区水土流失、土地荒漠化和盐碱化、草原退化沙化等生态问题依然严重，必须加强黄土高原地区生态综合治理，保障黄土高原地区生态安全。

## （一）黄土高原主要生态特征

黄土高原主要是由沙漠和古冰川堆积物中的粉沙通过风力吹扬到半干旱、半湿润地区，并经过黄土化过程而形成的一种松散的第四纪沉积物。黄土高原分布很广，但大面积连续覆盖的厚层黄土主要分布于陕甘宁三省区，新疆塔里木南缘、甘肃河西走廊、西秦岭和岷山山地中的盆地和谷地也都有黄土分布。

### 1. 植被稀少

黄土高原区内植被稀少，特别是森林覆盖率低，森林植被的缺乏，使区内物种贫乏，各种生态系统失去了保护屏障，许多生态因子趋向于极端化，环境急剧恶化。在秦代以后的漫长时间里，毁林草、开辟农田的行为一直延续至近代，导致区内的原始植被损失殆尽，不但森林覆盖率很低，就连生态功能较弱的灌丛植被和草原植被覆盖率也比较低。

### 2. 土壤侵蚀严重

据粗略考察，当今的黄土高原，沟壑之多堪称世界之最，沟道纵横是黄土高原的一大自然景观。沟壑面积占到地表面积的近三分之二，这些沟道都是山洪冲刷形成的，黄土高原沟道虽多，而水源较少，径流贫乏。造成黄土高原呈现水沟型纵横密布、地面支离破碎的特殊地理景观。大量地表沃土的流失，带走的营养元素量超过了人工施入量，使区内土地日趋贫瘠化。

### 3. 自然灾害频繁

在黄土高原地区特别是在半干旱地区，春旱几乎年年发生，夏旱和秋旱也经常出现，有些年份还出现虫害，风害和尘害也时有发生。区内风沙活动频繁。尽管降雨稀少，但冰雹和暴雨频繁，往往一次冰雹就会使农作物颗粒无收；一场暴雨不仅造成大量土壤侵蚀，还可能导致严重财产损失和人畜伤亡，由于黄土质地疏松，胶结力弱，在失去天然植被的保护后，风蚀和水蚀的危害作用突显出来，致使部分农田发生沙化。严重的土壤侵蚀带走黏粒、留下质量重的沙粒，造成土地沙化，土地沙化的后果是土地贫瘠化、草木难生、生态难以恢复。

## （二）黄土高原生态环境退化现状

### 1. 水土流失严重

黄土高原地区北部风沙肆虐，西部边缘地区冻融危害，其余大部分地区水蚀剧烈。本区内共有水土流失面积47.2万平方千米，占该区总面积的72.77%，年均输入黄河的泥沙达16亿吨。其中侵蚀严重的多沙粗沙区，主要分布在黄河上中游地区，面积7.86万平方千米，占黄土高原水土流失面积的16.65%，年均输沙量占黄河同期输沙量的62.8%，特别是粗泥沙输沙量占黄河粗泥沙总量的72.5%，对黄河流域安澜影响较大。

2.土地荒漠化、沙化面积较大

黄土高原地区土地荒漠化和沙化主要集中分布在内蒙古、陕西和宁夏三省区。据调查数据显示，仅宁夏全区共有荒漠化面积4461万亩，其中沙化土地面积1774.5万亩。按沙化程度分：轻度沙化面积1078.5万亩，占沙化面积的60.8%；中度沙化面积285.0万亩，占沙化面积的16%；重度沙化面积202.5万亩，占沙化面积的11.5%；极重度沙化面积208.5万亩，占沙化面积的11.7%。同时，内蒙古鄂尔多斯市的乌审旗、鄂托克旗、鄂托克前旗和杭锦旗地处毛乌素沙地腹地，降雨稀少，蒸发强烈，风蚀强烈，危害也很严重。

3.草地退化、沙化和盐碱化

长期以来，由于干旱少雨、超载过牧等自然和人为因素的影响，加剧了草原生态环境恶化，由于河套地区地下水位较高，导致草地盐碱化面积增加。据内蒙古自治区监测资料显示，内蒙古古黄土高原区内8个牧业旗（县）冷季总饲草储量229.89万吨，适宜载畜量616.73万绵羊单位，而6月末牲畜实际存栏数已达1195.14万绵羊单位，可见，草原压力之大。加之河套地区地下水位又比较高，导致草地盐化面积逐年增加。据青海省相关资料分析，青海黄土高原区现有荒漠化土地面积2100多万亩，达到土地总面积的40%以上，草地退化、沙化和盐碱化面积还在增加。

### （三）黄土高原生态退化成因

黄土高原的形成和生态退化是一个漫长而复杂的过程，它既有自然因素，又有人为因素。从大量的史料和现实情况来看，黄土高原生态退化可追溯到无人类社会的地质时期，尽管黄土沟壑形成于历史时期以前，但它曾是塬面广阔，沟壑稀少，草木丰茂，与现在的支离破碎、沟壑纵横截然不同。只是随着人类活动强度的增加，才加剧了黄土高原生态退化。许多学者认为，黄土高原生态退化是一个漫长的过程，但近3000年来，特别是近百年来，随着人类活动的不断强盛，加剧了水土流失、土地沙化等生态退化现象，人类活动是加剧黄土高原生态退化的主要原因。

1. 自然因素

地形破碎、土质疏松、植被缺乏、暴雨集中是黄土高原地区生态退化的主要原因。一是由于地形破碎，黄土高原地区沟壑密度大，坡陡沟深、切割深度大，地面坡度大都在15度以上，尤其是丘陵沟壑区，破碎的地形很容易引起水土流失。二是土质疏松，黄土高原地区的主要地表组成物质为黄土，深厚的黄土土层与其明显的垂直节理性，遇水易崩解，抗冲、抗蚀性能很弱，沟道崩塌、滑塌、泄溜等重力侵蚀活跃，大面积的水土流失与黄土的深厚松软直接相关。三是暴雨集中，黄土高原地区的降水特点是年降水量少而集中，汛期降雨量占年降水量的70%～80%，其中大部分又集中在几次强度较大的暴雨时期。暴雨历时短、强度大、突发性强，是造成严重水土流失和高含沙洪水的主要原因。四是植被稀少，黄土高原地区植被稀少，天然次生林和天然草地占比小，且主要分布在林区、土石山区和高地草原区，其他大部分地区荒山秃岭、地表裸露，也是造成生态退化的因素。

2. 人为因素

乱砍滥伐、过度放牧、陡坡开荒等掠夺式的土地利用方式以及不合理的资源开发等活动，加剧了生态退化。一是过度陡坡开垦，长期以来盲目毁林樵采，砍伐了森林植被，森林面积减少，植物群落退化，水土流失加剧。二是过度放牧，增加了单位土地的承载力，林草植被日益减少，使土壤失去保护，引发水土流失。三是经济社会发展中不合理的开发活动，一些地方任意开采挖掘，破坏林草植被，形成新的水土流失，在工业化过程中"三废"排放，破坏了地表植被覆盖度，危害了林草生长，加剧了生态恶化。

### （四）黄土高原生态退化的危害

1. 耕地资源减少，降低了土地生产力

黄土高原生态系统退化，造成了土壤肥力下降，耕地面积减少，干旱、洪涝等灾害频繁发生，粮食产量低而不稳，农业生产和农村经济发展受到制约，人们生存发展空间受限,贫困发生率较高。黄土高原丘陵沟壑区90%的耕地是坡耕地,每年因水力侵蚀损失土层厚度达0.2—1.0厘米,严重的可达2—3厘米。各种侵蚀沟壑不断蚕食和分割土地,贫困群众为了生存,不得不开垦坡地,形成了"越垦越穷、越穷越垦"的恶性循环。水土流失、土地沙化等生态问题还带来交通受阻、人畜饮水困难等一系列问题,严重制约着区域经济可持续发展。

2.自然灾害频发,威胁人民群众的生命财产安全

据统计,黄土高原80%的面积遭受干旱威胁,中华人民共和国成立以来黄土高原区平均每年受旱面积66.67万公顷,最大成灾面积达233.33万公顷。毛乌素沙漠、库布齐沙漠连年南侵,成为入黄泥沙的重要来源。据有关资料分析,蒙陕宁长城沿线旱作农业区、内蒙古中部农牧交错带及草原区,是形成我国北方沙尘暴的两个主要源区。

3.大量泥沙下泄,影响黄河生态安全

黄河流域水少沙多、水沙关系不协调,是黄河复杂难治的症结所在。黄土高原每年输入黄河的泥沙中,约有4亿吨淤积在下游河道,使黄河下游河道成为举世闻名的地上"悬河",对下游人民生命财产安全构成巨大威胁。由于河道严重淤积,造成黄河水沙关系进一步恶化,致使中常洪水情况下黄河下游的防洪形势严峻,威胁下游滩区人民的生命财产安全。

4.水生态功能退化,影响流域内水利水电设施安全运营

水土流域、土地沙化、草地退化导致黄河水生态系统功能退化,截蓄降水、调节径流能力减弱,下泄泥沙淤积河道库坝,直接影响流域内水利水电设施的安全运营。据《黄河流域防洪规划》,黄河干支流上共建有大中小型水库3100余座,其中大中型水库147座。由于现有水库大多建于20世纪五六十年代,目前很多成为病险水库。存在的主要问题是泥沙淤积,使得一些水库防洪标准逐步降低,远达不到国家防洪防汛需要,对水库下游人民生命财产安全构成威胁。

## 三、黄土高原生态治理成效

中华人民共和国成立60年来,特别是改革开放以来,国家高度重视黄土

高原地区的生态治理工作，先后实施了水土保持重点建设工程、三北防护林体系建设、天然林资源保护、退耕还林还草以及黄土高原淤地坝建设、旱作节水农业建设等一系列生态建设工程，取得了令人瞩目的成就。

### （一）水土流失得到有效治理

经过长期不懈地植被建设、工程措施，黄土高原地区水土流失得到了初步遏制，特别是党的十八大以来，一些水土流失重点治理地区，有效控制了水土流失，减缓了下游河床淤积抬高的速度，减少了下游输沙用水，为黄河流域水资源的有效利用创造了有利条件。森林生态服务功能显著增强，生物多样性相对丰度提高。如宁夏通过政府引导、项目带动、社会参与，采取政策优惠、资金扶持、技术指导等多种措施，山水林田湖草统一治理，取得重大成效，累计完成水土流失治理面积 1.95 万平方千米，综合治理小流域 400 余条，建成水土保持淤地坝工程 1000 余座，每年减少输入黄河泥沙 4000 万吨，通过退耕还林还草、封山禁牧及实施其他重大生态建设工程，草原植被覆盖度提高了 30% 以上，有效改善了水土流失区生态环境。

### （二）沙化土地得到了有效治理

经过几十年的持续治理，特别是通过实施重点生态工程，黄土高原地区水土流失严重的陡坡耕地和严重沙化土地退耕还林还草，荒沟荒坡恢复林草植被，植被数量、质量持续下降的局面得到改观。营造的防风固沙林使沙化土地得到初步治理，重点治理区土地沙化开始好转。提高了土地抵御自然灾害的能力，改善了人居环境和生产、生活条件，拓宽了人们的生存与发展空间。据林业和草原部门调查和相关资料分析，三北防护林工程的实施，使项目区所在省份的防护林体系初具规模，一些重点治理区域的风沙危害和水土流失得到不同程度的缓解，封山育林和飞播造林促进了林草植被恢复和自然生态逐步好转。

### （三）农业生产条件得到有效改善

退耕还林还草工程的实施取得了显著的经济效益、社会效益和生态效益，转变了人们的思想观念，使黄土高原地区农民祖祖辈辈垦荒种粮的传统耕作习惯开始转变。给退耕区农民钱粮补助为农业产业结构调整提供了一个过渡期，促进了生态环境的改善和农业综合生产能力的提高，改善了农村生产条件，为加快黄土高原生态屏障建设奠定了基础。水土保持措施的实施，使许多水、土、肥流失严重的"三跑田"变成"三保田"。保护性耕作措施的开展，有效减少了耕地的地表径流，加快了结构调整的步伐。旱作节水农业的大力推广，较大幅度地提高了旱作农业的粮食单产水平，促进了种植业结构调整，长期以粮食为主体的种植业向粮经结合的种植结构转变，从而减少了水土流失，提高了农田抗旱能力，改善了土塘结构，提高了土壤肥力。通过封山禁牧，畜牧业生产方式发生了根本性改变，规模化、集约化的养殖模式初步形成，畜牧业在整个农业经济中的比例和发展速度持续上升。

### 四、黄土高原生态屏障带建设路径

黄土高原生态屏障带横跨黄河上中游地区，是黄河流域的生态屏障，对控制黄土高原水土流失，保护秦岭生物多样性具有重要作用。是中国喜马拉雅植物区系的分化、分布中心，是世界云冷杉等高山植物集中且分化剧烈的区域。保护与建设措施：以培育林草资源、保护生物多样性、防治水土流失、减缓山洪地质灾害为重点，实施天然林保护和森林经营，建设黄河上中游防护林体系；加强退耕还林、淤地坝建设和坡耕地改造，实施保护性耕作，建设高标准旱作农田；加强野生动植物保护、保护区能力建设和森林公园体系建设；发展农村新型能源和生态产业，促进农民生产生活条件改善。

#### （一）建立森林资源基地

黄土高原土地宽阔，土壤深厚，有着得天独厚的后备森林资源的条件，从黄土高原地区自然、社会经济情况以及维护我国生态安全和构筑北方生态屏障的需要出发，必须建立以森林为主体的森林生态系统，黄土高原可以建设后备森林资源基地。一是黄土高原西南部建设耐荫、耐寒针叶林基地，黄土高原西南部地区的深山和远山，海拔较高，阴冷潮湿，适应云杉生长。在青海和宁夏六盘山、宁夏和内蒙古贺兰山等地有天然云杉分布，可以大面积发展云杉等耐荫、耐寒针叶林。二是在毛乌素沙区，建设以樟子松为主的耐寒耐旱防风固沙林基地，20世纪50年代在毛乌素沙地引种樟子松成功，近年来在毛乌素沙地及周边地区成长较好，内蒙古、宁夏等地均已大面积栽培，在这一地区可以建设集中连片的樟子松人工林基地。三是在河套平原农区，建设以杨树等速生丰产农防林基地，宁夏和内蒙古河套地区是黄河流经的地区，沿黄地区有大面积的沙地农田，周围有大面积的林间空地，大面积的农田需要建设农田防护林和道路林，在沙漠边缘可以利用黄河水发展速生丰产用材林，近年来宁夏中卫市在腾格里边缘利用节水灌溉技术发展杨树速生林1.33万公顷，在这一地区可以大面积建设人工林基地。

### （二）建设经济林基地

黄土高原是中外专家公认的经济林最佳适生区，也是我国经济林发展的优生区，特别是日照充足和昼夜温差大，有利于有机营养的制造和积累，从促进黄土高原地区经济社会可持续发展出发建设经济林产业基地。以黄河河套平原为主建设枸杞生产基地，宁夏枸杞久负盛名，被誉为"红宝"，是享誉中外的红色产业，种植、加工、流通及产品技术开发都居全国前列，形成了以宁夏中宁原产地为主体、以贺兰山东麓和清水河流域为两翼的产业带，近年来枸杞在青海、内蒙古等地均有发展，已经成为农民增收致富的重要经济林产业，这一地区建设枸杞基地具有广阔的前景。

### （三）加强小流域治理

黄土高原水土流失较为严重，要以小流域为单元，合理安排农林牧渔各业用地，布置各种水土保持措施，使之互相协调，互相促进，形成综合的防治措施体系。小流域是地面水和地下水天然汇集的区域，是水土流失和开发治理的基本单元。实践证明，以小流域为单元进行综合、集中、连续的治理，是治理水土流失的一条成功经验。小流域治理的目的在于防治水土流失，保护、改良与合理利用水土资源，充分发挥小流域水土资源的经济效益和社会效益。以小流域为单元进行综合治理，有利于集中力量按照各小流域的特点逐步实施，由点到面，推动整个水土流失地区水土保持工作，使水土保持工作的综合性得以充分体现。

### （四）加强水土保持治理

为了有效遏制黄土高原地区水土流失现象，加大黄土高原生态屏障建设力度，必须充分发挥水土保持工作的优越性，以提高水土资源利用效率和效益为核心，以水土资源的可持续利用和生态环境的可持续维护为根本目标，深入开展水土保持预防监督、加大水土保持综合治理投入、提高相关地区履行水土保持法定义务的自觉性，防治水土流失、保护水土资源，实现民族地区经济社会可持续发展，创造良好的生态环境。

### （五）继续实施还林还草工程建设

我国实施退耕还林还草工程20年来，取得了显著的生态效益、经济效益和社会效益，通过一"退"一"还"，退耕还林还草地区森林覆盖率平均提高了4个多百分点，林草植被大幅增加，风沙危害和水土流失得到有效遏制，生态状况显著改善。退耕还林还草工程将贫瘠的低产耕地变为绿色的金山银山，有力助推农民脱贫致富的同时，优化了土地利用结构，促进了农业结构由以粮为主向多种经营转变、粮食生产由广种薄收向精耕细作转变，许多地方走出了"越穷越垦，越垦越穷"的恶性循环，实现了地减粮增、林茂粮丰。同时，实施大规模退耕还林还草为增加森林碳汇、应对气候变化、参与全球环境治理做出了重要贡献。但随着现行补助政策的陆续到期和工程建设的不断深入，巩固成果与扩大规模的任务十分繁重，一些深层次的矛盾和问题也随之凸现，严重制约退耕还林还草工程的深入实施，也一定程度上影响了工程实施成效。今后一个时期，要科学编制总体规划，做好顶层设计，谋划好退什么地、退多少、怎么退的问题。要着力巩固工程建设成果，用足用好多渠道的政策资金，探索将符合条件的退耕还林还草纳入森林生态效益补偿、草原生态保护补助奖励、森林抚育补贴、国家储备林建设、森林质量精准提升工程等范围，依托已有成果大力发展休闲旅游、林下经济、森林康养等后续产业，推进黄土高原地区生态环境进一步好转。

[参考文献]

［1］国家发展改革委，水利部，农业部，国家林业局.黄土高原地区综合治理规划大纲(2010—2030 年).（2010-12-30）.http//www.gov.cn/zwgk/2011-01/17/content_1786454.htm.

［2］唐克丽.中国水土保持[M].科学出版社，2004.

［3］李相儒，金钊，张信宝等.黄土高原近 60 年生态治理分析及未来发展建议[J].地球环境学报，2015.6（4）：248—254.

［4］刘国彬，上官周平，姚文艺等. 黄土高原生态工程的生态成效[J].中国科学院院刊，2017.32（1）：11—19.

［5］舒若杰,高建恩,赵建民,吴普特,张青峰等.黄土高原生态分区探讨[J].干旱地区农业研究，2006，24（3）：143—148，206—260.

# 关于陕北黄土高原生态环境治理与乡村振兴建设的几点建议

朱士光[(1)]

## 一、陕北黄土高原地域范围的界定及其生态环境特点与变迁

作为我国四大高原之一的黄土高原，也是世界上唯一的一个黄土分布最为集中、黄土堆积厚度最大的黄土高原。它的分布范围是：西起甘肃省乌鞘岭、青海省日月山一线，东抵山西省与河北省交界处的太行山，北至山西省、陕西省、宁夏回族自治区境内的明代长城，南达甘肃省、陕西省之秦岭与河南省西北部的崤山、嵩山；包括青海省东端河湟流域、甘肃省的陇西与陇东、宁夏回族自治区南部、陕西省的陕北与关中、山西省全部以及河南省的西北部。[1]而陕北黄土高原则位于我国黄土高原中部偏北区域，处于其核心部位；其范围包括陕西省之榆林市与延安市，面积约8万平方千米，人口约600万[2]。

陕北黄土高原之长城沿线以北部分属温带干旱半干旱气候，长城以南部分则为暖温带半湿润气候。总的气候特点虽较为温润，但因又处于我国西部内陆之东缘，所以多暴雨大风；加之历史时期，经过人类长期不当的乱伐滥垦，森林、草原植被遭到严重破坏[3]，所以当地面堆积的深厚而疏松的黄土裸露在狂风暴雨侵袭之下，极易产生沙尘暴与水土流失，导致长城沿线及以北区域土地沙漠化与长城以南区域之沟壑纵横、梁峁林立。因而陕北黄土丘陵沟壑区，即为我国黄土高原水土流失最为严重区域。其多年平均侵蚀模数，改革开放前即达10000吨/平方千米以上[4]，榆林市之绥德、米脂、子洲、佳县、神木、府谷等市县，更达2万至3万吨/平方千米，沟壑密度达6—8千米/平方千米[5]。不仅导致本区域沟多坡陡，地形破碎，土壤贫瘠，低产穷困；同时下泄

---

(1) 朱士光（1939— ），男，陕西师范大学西北历史环境与经济社会发展研究院教授，博士生导师，研究方向为历史自然地理、历史环境变迁与古都学。

的大量泥沙[4],造成黄河下游河道严重的淤积增高与频繁的决堤泛滥。实为历史上黄河下游多灾多难的关键原因。

陕北黄土高原在历史后期其生态环境之所以变得如前述那般恶劣,甚至一度曾有人认为已不宜人类久居长住,实也如前文之中指出的,固然有其气候上风狂雨暴旱涝频生与黄土深厚疏松易遭风雨侵蚀等原因,然而更主要的还是历史上长时期人们经营方式不当乱伐林草滥肆耕垦造成的恶果。关于这方面的问题不少学者曾通过调查研究做过揭示;笔者在30多年前也曾在所写的《历史上陕北黄土高原农牧业发展概况及其对自然环境的影响》一文中详加论述[6]。在该文中,于列述了陕北黄土高原在历史上历经先秦以渔猎游牧为主时期、秦与西汉移民屯垦时期、王莽至隋以畜牧为主时期、唐以后农业垦殖持续发展时期之农牧业发展历程后;强调指出,经唐以后14个世纪,特别是明清时期600多年的长期过度滥肆砍伐开垦,使陕北黄土高原地面之森林草原遭到严重破坏,从而使这一地区生态环境持续恶化:诸如多种气候灾害频频发生,土地沙漠化加剧,河湖水文性状日益恶劣,地形更加破碎陡峭、动植物种属不断减少,等等。正是在上述人为不当活动长期影响下,才使陕北黄土高原在历史后期变成残破贫瘠之区。令人欣慰的是,1949年中华人民共和国建立之后,在中央与省、地(市)、县(区)各级政府的大力领导下,为了切实改善人民生活状况,促进经济社会发展,针对山光岭秃梁峁裸露水土流失严重等问题,开展了以兴修梯田坝地与植树造林为主要内容的水土保持工作,明显扭转了历史上长期存在的愈穷愈垦、愈垦愈穷的恶性循环,生态环境开始改善。特别是改革开放以来,在中央连续推进的西部大开发战略与营造三北防护林等大型建设工程方针指导下,陕北黄土高原通过实施退耕还林(草)与实施农林牧副工业多种经营方式综合发展等措施,生态环境已有明显改善。据截至2018年年初的统计,陕西省之黄土高原共退耕还林(草)3000多万亩(约合2万平方千米),森林覆盖率已由之前的30.92%增长到37.26%,治理水土流失面积3万平方千米,沙区林草覆盖率达33.5%,流动沙地与半固定沙地在沙化土地中的比重,由54.8%下降到13.4%。建成了一批红枣、沙棘、核桃、柿子、花椒等经济林基地。吴起县的羊肉产品还远销东南亚地区。[7] 当然这其中也修建出一批基本农田,包括黄土梁峁坡上的水平梯田、黄土塬上的埝地、黄土沟壑中的坝地与河流川道中的水浇地，保证了当地群众的基本口粮供应。加之改革开放以来，陕北黄土高原之能源工业与交通运输状况获得显著发展，使这一地区伴随着生态环境的明显改善，经济社会也开始摆脱贫穷落后状态。但毋庸讳言，陕北黄土高原今后在生态环境治理与经济社会发展，特别是乡村振兴方面，还需要进一步加强努力，才能使之成为山川秀美、物阜民丰之区。为此，下面即就这两方面工作提出一些初步建议，以有助于这一地区继续发展。

## 二、关于陕北黄土高原生态环境治理的几点建议

陕北黄土高原生态环境治理，不仅是陕西省生态环境治理不可或缺的组成部分，还是整个黄河流域生态环境治理的重要组成部分。据报载，2019年9月18日，国家主席习近平在河南省郑州市主持召开了黄河流域生态保护和高质量发展座谈会。在那次会上，习主席明确提出："保护黄河是事关中华民族伟大复兴和永续发展的千秋大计"。由此，黄河流域生态保护和高质量发展被列为国家重大战略之一。之后，国家发展改革委等有关部门抓紧开展黄河流域生态保护和高质量发展规划纲要编制工作。从中可知，今后陕北黄土高原生态环境治理工作必须遵循国家编制确定的黄河流域生态保护和高质量发展规划纲要的相关要求与措施安排。笔者于此先行提出几项具体建议，或许可为上述国家规划纲要的制定与完善提供一些参考。

（1）进一步提升水土保持工作的质量与效能。其主要措施还当是通过在丘陵梁峁坡上修建水平梯田，在塬梁顶上修建宽平埫地，在沟道中修建水库与坝堤，再加上通过植树造林与沟头防护工程，有效拦蓄水土，做到土不下坡，泥不出沟，使陕北黄土高原每年下泄到黄河下游的泥沙量在已大幅减少的基础上，继续得以削减，并使这一重大成效能长期保持下去。

（2）大力做好水资源的合理调配与节约使用，既使一定量的径流量能输送到黄河下游，又使陕北黄土高原向以干旱缺水闻名的地区有足够的水资源满足本身的生活、生产、生态用水之需。

这一问题的重要性，除了前述的陕北黄土高原区向以干旱缺水闻名，历史上曾多次出现严重的干旱缺水导致粮食绝产的史实外，还有着近半个世纪以来黄河潼关站记录的，随着年均输沙量大幅减少，年均径流量也急剧减少这一

严峻现实现象。[8]因而不得不促使我们要高度重视这一重大问题,采取科学合理实际可行又能长期实施的策略与方法,妥当加以解决。

（3）继续做好长城以北沙区之沙地固沙治沙工作。这方面还当在迄今已取得的沙地绿化成绩基础上,一方面学习相邻的内蒙古自治区鄂尔多斯市近年来在库布其沙地植树种草绿化固沙的成功经验;另一方面还可学习20世纪后期本地区神木市窝兔采当营造农田防护固沙林、靖边县杨桥畔引水拉沙造田的治沙技术措施,扩大造林治沙护田造田的成果,提升治理沙地的生态效益与经济效益。

## 三、关于陕北黄土高原乡村振兴建设的几点建议

当今陕北黄土高原之乡村振兴建设必须建立在其生态环境治理之基础上,二者相辅相成,相互促进。因而在本文前一部分对陕北黄土高原之生态环境治理提出三项建议之后,与之相关联,再对其乡村振兴建设工作也提三项具体建议:

（1）各乡各村都当认真建设好各自的基本农田,保证各自村民的口粮供应。

确如民谚所说:"民以食为天""世界上什么问题最大?吃饭问题最大"。陕北黄土高原历史上虽经先民尽力开垦,但因采取的是广种薄收粗放经营的方式,在生态环境日益遭到破坏的背景下,一遇天旱雨涝,往往即歉收绝收,因而当地居民经常出现食不果腹,动辄外出乞讨的悲惨现象。明清时代屡屡出现大饥荒姑且不说;即便1949年中华人民共和国成立以来,政府采取了不少措施力图解决,但在20世纪五六十年代也未能使人们摆脱"挨饿"的困境。[9]及至到了20世纪60年代末70年代前期,陕北老乡许多仍然过着杂粮加糠菜充饥的日子。[10]因此在陕北黄土高原要振兴乡村,无疑应把建设高标准的基本农田,采取先进生产方式进行粮食生产,取得高产稳产的粮食收成作为首要任务。

（2）各乡各村都当按照农林牧副工商业多种经营综合发展方针,选定自身的优势产业,生产具有较高产值的产品,推向国内外市场;使广大农民除种好基本农田,家里有粮,心中不慌外,还能就近打一份工,增加经济收入,为

脱贫致富打下更为牢固的基础。

就陕北黄土高原而言，可考虑的优质农、林、牧产品真还不少。如小米、荞麦、土豆、红枣、苹果、核桃、沙棘、地椒、中药材、牛羊肉、牛羊奶以及毛皮产品，等等；甚至有些民间工艺品还可开发为具有陕北黄土高原地方特色的新型文创产品。都很值得通过审慎遴选，下功夫加以开发。使它们发展成为与陕北黄土高原富有的煤、油、气产业相媲美的乡（镇）村新兴工贸业，促使陕北黄土高原乡村在山清水秀优美环境下绽放出兴旺富庶的光彩！

（3）大力发展旅游业。建议开发三条富有陕北黄土高原自然风光与历史文化内涵的线型旅游项目。即：陕北明长城线路游、晋陕黄河峡谷游、秦直道线路游。

陕北黄土高原，作为地处我国黄河中游的黄土高原重要组成部分，不仅黄土川原梁峁多种黄土地貌类型齐全，景观样貌很有特色，且因古代曾广布森林、草原，生态环境颇为优越，也如同黄河中下游众多区域一样，是我中华文明重要发源地区之一，文化遗址众多。且不说紧邻今陕北靖边县位于内蒙古自治区鄂尔多斯市乌审旗大沟湾之旧石器时代萨拉乌苏河套人遗址，下至新石器时代，可以说陕北黄土高原大多数县域内均发现有多处新石器时代遗址[11]。再以下又有如神木市石峁遗址等类型与数量众多的古代遗址以及一批红色革命旧址。因此发展旅游产业，其资源不论山川风光等自然资源还是历史人文资源都十分丰富，也颇引人入胜。因而可以大力筹划组织，必有旺盛的发展前景。就拿前已述及的涵盖本地多个市、县、区的三条旅游线路来说就各自具有浓厚的引人入胜之处。如：

陕北明长城线路游。可自最东端的府谷县墙头，向西循长城遗迹，经神木市、榆阳区、横山区、靖边县，至定边县盐场堡。除可饱览沿线明长城之雄姿与两侧大相迥异的自然风光外，中间还可对神木县杨家城、榆阳区镇北台与红石峡、横山区边墙梁、靖边县杨桥畔与镇靖旧城及其近旁的丹霞风景区、定边县之定边县城等重点景区进行观赏。

晋陕黄河峡谷游。因近年已在晋陕峡谷之陕西境内修建了自府谷经神木、佳县、吴堡、清涧、延川、延长、宜川至韩城市的沿黄观光公路，所以既可乘车（或自驾），也可乘船在一部分晋陕峪谷河段旅游。除观赏晋陕黄河峡谷之壮美风光外，还可在佳县云岩寺、延川县黄河蛇曲地质公园、宜川县黄河壶口瀑布风景名胜区、韩城市黄河龙门——司马迁墓风景名胜区驻足观览。

秦直道线路游。秦直道是秦始皇晚年督造的由京城咸阳北之云阳直通塞外漠北的军事大道，当今被誉为"中国最早的高速公路""天下第一道"。这条最早见于西汉史学大家司马迁《史记》之《秦始皇本纪》《六国年表》《匈奴列传》等多篇纪传记载的古代大型道路工程，其南北起止地点与所经路线，自20世纪70年代中史念海先生通过深入翔实的考察研究，指明秦直道南起今陕西省淳化县北梁武帝村秦林光宫（西汉之甘泉宫）遗址，由之登上子午岭，顺岭北行，至今陕西省定边县后，下子午岭，进入鄂尔多斯草原，经乌审旗至东胜，再北向渡黄河，抵达北端终点今包头市西南，即秦时九原郡治所。[12][13] 之后，又经一些有关人士考察研究，提出几条与史念海先生不尽相同的秦直道路线，基本上都偏东一些。大体上由淳化县秦林光宫遗址北行，上子午岭后，至黄陵县与富县间的兴隆关（岭），即下子午岭，经甘泉县、志丹县、安塞区、子长县、横山区、榆阳区，再到内蒙古自治区鄂尔多斯市境内，经伊金霍洛镇、东胜区、达拉特旗，过黄河抵达包头市。还有其南段更向东一些，由富县北上经延安市区、子长县、横山区至榆阳区，再北上抵达包头市。这样秦直道之线路就有了史念海先生所主之西线与另一些学者所主之东线两说。最新的较为权威的意见是信从史念海先生的西线说。[14] 因而当今开展秦直道线路游，自可从其两端起步，从其西线相向而游，观赏陕北黄土高原西部之自然风光与人文风俗，还可直观深切体验秦帝国之雄风伟业与司马迁自直道归后所发"固轻百姓力矣"[15]之深沉感叹。

## 四、切实推进陕北黄土高原生态环境治理与乡村振兴建设必须先期制定各乡村之实施规划

前文二、三部分对陕北黄土高原生态环境治理与乡村振兴建设所提各项建议既是笔者多年来从事历史地理学以及相关学科研习有关问题的学理认识，也是笔者青年时期曾在陕北黄土高原一些社队调研积累下的经验之见，自信会对今后陕北黄土高原上述工作的开展具有一定的建设性参考价值。然而，要将上述工作切实做好，还必须逐乡逐村拟制实施规划；而且所制定的实施规划，既要紧密遵循中央与省、市、县（区）的相关规划纲要，又要充分切合本地之实际状况与发展需要，还要能实际施行，取得明显效果。足见编制这一规划十

分重要，要求也非常高；而当前仅依靠乡村干部编好这一规划难度很大。所以可行的办法是，或由省、市、县（区）有关部门对乡村干部进行专门培训，使他们学会并能实际运用编制这类规划的专业能力；或由省、市、县（区）派出专业人员，下到各乡、村，并与各乡、村干部合作，共同完成这项工作。总之，今后一个阶段，为切实推进陕北黄土高原生态环境治理与乡村振兴建设，省、市、县（区）各级领导部门，必须十分重视并抓紧做好制定各乡村之实施规划工作；只有这样才能使陕北黄土高原广大乡村真正脱贫致富，走上全面小康的康庄大道。因为这一建议至为关键，特郑重提出，并盼能予以考虑采纳贯彻施行。

[参考文献]

[1]朱士光,桑广书,朱立挺.西部地标·黄土高原[M].上海科学技术文献出版社,2009：3—4.

[2]中华人民共和国民政部.中华人民共和国行政区划简册·2018[M].中国地图出版社,2018：169—170.

[3]史念海,曹尔琴,朱士光.黄土高原森林与草原的变迁[M].陕西人民出版社，1985：139—168.

[4]龚时旸,熊贵枢.黄河泥沙的来源和输移[A].黄河的研究与实践[C].水利电力出版社,1986：35.

[5]黄义端,张竹梅.黄土高原土壤侵蚀分区[A].中国科学院黄土高原综合科学考察队.黄土高原地区综合治理开发研究论文集[C],1993.

[5]朱士光.黄土高原地区环境变迁及其治理[M].黄河水利出版社,1999：10—29.

[6]中国分省系列地图册·陕西·陕西地理[M].中国地图出版社.2018：10.

[7]朱士光.近百年来黄河中上游水沙变化趋势及其启示[J].豳风论丛,2016(2).

[8]路遥.平凡的世界（普及本）[M].北京十月文艺出版社,2017.

[10]梁家河[M].陕西人民出版社，2018.

[11]史念海.由地理的因素试探远古时期黄河流域文化最为发达的原因[J].历史地理第三辑,上海人民出版社,1983：1—20.

[12]史念海.秦始皇直道遗迹的探索[J].陕西师大学报,1975(3).

[13]史念海.直道和甘泉宫遗迹质疑[J].中国历史地理论丛,1988(3).

[14]马啸,雷兴鹤,吴宏岐.秦直道线路与沿线遗存[M].陕西师范大学出版社总社,2018：1—32,33—74.

[15]司马迁.史记[M].中华书局,1959：2570.

# 02

## 第二部分
### 西北地区城乡发展和传统文化资源保护

# 02
## 第二部分
西北地区城乡发展和传统文化资源保护

# 陕西省地市级城市 2008—2017 年城市经济影响力时空分异研究

张晓钰[1]　员学锋[1,2,3]　马超群[1,2]　卫新东[1,2]

2018 年中共中央、国务院《关于建立更加有效的区域协调发展新机制的意见》中指出，要建立区域战略统筹机制，其中第一条便是推动国家重大区域战略融合发展，意见中所提及的"一带一路"建设、西部开发、关中平原城市群发展等重大区域发展战略中，陕西省至关重要。陕西省地处西北内陆腹地，位于中国地理版图的中心区，横跨黄河和长江两大流域中部，在西北地区及关中平原城市群的发展中具有承东启西、连接南北的独特优势，陕西省经济社会的发展有利于引领和支撑西北地区开发开放、推进西部地区高质量发展，纵深推进"一带一路"建设。

城市形成的商业圈或经济带，拉动其周边地区的发展，从而推动国家经济的增长。[1] 城市经济在城市发展、社会进步乃至国家综合实力提升方面都发挥着重要的作用，近年来学者们对城市经济影响力、区域经济影响力的研究逐渐涌现[2]，主要研究城市规模的空间集聚、中心城市的影响范围[5-6]，或研究各公共基础设施[7-9]、政府宏观政策[10]对城市经济发展的影响，对城市经济影响力本身所做研究较少；在地区上学者们多关注于京津冀、长江经济带、粤港澳大湾区等城市群经济带，探索沿海经济发达城市在区域城市体系中的作用及影响力[3-5]，而对内陆城市经济的关注不足；且对城市经济影响力、辐射力测度的研究主要利用截面数据横向对比[11]，这类数据数据量少、信息涵盖度低，难以反映城市经济在时间序列上的变化，分析结果往往不能全面反映客观事实，而空间面板数据具有空间相关性，可同时反映时间和空间两个维度，可弥补截

---

(1) 张晓钰（1995—），女，山西晋中人，硕士研究生。主要研究方向为土地资源管理。
(2) 长安大学地球科学与资源学院。
(3) 中国科学院地理科学与资源研究所。

面数据的不足，实现地区时空分异的研究。在长时间序列背景下，研究城市之间的经济影响力，对于充分发挥城市潜力、推进城市发展、完善城市规划、统筹协调城市间关系具有重要的现实意义。[12]陕西各地级市除西安市为新一线城市、咸阳市为三线城市外，其他多为四线、五线城市。省内城市等级分布差异较大，缺失二线城市，末端城市数量多。可见陕西省除去西安市外，其余城市竞争力均较弱。

因此，量化城市影响力对于了解城市实力，对把控城市定位有着重要的参考价值。本文以陕西省10个地市级城市为研究对象，利用2008—2017年空间面板数据，通过构建城市经济影响力测度指标进行测算，分析城市经济影响力的时空变化，以期系统掌握陕西地市级城市经济影响力规模及城市之间的空间异质性，预判城市发展的潜力及变化趋势。

## 一、研究区概况及研究方法

### （一）研究区概况与数据来源

图1 陕西省行政区划图

陕西省东邻山西、河南，西连宁夏、甘肃，南抵四川、重庆、湖北，北接内蒙古，横跨黄河和长江两大流域中部，介于东经105°29′—111°15′，北纬31°42′—39°35′之间。陕西地势南北高、中间低，地形类型复杂，包含高原、山地、平原和盆地等多种地形，并且形成了三大自然区：海拔900—1900米的陕北黄土高原区，约占全省土地面积的40%；海拔460—850米关中平原区，约占24%；海拔1000—3000米陕南秦巴山区，约占36%。[13]

矢量数据利用中国科学院资源环境科学数据中心（地理空间数据云）提供的中国1∶25万基础地理数据库。

指标数据采用 2008—2017 年各地级市社会经济数据，该数据来源于《陕西省统计年鉴（2008—2017）》以及统计机构发布的官方数据和统计公报。

### （二）研究方法

为定量分析城市经济影响力，以构建指标体系的方法对经济影响力进行评价。综合指标评价涉及多个指标变量，各统计变量反应不同信息，且指标间具有一定的相关性，容易导致分析过程复杂化，而主成分分析法利用降维的思想对数据进行线性转化，将相互联系的多个指标转化为少量的综合性、概括性指标，并保证各主成分之间互不干扰[14]，故本文选用主成分分析法对数据进行处理，求取各市 10 年的城市经济影响力。对测度结果进行热点分析和趋势面分析，探讨城市经济影响力的时空分布特征及其变化规律。

1.主成分分析

主成分分析通过提取主成分实现降维，经过提取的每个主成分都是原始变量的线性组合，并能反映原始变量的绝大部分信息，信息不重叠无冗余。采用该种方法可将反映城市经济影响力的各项指标总结归纳为几个主成分。主成分分析方法的适用条件：Bartlett's 球型检验的统计量数值较大，且相伴概率值小于显著性水平；$KMO$ 检验方面：$KMO < 0.5$，不适合；$KMO > 0.9$，非常适合；$0.8 < KMO < 0.9$, 适合；$0.7 < KMO < 0.8$，比较适合；$0.5 < KMO < 0.7$，不适合[15-16]。

设有 $n$ 个样本，每个样本有 $p$ 个解释变量，即可构成 × 阶的矩阵：

$$X = \begin{cases} x_{11}, \ x_{12}, \ ..., \ x_{1p} \\ x_{21}, \ x_{22}, \ ..., \ x_{2p} \\ \quad\quad ... \\ x_{n1}, \ x_{n2}, \ ..., \ x_{np} \end{cases}$$

式中，$p$ 为被研究对象的变量，记为 $x_1$，$x_2$，$x_3$……。调整组合系数，对 $X$ 进行线性变化后，得到主成分的表达式：

$$\begin{cases} Z_1 = l_{11}x_1 + l_{12}x_2 + ... + l_{1p}x_p \\ Z_2 = l_{21}x_1 + l_{22}x_2 + ... + l_{2p}x_p \\ \quad\quad ... \\ Z_m = l_{m1}x_1 + l_{m2}x_2 + ... + l_{mp}x_p \end{cases}$$

式中，$Z_1$，$Z_2$，$Z_3$……是不相关的主成分，且 $Z_1$ 是线性组合中方差最大者。

依据经济影响力的表现形式，根据指标的完备性、针对性及实际数据可获得性，参考相关学者构建的指标[3, 15, 17—18]，选取经济实力、科技创新及其输出、对外开放水平、产业结构、交通状况等 5 个因素，人均生产总值、地方财政收入、社会消费品零售总额等 12 个因子建立评价指标体系（表 1）。

表 1　城市经济影响力选取指标

| 因素 | 因子 | 单位 |
| --- | --- | --- |
| 经济实力 | 人均生产总值 | 元 |
|  | 地方财政收入 | 万元 |
|  | 社会消费品零售总额 | 亿元 |
|  | 居民消费价格指数（CPI） | % |
|  | 城市居民家庭人均可支配收入 | 元 |
|  | 年末住户存款余额 | 亿元 |
| 科技创新及其输出 | 专利申请授权数 | 个 |
| 对外开放水平 | 关区出口总额 | 亿元 |
|  | 年度旅客发送量 | 万人 |
| 产业结构 | 第三产业产值 | 亿元 |
|  | 工业总产值 | 亿元 |
| 交通状况 | 年度货物运输量 | 万吨 |

2. 热点分析

为研究城市经济影响力空间格局热点演化差异，通过 ArcGIS 将主成分计算所得，根据指数高低，结合自然断点法分为 5 类：高值区、次高值区、中值区、次低值区和低值区，其中高值区、次高值区属于热点区，次低值区和低值区属于冷点区。热点是由高值对象的地理次序或地理位置造成的，一般来说，高值对象在局部空间内频繁聚集出现可形成热点区域。热点分析是识别具有统计显著性的高值（热点）和低值（冷点）的空间聚类。对于分布热点的分析，包含空间总体分析、空间年际变化、空间年内变化等内容[19—20]。

3. 趋势分析

ArcGIS "趋势分析"提供数据的三维透视图，采样点的位置绘制在 X、Y 平面上，在每个采样点的上方，数据值由 Z 维中的杆的高度给定。其功能是数据将会以散点图的形式投影到 X、Y 平面和 Y、Z 平面上，根据投影平面上的散点图拟合多项式，可以直观地反映所选变量在空间上的总体变化趋势。自主选择合适的透视角度，准确判定趋势特征。同样的采样数据，透视角度不同，反映的趋势信息也不同。如果经过投影点的曲线是平的，则不存在趋势，如果多项式曲线具有确切的模式，表明数据中存在某种趋势。本文以地级市为采样点绘制在 $X$、$Y$ 平面，将城市经济影响力作为 $Z$ 值，研究区域范围内城市经济影响力发展趋势。[19]

## 二、结果分析

### （一）主成分分析

通过对 2008—2017 年陕西省各城市经济影响力主成分进行 *KMO* 检验，发现各地城市影响力均介于 0.8—0.9 之间。Bartlett's 球型检验值均高于 181，且 sig 小于 0.05，表明适合主成分分析。本文构建 10×12 的数据矩阵，对陕西省十个市的城市经济影响力进行综合测度和评价。经过标准化处理，利用 R 软件确定公因子个数。依据模型相关系数矩阵的特征值以及主成分累计方差贡献率（表 2），第一、第二主成分累计贡献率已达 90.701%，因此，计算得到的前两个主成分可代替本文所涉及的全部因子。

表 2　因子解释原有变量总方差

| 成分 | 初始特征值 |  |  |
|---|---|---|---|
|  | 总计 | 方差百分比 | 累积贡献率 % |
| 1 | 9.533 | 79.445 | 79.445 |
| 2 | 1.351 | 11.257 | 90.701 |
| 3 | .672 | 5.598 | 96.299 |
| 4 | .192 | 1.602 | 97.902 |
| 5 | .165 | 1.376 | 99.277 |
| 6 | .069 | .579 | 99.856 |
| 7 | .015 | .128 | 99.984 |
| 8 | .001 | .009 | 99.993 |
| 9 | .001 | .007 | 100.000 |
| 10 | 3.467E-16 | 2.889E-15 | 100.000 |
| 11 | 1.086E-16 | 9.051E-16 | 100.000 |
| 12 | -1.439E-16 | -1.199E-15 | 100.000 |

依据因子载荷矩阵（表3），第一主成分与城市居民家庭人均可支配收入、人民币存款余额的相关性较大，可将第一主成分认定为经济实力。第二主成分与年度旅客发送量相关性显著，因而将对外开放水平作为第二主成分。

表3 因子载荷矩阵

| 因子 | 成分矩阵 ||
|---|---|---|
| | 成分1 | 成分2 |
| 人均生产总值 | .951 | .041 |
| 地方财政收入 | .942 | .257 |
| 社会消费品零售总额 | .986 | -.133 |
| 居民消费价格指数 | -.617 | .030 |
| 城市居民家庭人均可支配收入 | .997 | -.038 |
| 人民币存款余额 | .995 | -.054 |
| 专利授权量 | .915 | -.198 |
| 关区出口总额 | .898 | -.300 |
| 年度旅客发送量 | -.042 | .978 |
| 第三产业产值（增加值） | .991 | -.088 |
| 工业总产值（增加值） | .952 | .237 |
| 年度货物运输量 | .933 | .335 |

结合第一主成分和第二主成分各自的方差贡献率，可得评估经济影响力的综合得分，计算见式1。

$F=79.4\% \times F1+1.13\% \times F2=0.760 \times 1+0.777 \times 2+0.768 \times 3-0.487 \times 4+0.787 \times 5+0.784 \times 6+0.704 \times 7+0.679 \times 8+0.077 \times 9+0.777 \times 10+0.783 \times 11+0.779 \times 12$ （1）

应用评价指标和主成分分析法，计算2008—2017年陕西省各城市经济影响力主成分综合得分（表4）。

表4 2008—2017年城市经济影响力综合得分

| | 西安 | 宝鸡 | 咸阳 | 渭南 | 铜川 | 汉中 | 安康 | 商洛 | 延安 | 榆林 |
|---|---|---|---|---|---|---|---|---|---|---|
| 2008 | 7.46 | 1.65 | 1.61 | 0.82 | 0.26 | 0.15 | 0.24 | 0.00 | 2.03 | 1.93 |
| 2009 | 7.41 | 1.50 | 1.66 | 0.76 | 0.16 | 0.10 | 0.07 | -0.15 | 1.56 | 1.87 |
| 2010 | 7.30 | 1.53 | 1.48 | 0.83 | 0.41 | 0.19 | 0.21 | 0.06 | 1.56 | 1.97 |
| 2011 | 7.08 | 1.45 | 1.50 | 0.86 | 0.29 | 0.22 | 0.16 | 0.08 | 1.53 | 2.15 |
| 2012 | 7.10 | 1.78 | 1.60 | 0.72 | 0.17 | 0.22 | 0.09 | 0.06 | 1.50 | 2.25 |
| 2013 | 7.31 | 1.61 | 1.49 | 0.94 | 0.07 | 0.37 | 0.22 | 0.07 | 1.48 | 2.10 |

|      | 西安  | 宝鸡 | 咸阳  | 渭南  | 铜川 | 汉中  | 安康  | 商洛   | 延安 | 榆林  |
|------|------|------|------|------|------|------|------|------|------|------|
| 2014 | 7.23 | 1.28 | 1.34 | 0.67 | 0.04 | 0.00 | 0.28 | −0.19 | 1.26 | 2.22 |
| 2015 | 7.51 | 1.83 | 1.89 | 1.25 | 0.27 | −0.08 | −0.15 | 0.09 | 1.07 | 2.93 |
| 2016 | 7.47 | 1.50 | 1.90 | 1.32 | 0.36 | 0.10 | 0.21 | −0.11 | 0.94 | 2.88 |
| 2017 | 6.98 | 1.87 | 1.46 | 1.35 | 0.37 | 0.16 | −0.08 | −0.07 | 1.17 | 3.07 |
| 年均值 | 7.285 | 1.6 | 1.593 | 0.952 | 0.24 | 0.143 | 0.125 | −0.016 | 1.41 | 2.337 |

注：正值表示城市经济影响力高于省域平均水平，负值代表低于全省平均水平。

## （二）结果分析

城市经济影响力综合得分数据显示，2008—2017年城市经济影响力得分最高者均为西安市，年均值达7.285，远高于其余9市，2010年得分7.30，是商洛市0.06的121.7倍；榆林市年均值为2.337；宝鸡市、咸阳市、延安市年均值在1.5左右；铜川市、渭南市、汉中市、安康市得分均低于1，商洛市年均值为负值。按区域划分，将年均值分为五个梯队，第一梯队≥3，2≤第二梯队<3，1≤第三梯队<2，0≤第四梯队<1，第五梯队<0，关中地区西安市位居第一梯队，其余四市位于第三、四阶梯；陕北地区两市位于第二、三梯队；陕南地区城市位于第四、五梯队。区域间经济呈现关中最优、陕北次之、陕南最末的状态。

从各年极差变化情况（图2）可得，2008—2017年城市经济影响力得分极差均值为7.33，两个极差峰值分别是2009年和2015年，说明在经济低迷及经济位于新常态转型期，各城市之间发展状态不一，并且从各市每年的得分

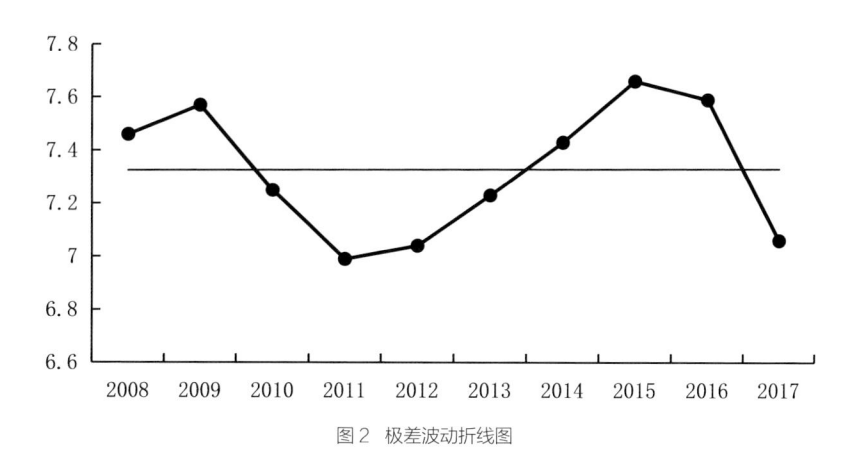

图2 极差波动折线图

可知，相对于西安市而言，其他各城市在处理经济转型时均出现了不同程度的滞后性；2015 年后，区域间经济影响力差距呈现降低的趋势，2017 年已低于平均极差水平。由此看出，2015 年以来虽然西安市仍位于第一位，但各城市经济得分呈现缩小趋势，城市发展呈现多元化。

### （三）差异成因分析

总体结果表明，陕西省内部两极分化严重，省内各城市经济发展存在不平衡性。大量研究结果表明，城市经济往往受到自然资源、资本要素、产业结构、技术要素、政策因素等因素的多重机制驱动[22—23]。由于各城市经济所受影响因素众多，本文在三大区域的基础上分析其差异成因。

#### 1. 自然禀赋差异

关中地区具有良好的自然环境和地理位置。地势平坦，土壤肥沃，河水流经，农业灌溉便利，有利于农业的发展。以西安为首的第三产业的发展，尤其是各类服务业的兴起，为关中的经济注入活力，因此关中平原城市群具有较好的发展基础，城市经济多位于第二、第三梯队。

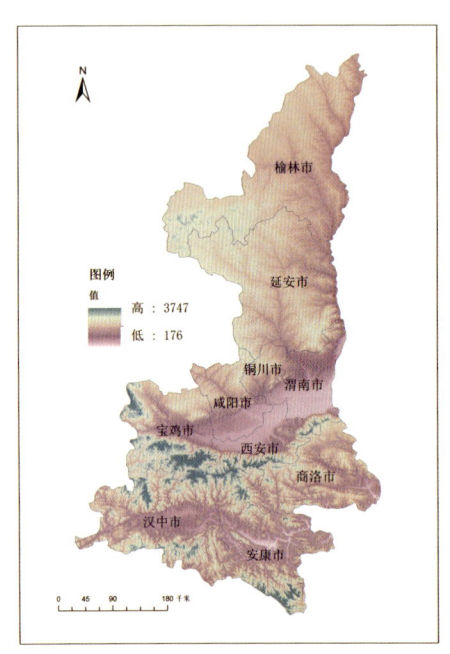

图 3　陕西高程图

图 4　年降水分布图

陕北地区处于我国黄土高原向内蒙古荒漠草原过渡的边缘地带，自然条件较差。降水量较少，地形千沟万壑，水土流失严重，造成陕北可利用农业资源条件较少。但其煤炭储量丰富，占全省的85%以上，带来的收益较为显著。经济上主要依靠畜牧业和石油、天然气、煤炭资源的开发利用。陕北得益于其能源产业，以榆林市为例，其经济发展离不开煤炭资源，并成功实现能源转型，经济实力成为仅次于西安市的第二中心。

陕南地区北边倚靠秦岭、南边倚靠巴山，汉江也自西向东流经而过。降水量大、气候温和湿润、水资源和金属矿物丰富，主要以农业发展为主，工业基础薄弱，仅仅依靠农业发展难以带动经济快速发展，地区自然资源禀赋差异明显，城市经济基本处于劣势，汉中、安康、商洛市城市经济体量不大。

2. 资本投入差异

区域经济增长过程中需要借助资本来对产业结构进行调整，各区域资本投入存在一定差异，局部地区会引发产业发展缓慢、创新力度不足、技术研发困难等问题。全社会固定资产投资总额为区域经济投入的体现，相关性分析（表5）表明城市经济影响力与全社会固定资产投资总额呈现正相关，且显著性水平较高，进一步说明资本的投入程度对城市经济影响力的变化驱动作用显著。

表5 全社会固定资产投资总额与城市经济影响力相关性分析

|  | 皮尔逊相关性 | 显著性水平 |
| --- | --- | --- |
| 西安市 | 0.958 | ** |
| 铜川市 | 0.985 | ** |
| 宝鸡市 | 0.935 | ** |
| 咸阳市 | 0.945 | ** |
| 渭南市 | 0.987 | ** |
| 汉中市 | 0.968 | ** |
| 安康市 | 0.939 | ** |
| 商洛市 | 0.969 | ** |
| 延安市 | 0.966 | ** |
| 榆林市 | 0.734 | * |

注："*""**"分别代表在10%、5%水平上显著。

对各市全社会固定资产投资总额占比与城市经济影响力进行对比分析（图5），城市经济变化与资本投入程度差异呈现一致性。在关中城市群中，铜川市资本投入度远低于其他城市，一定程度上影响其经济实力。陕北地区投入程度较陕南高，在充分利用资产投资及自然资源禀赋的基础上,充分发挥其优势,使其经济水平与关中地区除西安外的城市不相上下。陕南区投入力度小,经济发展明显不足。

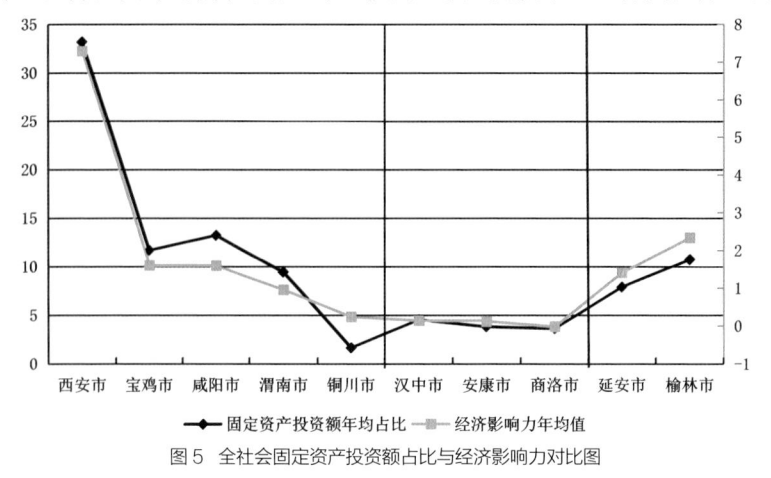

图 5 全社会固定资产投资额占比与经济影响力对比图

3. 政策倾斜作用

截至 2018 年年底,陕西技术合同交易额 1125.26 亿元,位居全国第四,同比增长 21.97%。共有 27 项主持和参与完成的科技成果获得国家科学技术奖励,居全国第五位,占全国三大奖授奖总数的 12.05%。专利申请授权量逐年递增,2016 年达到近十年最高 48455 件,西安市占比 78%。相关性分析(表 6)表明城市经济影响力与专利申请授权量呈现正相关,相关政策影响导致的科学技术投入程度对城市经济影响力的变化驱动作用显著。

表 6 专利申请授权量与城市经济影响力相关性分析

| 城市 | 皮尔逊相关性 | 显著性水平 |
| --- | --- | --- |
| 西安市 | 0.783 | ** |
| 铜川市 | 0.880 | ** |
| 宝鸡市 | 0.920 | ** |
| 咸阳市 | 0.895 | ** |
| 渭南市 | 0.903 | ** |
| 汉中市 | 0.924 | ** |
| 安康市 | 0.896 | ** |
| 商洛市 | 0.813 | ** |
| 延安市 | 0.668 | * |
| 榆林市 | 0.901 | ** |

注:"*""**"分别代表在 10%、5% 水平上显著。

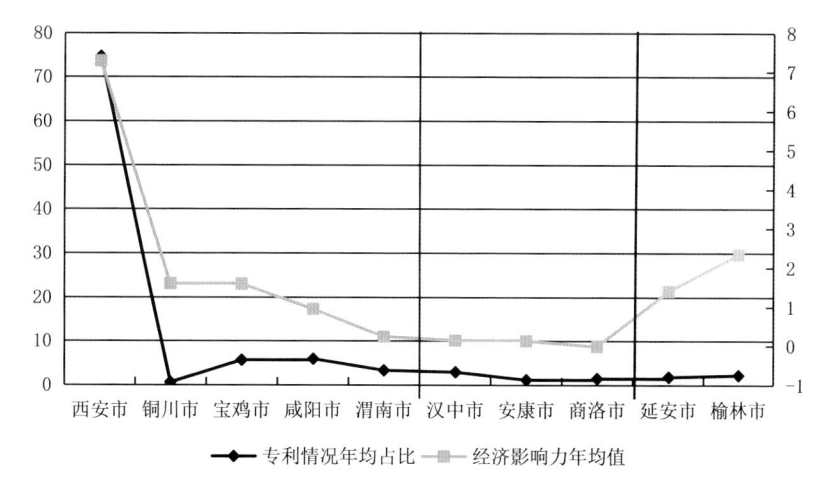

图6　各市专利情况年均占比与城市经济影响力对比图

各市专利情况年均占比与城市经济影响力在空间上区域间落差大（图6），关中五市位居前五，陕北大于陕南。西安市在专利方面以74.73%位居第一位，表明政策对西安市发展的绝对性优势，从一方面解释为何西安在全省经济中领先。除去西安市，其余各市在专利方面均处于低迷状态，断崖式下降明显，进一步表明为何西安市经济影响力得分数据远高于其余九市。

### （四）热点空间格局分析

2008—2017年陕西省经济影响力热点空间总体格局分布明显（图7），关中、陕北区热点区较多，陕南冷点区明显，区域差异大。在年度变化中，西安市、榆林市、渭南市呈现稳定的趋势，尤其是西安市始终处于经济发展的高速状态中，具体特征为：2008年热点区5个，冷点区4个；至2012年，热点区未发生变化，冷点区个数未发生变化，仅有安康市由低值区转变为次低值区，2008—2012年城市经济影响力的分布格局在年度变化中基本保持稳定；至2015年，热点区4个，延安市经济发展呈现下降趋势，脱离热点区，冷点区数量未变，汉中市经济"降级"为低值区；至2017年，热点区减至2个，冷点区为4个，省内两极分化明显。

经济得分在省域分布上无显著变化，在东西、南北两个方位均呈现倒 U 形趋势，即从区域的中心到各个边界逐渐减弱，最大值出现在区域的中心，最小值在边界，凸显出西安市作为陕西省经济中心的影响力。

结合陕西省地形，在东西方向上主要体现位于中轴线的关中地区的趋势分布，该区两端低中部高，呈现明显的倒 U 形趋势，即由于西安市地处关中地区中部，其经济影响力的绝对优势使得中部高值明显，位于两端的宝鸡市优于渭南市，故关中地区总体经济影响力西部高于东部区；南北方向在 2008 年呈现倒 U 形分布趋势（图 8a），其中关中＞陕北＞陕南，以西安市为主导的关中地区有明显的优势，陕北能源基地较以农业为主的陕南地区经济发展势头较好。经过 10 年城市发展（图 8b），陕北地区尤其是榆林市经济的发展逐渐成为第二个中心，而在转型期的陕南地区，其经济发展仍处于劣势地位。趋势分析表明，区域层面上城市经济发展实力关中地区最高，陕北次之，陕南位居第三，这与陕西省各市实际发展现状相符。

## 三、结论与讨论

本文通过运用主成分分析、趋势分析等方法，对 2008—2017 年陕西省各城市经济影响力的时空格局进行了分析，得到以下结论：

（1）城市经济实力、对外开放水平两个因素是陕西省城市经济影响力变化的主要驱动因素。2008—2017 年间陕西省各市经济影响力随时间推移逐年提升，10 个市增长速度不一，呈现空间格局总体稳定，局部变动，总体来说关中＞陕北＞陕南。

（2）自然、资本和政策与城市经济影响力变化呈正相关关系。关中地区经济发展的态势得益于良好的自然环境与地理位置，以及政府资本的投入及相关政策的倾斜；陕南地区经济处于劣势与其区域经济发展缺少主导力量有较大关系，工业资源薄弱，仅依靠农业资源无法承载经济高速发展，且政府对其投入力度较弱；陕北在充分利用其煤炭资源的基础上，第一产业发展经济占比大，政府对城市转化定型较为关注，经济总体呈现向上的趋势。

（3）西安市始终处于经济发展的高速状态，铜川市在关中地区明显落后于其他城市。西安与各城市的关联度不够尤其是对同处关中地区的渭南市、铜川市的经济辐射力略显不足；各城市经济得分差距呈现缩小趋势，但西安市仍位于第一位，并且远高于第二位城市，依据近 10 年城市经济影响力得分，发展潜力排名依次为西安市、榆林市、宝鸡市或咸阳市。热点区和冷点区呈现出明显的空间分异性，冷点区主要分布在陕南，热点区稳定在西安、榆林两部分。

（4）2008 年与 2017 年趋势面总体呈现倒 U 形趋势，东西方向上两端低中部高，体现关中地区西安经济影响力的绝对优势，且位于两端的宝鸡市优于渭南市，故关中地区总体经济影响力西部高于东部区；南北方向总体呈现关中＞陕北＞陕南，以西安市为主导的关中地区有明显的优势，陕北能源基地尤其是榆林市对陕北经济的带动作用明显，以农业为主的陕南地区经济发展略显不足，这与陕西省各市实际发展现状相符。

本文以陕西省 10 个地市为例测度城市经济影响力水平，运用热点分析、趋势分析对经济的空间性展开讨论，分析其分布规律。但在测算指标的选取、权重的确定等方面，由于各城市发展具有地域性，文章所涉及的各项指标等参数的设置对结果会产生一定的影响。另外城市经济受时代背景、政策制度等大环境影响较大，但由于市场、政府等宏观调控产生的经济影响尚未找到可量化的方法，因此测算会有一定的误差，诸如此类的问题需要进一步深入研究。

[参考文献]

[1] 周一星,张莉.改革开放条件下的中国城市经济区[J].地理学报,2003,58(2):271—284.

[2] 陆大道,刘毅,樊杰.我国区域政策实施效果与区域发展的基本态势[J].地理学报,1999(06):496—508.

[3] 方大春,孙明月.长江经济带核心城市影响力研究[J].经济地理,2015(1):76—81.

[4] 赵正,王佳昊,冯骥.京津冀城市群核心城市的空间联系及影响测度[J].经济地理,2017,37(06):60—66+75.

[5] 刘涛,曹广忠.城市规模的空间聚散与中心城市影响力——基于中国 637 个城市空间自相关的实证[J].地理研究,2012,31(07):1317—1327.

[6] 冯德显,贾晶,巧旭宁.区域性中心城市辐射力及其评价——以郑州市为例[J].地理科学,2006,(03):266—272.

[7] 刘敏.高速公路建设对河南省城镇化结构演变的影响研究[D].河南农业大学,2016.

[8] Muhammad Aamir Basheer, Luuk Boelens, Rob van der Bijl. *Bus Rapid Transit System: A Study of Sustainable Land-Use Transformation, Urban Density and Economic Impacts*[J]. Sustainability, 2020, 12(8): 3376—3398.

[9] Chunyang Wang, Weidong Meng, Xinshuo Hou. *The impact of high-speed rails on urban economy: An investigation using night lighting data of Chinese cities*[J]. Research in Transportation Economics, 2020, 80:1—13.

[10] 胡华杰. 中国城市经济发展中的政府功效研究[D]. 上海社会科学院, 2018.

[11] 周正柱, 王俊龙. 我国省域城镇化动力因素空间差异——基于面板数据的空间计量分析[J]. 科技与经济, 2018, 31(06):16—20.

[12] 龙拥军, 杨庆媛. 重庆城市经济空间影响力研究[J]. 经济地理, 2012, 32(05):71—76.

[13] 陕西省统计局. 陕西统计年鉴[J]. 中国统计出版社, 2008—2017.

[14] 张新红, 张志斌. 广东省中心城市发展潜力分析与省域城镇空间发展[J]. 亚热带资源与环境学报, 2007(01):68—75.

[15] 黄玲, 沈洁, 杨鹏辉. 上海市对长三角经济圈经济辐射力的计量分析[J]. 高师理科学刊, 2016.36(8):12—17.

[16] 赵娴, 林楠. 中国国家中心城市经济辐射力分析与评价[J]. 经济与管理研究, 2013(12): 106—113.

[17] 汪锁田, 王亚平. 西部省会城市影响力的实证分析[J]. 科技经济市场, 2007(05):62-63.

[18] 刘彦平. 城市影响力及其测度——基于200个中国城市的实证考察[J]. 城市与环境研究, 2017(01):25—41.

[19] 林木森, 王道飘, 刘博源, 等. 基于自发式地理信息的武汉市城市热点空间分析[J]. 华中师范大学学报(自然科学版), 2019, 53(01):147—153.

[20] 段滔, 刘耀林. 基于移动趋势面分析法的城市基准地价评估研究[J]. 武汉大学学报(信息科学版), 2004(06):529—532.

[21] 汤国安, 杨昕等. ArcGIS地理信息系统空间分析实验教程[M]. 科学出版社, 2012.

[22] 许陆军. 关于区域经济增长差异及影响因素的具体分析[J]. 纳税, 2019, 13(20):222.

[23] 吴爱芝, 杨开忠, 李国平. 中国区域经济差异变动的研究综述[J]. 经济地理, 2011, 31(05): 705—711.

# 陕西省典型区域多维贫困程度测算及对比分析

员学锋[(1)] 张晓钰[(1)] 徐和平[(2)] 任朝霞[(1)]

## 一、前言

贫困问题不仅是中国难题也是一个世界性难题，贫困问题的解决获得了各行各业专家的广泛关注，是各国不断研究的重要课题。改革开放以来，中共中央、国务院共发布22个以"农业、农村、农民"为主题的中央一号文件，扶贫政策发生了历史演进及创新，且自精准扶贫政策实施以来，我国贫困人口从2012年的9899万人直线下降到2018年的1660万人，贫困发生率从2012年的10.2%下降至1.7%[1]，当前贫困状况及脱贫成效的定量化分析成为政府工作的一项重要任务，对了解区域贫困现状、脱贫成效及针对性解决区域贫困问题有重要的意义。

为了量化贫困程度，国内外学者运用不同的贫困指数进行测算，早期贫困测算方法主要包括一维测算角度的收入/消费标准[2]、人类发展指数（Human DevelopmentIndex，HDI）[3]，但该种测算方法将不同特征合并分析，在一定程度上缩小了各地之间贫困程度的差距。[4] Sen 在 1976 年首次提出多维贫困的概念[5]，他认为贫困应包含能力缺失指标，自此对贫困问题的研究从一维的经济问题向包含健康、教育、生活等多维度的趋势转换。针对多维贫困研究 Alkire 和 Foster 于 2007 年构建出可按照维度、地区对多维贫困指数进行分解的 Alkire-Foster 多维贫困测度模型，该模型使用多维贫困指数（Multidimensional PovertyIndex，MPI）[6-8]进行测算，联合国 2010 年将 A-F 测算模型作为多维贫

---

（1）员学锋（1977—），男，陕西延安人，博士，教授，博士生导师。主要研究方向为土地利用调查评价与土地整治规划。

（2）长安大学经济与管理学院。

困统一标准。2016 年，贫困户退出从单一收入标准转变为"两不愁，三保障"标准，国内学者开始应用主成分分析法及 A-F 指数模型进行多维贫困测度，例如韩莹、张全红利用主成分分析法分别对市级、省级贫困进行测度[9-10]，陈方生从基础设施、收入、人力资本、资产和抚养赡养五个维度对山区贫困进行测度[11]，张建勋对新疆四州进行了贫困测度[12]，文琦以县域为例分析了黄土高原贫困情况[13]。总的看，国内学者对 A-F 指数模型的运用逐渐增多，但目前研究区域差异性较大，且大多数都是以单独区域为例分析农户贫困状况，未对不同贫困地区多维贫困状态进行对比分析，且在实证分析中多使用中国健康与营养调查（CHNS）数据[14-16]，该项数据在反应农户"两不愁、三保障"方面稍显不足。

陕西是全国贫困面大、贫困人口多、贫困程度深的省份之一。其特点在于一是贫困面广，全国 14 个集中连片特困地区中，陕西涉及秦巴山片区、六盘山片区、吕梁山片区 3 个。二是贫困人口规模大。全省 2011 年贫困人口 775 万人，是全国贫困人口较多的省份之一。三是深度贫困问题突出，全省有深度贫困县 11 个，深度贫困村 482 个。四是贫困地区基础设施薄弱、发展困难，现有贫困人口大多分布在陕南陕北生态脆弱、灾害频发、交通不便且发展相对滞后的地方，这些地方脱贫成本高、难度大，返贫问题比较突出[17]。在实际调查中发现陕西省各县区的贫困在很大程度上影响了当地的可持续发展，因此为深入了解陕西省内部贫困现状，量化自然—社会—经济各因素对贫困的影响程度，本文以县为研究单元，利用实际调查问卷数据，采用 Alkire-Foster 法测算长武县（关中地区）、绥德县（陕北地区）、留坝县（陕南地区）三个典型县域的多维贫困程度，对比不同地区贫困差异情况，进一步了解精准扶贫政策落实的空间性，以期给予脱贫攻坚一定的建议。

## 二、研究区概况与数据

长武县位于关中西部陕甘交界，隶属于陕西省咸阳市，是国家扶贫开发工作重点县、六盘山连片特困县、陕甘宁革命老区县和关天经济区三级节点城市。县境介于东经 107°38′49″—107°58′02″、北纬 34°59′09″—35°18′37″ 之间。属黄河二级水系泾河流域。全县总面积 567 平方千米，总人口 18 万。辖 7 镇

1街道133个行政村，其中贫困村92个。

绥德县地处陕北腹地，历为陕北交通枢纽。南达延安、西安，北通榆林、内蒙古，东抵吴堡、山西，西到定边、宁夏。横穿晋、秦、宁的307国道与纵贯陕、内蒙古的210国道在绥德县城相交。东经110°04′—110°41′，北纬37°16′—37°45′。绥德全县辖4乡12镇，339个行政村，其中贫困村105个，全县总人口35.95万人，贫困人口占全县人口的五分之一。

留坝县位于汉中市北部，东连洋县、城固，南接汉台，西邻勉县，北靠太白、凤县，全县总面积1970平方千米。东经106°38′05″—107°18′14″，北纬33°17′42″—33°53′29″。东西长46.4千米，南北宽67.2千米。留坝县现辖7个镇、1个街道办事处，75个行政村、1个社区，其中贫困村39个。县域总人口4.73万人。

研究采用的行政区划数据，主要来源于全国地理信息资源目录服务系统提供的1∶25万矢量地图数据基础数据（http://www.webmap.cn）。文中涉及有关农户的各项社会经济指标数据如饮水、住房、交通出行、患大病人数、患慢性病人数、文化程度、家庭人均纯收入、年度转移性收入等情况均来源于2018年实地调查问卷数据，其中包括三县所在乡镇、村委会及农户问卷。问卷调查按照95%的置信区间、3%的误差进行分类、分层抽样。对各乡镇100%抽查，共计抽查行政村109个，实地调查农户2347户建档立卡户，涵盖贫困村（包括偏远、边角贫困村）、非贫困村，并对个别村民小组展开普查，实现调查全覆盖。

## 三、研究方法

针对研究区现状，本文以已有的多维贫困测算指标体系为基础，结合研究区"两不愁、三保障"情况，构建基于A-F双临界值法的测量模型，分析多维贫困整体特征、致贫因素及区域差异等。

### （一）维度和指标的确定

MPI指数选取了三个维度测量贫困，总共包括10个维度指标：健康：营养状况、儿童死亡率；教育：儿童入学率、受教育程度；生活水平：饮用水、电、日常生活用燃料、室内空间面积、环境卫生和耐用消费品[18]。本文结合实际调研地的自然经济及问卷情况,对多维贫困维度和指标进行相应的调整。各维度权重值的确认采用联合国《人类发展计划》分级的等权重值法。具体如下:①选取 UNDP 所确定的教育、健康和生活水平 3 个维度,另外还增加了收入维度。②结合 UNDP 的指标以及实地调查"两不愁、三保障"情况建立评价指标体系(如下表)。教育维度方面,由于调研中未发现适龄儿童义务教育阶段因贫辍学的现象,因此教育维度中该项指标更换为文化程度。③确定各维度每项指标的剥夺临界值,即该指标是否被剥夺。④确定指标权重。

表 1 多维贫困指标体系

| 维度(权重) | 指标 | 临界值 Z | 指标描述 |
| --- | --- | --- | --- |
| 生活 0.25 | 饮水安全 | 1 | 连续 30 天以上停水或水质不安全时间超过 30 天,赋值为 1,否则为 0 |
| | 住房安全 | 1 | 无安全住房赋值为 1,否则为 0 |
| | 交通出行条件 | 1 | 认为精准扶贫以来交通条件无改善,赋值为 1,否则为 0 |
| 健康 0.25 | 患大病人数 | 1 | ≥1,赋值为 1,否则为 0 |
| | 患慢性病人数 | 1 | ≥1,赋值为 1,否则为 0 |
| 教育 0.25 | 文化程度 | 1 | <高中,赋值为 1,否则为 0 |
| 收入 0.25 | 家庭人均纯收入 | 3100 元 | < 3100 元,赋值为 1,否则为 0 |
| | 年度转移性收入 | 10000 元 | > 10000 元,赋值为 1,否则为 0 |

### (二)多维贫困测算方法

本文根据建立的指标体系,采用 Alkire-Foster 法对农户进行多维贫困识别。若农户某个指标得分值大于等于临界值 Z 时,说明该农户该项指标被剥夺。维度测算方法如下:首先计算 $H$(多维贫困人口发生率);再计算 $A$(多维贫困平均剥夺份额),进行贫困维度加和得到多维贫困指数 $MPI=H \times A$[6],并进一步进行多维贫困指数的分解。计算中涉及的具体变量及相关释义如下表。

表 2 多维贫困变量释义

| 变量名 | 释义 |
| --- | --- |
| 剥夺临界值 $Z$ | 确定特定维度下指标是否被剥夺的阈值，判定为贫困户则该指标被剥夺 |
| 贫困临界值 $K$ | 表示农户家庭贫困维度，$K=1$ 表示单维贫困，$K \geq 2$ 表示多维贫困 |
| 多维贫困发生率 $H$ | $H=q_k/p$，$q_k$ 表示同时存在 $k$ 个多维贫困的家庭数，$p$ 表示样本总数 |
| 平均剥夺份额 $A$ | $A = \sum_{h=1}^{h} C_h(k)/q_k$，其中$Ch(k)$表示在贫困临界值为 $k$ 的情况下个体 $h$ 被剥夺的指标数量；$q_k$ 指同时存在 $k$ 个多维贫困的家庭数 |
| 多维贫困指数 $MPI$ | $MPI=H \times A$，表示区域贫困状况的综合性指标 |
| 指标贡献率 $C$ | $C=Wh \times CH_h/MPI$，其中 $W_h$ 表示第 $h$ 指标的权重；$CH_h$ 重表示第 $h$ 指标被剥夺人口率 |

通过计算可得：①代表贫困广度的多维贫困人口发生率 $H$ 值 $\in [0,1]$，数值越接近 1 表示该地区贫困面越广，反之则表示贫困面辐射范围较少；②代表贫困深度的多维贫困平均剥夺份额 $A \in [0,1]$，$A$ 值随着贫困深度的加深而上升，值越大反映该地区贫困程度越深；③多维贫困指数 $MPI \in [0,1]$，其值由贫困广度、深度共同决定，综合反映该区域贫困状况，其值越高表示区域贫困程度显著，本文通过自然断点法将村域综合贫困指数划分为三类，分别为 I 级贫困、II 级贫困、III 级贫困。I 级贫困代表的贫困程度最深，反之则越浅；④各维度指标贡献率 $C \in [0,1]$，某维度指标贡献率越高，代表该维度下贫困人口较多，对了解区域贫困差异性有较大意义。多维贫困指标贡献率中县域指标的贡献由大到小依次划分为主要致贫因素 [0.2, 0.3]、一般致贫因素 (0.1, 0.2)、次要致贫因素 [0, 0.1]，村域指标的贡献由大到小依次划分为主要致贫因素 [0.7, 1]、一般致贫因素 [0.3, 0.7]、次要致贫因素 [0, 0.3]。

## 四、测算结果与分析

利用实地调研得到的建档立卡问卷数据，通过 A–F 法对绥德县、长武县、留坝县三县的贫困广度（$H$）、贫困深度（$A$）、多维贫困指数（$MPI$）及指标贡献率（$C$）进行测算。

## （一）单维贫困度测算结果及分析

从单维角度对三县贫困状况进行分析，可以看出三县广度（$H$）均在 0.9 左右，贫困面广，呈现由北向南递减的趋势；贫困深度（$A$）较低，均保持在 0.55 以下；多维贫困指数均保持在 0.55 以下，区域贫困状况处于中等水平；对比各指标贡献率可得教育维度指标贡献率较高，生活维度贡献率明显低且接近于 0，调查发现在政府大幅度开展精准扶贫的前提下，村域基础设施得到明显提升，农户饮水安全有保障，在实地调查中农户住房安全率为 100%，通沥青（水泥）路的行政村比例达到 100%，均表明精准扶贫以来，陕西省"两不愁"方面已经得到极大的保障，"两不愁"已不是致贫的主要因素。具体单一维度贫困发生率如下表。

表 3  各县单维贫困测度得分

| 县域 | $H$ | $A$ | MPI | 指标贡献率 $C$ ||||
|---|---|---|---|---|---|---|---|
| | | | | 生活 | 健康 | 教育 | 收入 |
| 绥德县（陕北区） | 0.984 | 0.342 | 0.336 | 0.001 | 0.003 | 0.257 | 0.012 |
| 长武县（关中区） | 0.963 | 0.524 | 0.505 | 0.000 | 0.155 | 0.039 | 0.010 |
| 留坝县（陕南区） | 0.888 | 0.413 | 0.367 | 0.002 | 0.013 | 0.331 | 0.003 |

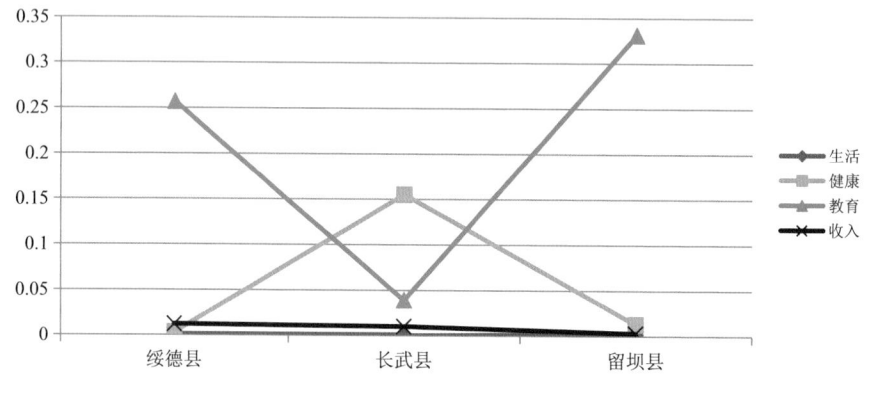

图 1  各县单维指标贡献率对比

位于关中地区的长武县，$H$=0.963，即 96.3% 的农户至少有 1 项指标被剥夺。各维度得分不同，健康维度贡献率为 0.155，单维贫困贡献率最高，主要是家庭中患慢性病人数较多，75.32% 农户家庭至少有一名慢性病患者，

11.22%被访家庭中有大病患者，由于未满足报销条件及看病流程不规范等原因，看病支出成为一项重大开销。教育维度贡献率为0.039，单维贫困测度贡献率仅次于健康维度，受访农户受教育程度较低；收入维度贡献率为0.01，实地入户调查发现，624户被访农户中，只有两户家庭人均纯收入达不到3100元。25%以下的被访户家庭年度转移性收入低于10000元，且2018年长武县农村居民人均可支配收入达到9879元，已远高于国家拟定的收入标准线，因此仅收入层面不足以衡量家庭贫困程度。

位于陕南的留坝县，$H$=0.888，即88.8%的农户至少有1项指标被剥夺，教育维度贫困指标贡献率偏高，98%的被访农户文化程度低于高中，教育重视程度存在一定不足的问题。生活和收入维度与长武县一致，基本不存在被剥夺的情况；位于陕北的绥德县，$H$=0.984，即98.4%的农户至少有1项指标被剥夺，单维贫困较广，其中教育维度贫困指标贡献率偏高，约97%的被访农户文化程度低于高中，生活和健康维度基本不存在被剥夺的情况。

### （二）多维贫困度测算结果及分析

在本文设定的研究区域内$K \in [2,4]$，四维贫困即至少有4项指标被剥夺的人数极少，长武县1户2人，留坝县3户14人，绥德县13户23人，不具有代表性，因此不做相关的分析计算。联合国开发计划署（UNDP）规定，$K$值较小时贫困指标不能覆盖多个维度，$K$值较大时多维贫困覆盖人数少、代表性不强，其定义被剥夺指标大于等于33%的为多维贫困农户家庭。因此，本文选取$K$=2时所测贫困指标进行贫困特征分析。各县区多维指标贡献率如下表。

1. 多维贫困程度分析

表4　各县多维贫困程度（$K$=2）

| $K$ | $H$ | $A$ | $MPI$ |
| --- | --- | --- | --- |
| 绥德县（陕北区） | 0.648 | 0.638 | 0.413 |
| 长武县（关中区） | 0.459 | 0.837 | 0.384 |
| 留坝县（陕南区） | 0.521 | 0.745 | 0.388 |

根据绥德县村域 *MPI* 值，得到该县内部 I 级贫困 4 村，II 级贫困 15 村，III 级贫困 27 村，村域贫困程度较低。在指标贡献率方面与县级测度结果一致，生活维度指标贡献率低，为次要致贫因素。健康为次要致贫因素的村域占比 83%。收入及教育维度贡献率较高，两维度为一般致贫因素的村域占比 66% 以上，次要致贫因素 28%，主要致贫因素 6%。

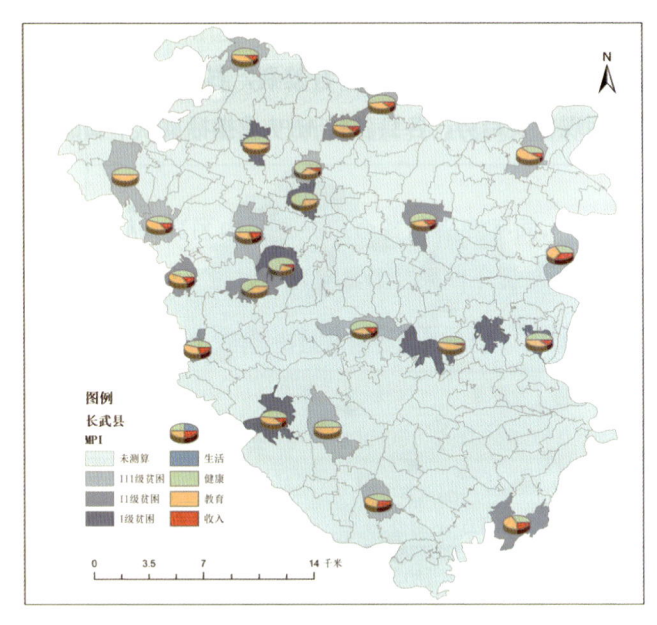

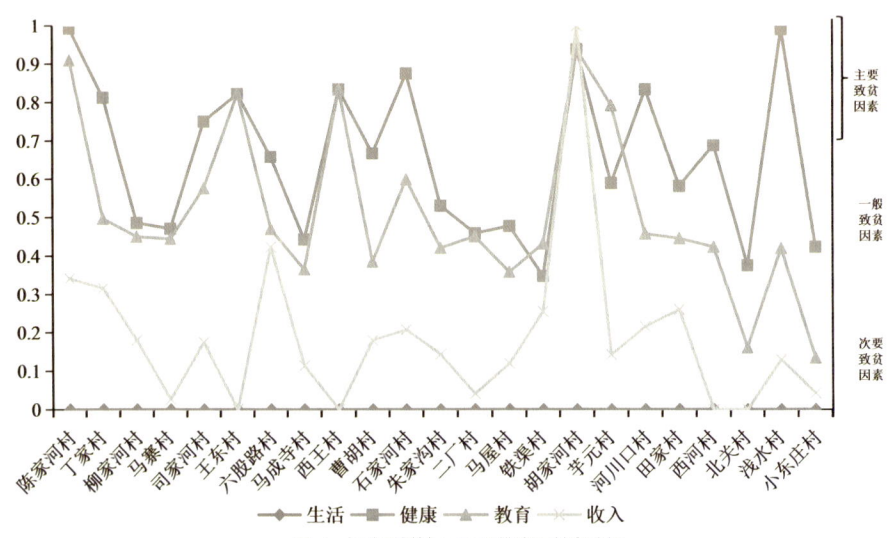

图 4  长武县村域 *MPI* 及维度贡献率分析

根据长武县村域 *MPI* 值，得到该县内部Ⅰ级贫困6村，Ⅱ级贫困7村，Ⅲ级贫困10村，村域贫困程度较低。在指标贡献率方面，生活维度无贡献率与县域层面维度贡献率一致。收入维度除去个别村由于农户收入部分中转移性收入过高为主要致贫因素外该维度基本处于次要致贫因素。教育维度为一般致贫因素的村占比70%以上。健康维度为一般致贫因素的村域占比61%，主要致贫因素占比39%。

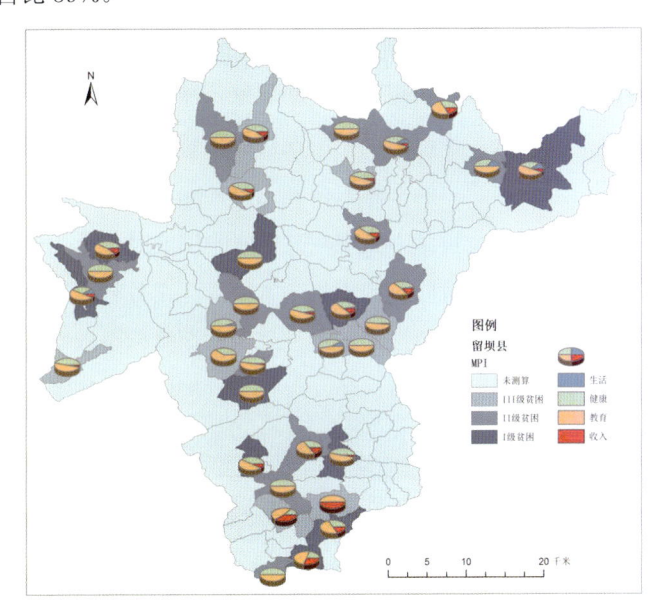

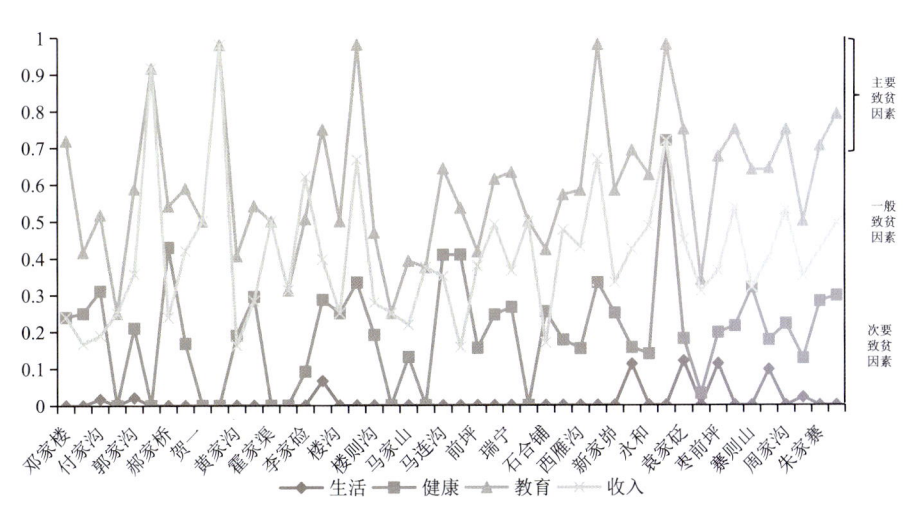

图5 留坝县村域 *MPI* 及维度贡献率分析

留坝县县域内部Ⅰ级贫困10村，Ⅱ级贫困14村，Ⅲ级贫困11村，分布较均衡，相较而言三县村域贫困程度最深。在指标贡献率方面，与长武县相似，除去个别村域收入贡献率为主要致贫因素外，收入已基本处于次要致贫因素，各村生活维度贡献率均低于0.3，为次要致贫因素，35个村域内健康与教育维度基本保持同步状态，一般致贫因素基本维持在20个村域，占比57%，主要致贫因素为13个村域左右，占比37%。

通过对比分析可得县域内收入维度不是主要致贫因素，但在村级内仍存在个别村域收入的可持续性及稳定性不足的现象，需要加大对脱贫户的监测力度，进一步巩固脱贫成果；生活维度无论在县级还是村级均为次要致贫因素，在脱贫攻坚政策引导下农户"两不愁"得到充分的保障；教育是阻断贫困代际传递的根本举措，教育维度贡献率呈现较高的水平主要是由于当前处于农户的思想改变的起步期，各县教育脱贫的成果基本处于无义务教育阶段辍学儿童层面，教育扶贫成效需从长时间角度来衡量；健康方面指标贡献率相对较高，实地调研中发现贫困户中慢性病患者居多，尽管三县慢性病签约医生制度已得到较好落实，但慢性病卡办理程度低，影响该项政策效果。

## 五、结论与讨论

本文采用 A-F 多维贫困测算模型，选取四个维度（生活、健康、教育、收入）共计 8 个指标，对实地调研获取的陕西省三县（陕北绥德县、关中长武县、陕南留坝县）数据进行测度，分析不同维度、不同贫困类型在不同区域的差异，得到以下结论：

单维测算的结果：①生活及收入维度均低于 0.1，说明生活、收入不再是导致农户贫困的主要因素；②健康得分偏高，因病致贫、返贫风险较高，其中长武县农户因饱受大骨节病等地方性疾病困扰,特别是贫困大骨节病重症患者，严重者终身残疾，患慢性病、大病人数较其他两县多；③教育方面单维贫困测度贡献率仅次于健康维度，受教育程度普遍不高，陕北、陕南地区对教育的重视程度明显较关中地区低；④从空间上来说，综合贫困指数呈现关中＞陕南＞陕北；

多维测算的结果：①各县多维贫困广度、深度有所差别，广度层面由于在自然条件、社会经济能力以及自身产业发展可持续性等方面区域之间差异明显，呈现陕北＞陕南＞关中，相反深度方面关中＞陕南＞陕北，综合考量多维贫困指数呈现陕北＞陕南＞关中的趋势；②县域层面主要致贫因素无明显差异，健康、教育指标贡献率为主要致贫因素，生活、收入指标贡献率为次要致贫因素；③村域层面生活维度贡献率较低，"两不愁"得到充分保障。收入维度指标贡献率反映出农户收入的不稳定性及脆弱性，仍需进一步关注防止返贫。为防止因病致贫因病返贫现象出现，健康成为下一阶段需重点关注的方面。

[参考文献]

[1]中华人民共和国国家统计局.关于2018年全国农村贫困人口的数据.

[2]Tandia D, Havard M. *The evolution of thinking about poverty: Exploring the interactions*[J]. *General Information*, 1999, 55(6): 957—963.

[3]UNDP, *Human Development Report 1990: Concept and Measurement of Human Development*[R]. New York and Oxford:Oxford University Press, 1990.

[4]尚卫平,姚智谋.多维贫困测度方法研究[J].财经研究,2005(12):88—94.

[5]SenAK. *Commodities and Capabilities*[M]. Oxford: Oxford University Press, 1999.

[6]Alkire S, Foster J. *Counting and multidimensional poverty measurement*[J]. *Journal of Public Economics*, 2011, 95(7/8):476—487.

[7]Batana Y. *Multidimensional measurement of poverty among women in Sub-Sahara Africa*[J]. *Social Indicators Research*,2013, 112(2): 337—362.

[8]Alkire S, Santos M E. *Measuring acute poverty in the developing world: Robustness and scope of the multidimensional poverty index*[J]. *World Development*, 2014, 59(1): 251—274.

[9]韩莹,郑祥江.精准扶贫视角下贫困农户识别问题研究[M].安徽农业科学,2018,46(15):198—200+224.

[10]张全红,周强,蒋赟.中国省份多维贫困的动态测度[N].贵州财经大学学报,2014(01):98—105.

[11]陈方生,朱道才.特困连片区多维贫困测度与机理分析——基于大别山革命老区金寨县的调研数据[J].南京理工大学学报(社会科学版),2020, 33(02): 77—83.

[12]张建勋,夏咏.深度贫困地区多维贫困测度与时空分异特征——来自新疆南疆四地州的证据[J].干旱区资源与环境,2020,34(04): 88—93.

[13] 文琦, 施琳娜, 马彩虹, 王永生. 黄土高原村域多维贫困空间异质性研究——以宁夏彭阳县为例[J]. 地理学报, 2018,73(10):1850—1864.

[14] 邹薇, 方迎风. 关于中国贫困的动态多维度研究[J]. 中国人口科学, 2011(06):49—59+111.

[15] 陈辉, 张全红. 基于 Alkire-Foster 模型的多维贫困测度影响因素敏感性研究——基于粤北山区农村家庭的调查数据[J]. 数学的实践与认识, 2016,46(11):91—98.

[16] 王小林, Sabina Alkire. 中国多维贫困测量：估计和政策含义[J]. 中国农村经济, 2009(12):4—10+23.

[17] 本报评论员. 陕西省举办2017年度贫困县脱贫退出情况新闻发布会[N]. 陕西日报, 2018—09—30(001).

[18] UNDP. *Human Development Report 2010*[R]. *Macmillan, 2010,* 45(100): 155—191.

# 陕西省安康市推进城乡融合发展现状及对策研究

张青瑶[1]

## 一、推进城乡融合发展的政策背景

党的十九大对城乡关系做出了重大战略性调整，提出要实施乡村振兴战略，推进城乡融合发展，明确提出建立健全城乡融合发展体制机制和政策体系。2019年4月，中共中央、国务院印发了《关于建立健全城乡融合发展体制机制和政策体系的意见》（中发〔2019〕12号），对重塑新型城乡关系，走城乡融合发展之路，促进乡村振兴和农业农村现代化做出了全面安排，针对城乡要素合理配置、城乡基本公共服务普惠共享、城乡基础设施一体化发展、乡村经济多元化发展、农民收入持续增长等方面提出了明确要求和计划安排[1]。2020年是我国脱贫攻坚收官之年，也是我国全面建成小康社会的决胜之年，在这个关键时刻，党和国家对城乡融合发展问题高度关注，大力推进城乡融合发展，这一举措是非常及时的，具有重大而深远的历史意义。

2020年1月，省委、省政府印发了《关于建立健全城乡融合发展体制机制和政策体系的实施方案》（陕发〔2020〕2号）。在总体要求和发展目标、建立健全城乡要素合理配置机制、建立城乡规划建设一体化机制、建立城乡基本公共服务共享机制、建立城乡产业协调发展机制、健全农民持续增收机制、建立城乡融合发展工作推进机制等方面提出了具体措施及实施方案，并发出通知，要求各地各部门结合实际认真贯彻落实[2]。省内各地各级政府都深刻认识到建立健全城乡融合发展的体制机制和政策体系，是乡村振兴和农业农村现代化的制度保障，都相继按照中央、省有关文件精神在结合各自地情乡情进行了

---

[1] 张青瑶（1978— ），女，历史学博士，陕西师范大学西北历史环境与经济社会发展研究院助理研究员，硕士生导师，主要研究方向为区域历史地理、社会经济史、环境史。

深入论证，有的地方在此基础上制定出关于建立健全城乡融合发展体制机制和政策体系的实施方案。在党中央的统一领导、陕西省委、省政府的统一部署下，通过省内各地各级政府的不断努力，陕西省农村经济社会发展取得了一定成就，农村各项建设全面推进，城乡居民收入差距逐渐缩小，城乡融合发展初见成效。

由于城乡融合发展是一个长期的、不断发展的体系过程，对于实践中取得的成果经验我们要及时吸收，并且大力推广，而对于实践中所产生的问题及遇到的困难，则需要我们及时发现，并在相关论证的基础上，形成一定的对策和建议，借以深入推进城乡融合发展体系。以陕西省为例，通过具体调研发现，各地城乡经济发展各具特色，城乡融合发展状况各有不同，都存在一些问题及困难。较为明显的是，陕北、关中、陕南三个区域经济发展水平差距较大，导致三地城乡融合程度参差不齐。作为煤炭资源富集区的陕北一些地区，建立了比较好的资源型产业反哺农业的城乡一体化机制，城乡居民在医疗、教育等方面也实现了公共服务一体化，但是在陕南秦巴山地集中连片特困区，产业薄弱，乡村发展滞后，城乡融合发展水平则远低于全省平均水平。那么如何加快各地城乡融合发展步伐、如何深入推进贫困区的城乡融合发展问题就显得日益紧迫，基于此，本研究在深入调研、认真分析的基础上，结合陕南安康地区城乡融合发展的实践经验，分析其目前存在的一些问题和困难，并提出相关对策和建议。

## 二、安康市推进城乡融合发展的现状

### （一）安康市自然环境与人文环境特征

安康市地处我国内陆腹地，位于陕西省东南部，居川、陕、鄂、渝交接部，南依巴山北坡，北靠秦岭主脊，东与湖北省的郧县、郧西县接壤，东南与湖北省的竹溪县、竹山县毗邻，南接重庆市的巫溪县，西南与重庆市的城口县、四川省的万源市相接。安康以汉江为界，分为两大地域，北为秦岭地区，南为大巴山地区，其地貌呈现南北高山夹峙，河谷盆地居中的特点。安康属亚热带大陆性季风气候，气候湿润温和，四季分明，雨量充沛，无霜期长。

据已发掘的考古文物资料证明，早在石器时代，汉江两岸及秦巴腹地就有先民活动。安康夏属梁州，商、周之际，为庸国封地。春秋时期，被秦、楚、巴三国分割。晋太康元年，为安置巴山一带流民，取"万年丰乐，安宁康泰"

之意，在今石泉、汉阴设安康县。中华人民共和国成立后，设陕甘宁边区安康分区。1951年改为安康专区。1969年改为安康地区。2000年12月，撤地设市，安康市人民政府下辖汉滨区和汉阴县、石泉县、宁陕县、紫阳县、岚皋县、平利县、镇坪县、旬阳县、白河县。[3]

安康地处秦巴山区、汉江中上游，是南水北调中线工程的核心水源涵养区，秦巴生物多样性生态功能区，在国家主体功能区划中属于限制开发的重点生态功能区，属于国家秦巴山地集中连片特困区。全市10个县区都是贫困县，其中有4个深度贫困县，面临着实现脱贫攻坚与保护汉江水源的双重任务。国土面积2.35万平方千米，常住人口266.89万。[4]安康是国家重点生态功能区，限制大规模、高强度的工业化、城镇化开发，所以安康的经济发展受到更为严格的产业领域限制和更高的环保标准约束。2019年，面对经济下行压力加大的不利局面，市委、市政府带领全市人民，认真贯彻落实习近平新时代中国特色社会主义思想，紧紧围绕"追赶超越、绿色崛起"和加快建设西北生态经济强市目标，坚持稳中求进工作总基调，积极推动高质量发展，大力弘扬"安康创优精神"，初步核算，2019年全市实现生产总值1182.06亿元，比上年增长7.9%，增速高于全省1.9个百分点，居全省各市区第一。其中，第一产业增加值137.52亿元，增长4.3%；第二产业553.93亿元，增长10.7%；第三产业490.61亿元，增长6.0%。2019年，全市非公经济实现增加值715.90亿元，占GDP比重达60.6%，比上年提升1.3个百分点，非公占比居全省各市区第一。[5]

**（二）安康市城乡融合发展的宏观布局**

对于安康而言，脱贫攻坚、乡村振兴是长期以来主要的工作重心，尤其是2020年安康市全力打赢脱贫攻坚战，实现脱贫摘帽。在深刻学习领会国家《关于建立健全城乡融合发展体制机制和政策体系的意见》、陕西省《关于建立健全城乡融合发展体制机制和政策体系的实施方案》，以及国家和省上其他相关政策的基础上，结合安康经济发展不足、产业层次不高、创新能力不强的实际，安康市委、市政府认为，目前如何建立健全城乡融合发展的体制机制和政策体系来振兴乡村是一个极为紧迫的重大任务，应充分借鉴全国先进省市有益经验，重点围绕城乡空间转型、产业转型、融资转型、治理转型和文化转型等方面的重点方向，以产城融合为主线探索城乡融合发展新路径，以产城相融促进乡村振兴，推动城乡融合发展。

从 2018 年以来，安康市人民政府就相继印发了《关于加快产业集群发展的实施意见》《关于加快装备制造业发展的意见》《关于培育做强农业五大特色产业的实施意见》《加快推进毛绒玩具文创产业发展打造安康新兴支柱产业的意见》《关于大力支持包装饮用水产业发展的通知》《县城工业集中区（产业园区）建设行动计划》《安康市富硒食品产业全产业链建设三年行动方案（2019—2021 年）》《安康市人民政府关于加快生态康养产业发展的指导意见》（安政发〔2020〕6 号）、《安康市生态康养产业全产业链建设三年行动计划（2021—2023 年）》等一批相关产业发展规划、指导意见、行动方案和行动计划，秉承城乡融合发展关键在产业融合的理念，重点关注产业结构调整和产业发展，借以促进城乡融合发展和乡村振兴。

2020 年 6 月，安康市人民政府下发《安康市人民政府关于印发 2020 年国民经济和社会发展计划的通知》，其中提到 2020 年主要任务就有"突出产业支撑，加快结构转型升级、突出生态建设，统筹城乡协调发展、突出乡村振兴，巩固脱贫攻坚成果""推动城乡区域协调发展"等若干条目[6]。展望"十四五"规划，安康要坚定不移走生态优先、绿色发展之路，加快推进西北生态经济强市建设。聚焦制造业升级工程，围绕富硒食品、智能制造、新型材料支柱产业，以构建全生命周期绿色制造体系为向导，促进先进制造业与现代服务业、工业化与信息化深度融合，打造陕南绿色制造业基地。聚焦生命大健康产业培育工程。以健康、绿色、时尚、智慧为方向，重点发展中药中医、功能食品、文化旅游、健康养生、教育服务、体育休闲幸福产业，打造秦巴康养产业示范区。聚焦新型产业提速工程，实施新兴产业培育行动计划，重点发展电子信息、现代物流、数字经济、节能环保、科技金融五大新兴产业，培育新产品新企业和新品牌，打造秦巴物流集散中心、数字经济发展高地。聚焦农业主导产业培育工程，深化农业供给侧结构性改革，推动生猪、茶叶、魔芋、生态渔业、核桃、中药材六大绿色农产品生产基地提档升级，建设陕南优质农产品供应基地。聚焦产融合发展工程，以特色农业为基础、生态工业为支撑、现代服务业为补充，推动三次产业融合发展。聚焦园区承载工程，聚集生产要素，集约节约利用土地资源，提高开发强度，提升配套能力，招引战略投资和优质产业项目，入驻现代农业园区、飞地园区、工业集中区、现代物流园区，做强做大产业转型升级支撑平台。

**（三）安康市城乡融合发展主要做法及成效**

（1）不断完善城镇体系建设，促进城镇化发展，搭建城乡产业协同发展平台，增强城镇辐射能力，加强县域经济发展机制。能够赋予县域更多经济管理权限，优化营商环境，鼓励发展民营经济，激发县域经济发展活力。

安康市汉滨区五里工业集中区是2009年被省政府批准建设的全省100个重点县域工业园之一，规划总面积20平方千米。近年来，以创新创业基地孵化园建设为重要抓手，聚焦规划布局、产业发展、厂房建设、营商环境等关键环节，实现了由单一工业到融合产业，由初期分散到高度集群的跨越发展，已经成为汉滨区乃至全安康市工业发展的强大动力和对外开放的名片。2019年，集中区实现工业总产值205亿元，入驻企业累计达到166户，其中规模以上工业企业46户，新三板挂牌企业1户，对外出口备案企业13户，带动就业2.2万人。2016年创建为省级农产品加工产业示范园区，2017年创建为省级小型微型企业创业创新基地，2018年创建为省纺织服装特色出口基地，集中区在全省重点建设县域工业园区和省级示范建设县域工业园区综合考核中，连续四年获得"双优"。

安康市紫阳县属秦巴山区集中连片特困地区、川陕革命老区，紫阳县蒿坪镇距紫阳县城16千米，是紫阳县唯一地势较为平坦之处。蒿坪工业园区内安康爱多宝动漫文化产业有限公司和道通天下生物科技有限公司，体现了民营企业的社会责任与担当，助力脱贫攻坚，大力提供就业岗位。安康爱多宝动漫文化产业有限公司，自2017年12月被县委、县政府引进落户蒿坪镇，始终积极践行民营企业的社会责任与担当，助力脱贫攻坚，大力提供就业岗位，为社区群众提供500余个优质技术类工作岗位，解决了112名贫困群众就业。员工经培训熟练操作上岗后，月工资可超过2500元，仅在岗贫困户，年人均增收可达2.2万元以上。道通天下生物科技有限公司成立于2019年5月，以传统手筑茯茶工艺为先导，用现代化的茯茶智能机器生产线为标准，以专业化的鉴别技术提高品次，向消费者提供高品质的放心好茶，促进农村一、二产业融合，提供就业岗位，助力紫阳脱贫攻坚。

安康市坚持用规划引领工业集中区、现代农业园区、新型城镇社区统筹发展，聚焦配套设施建设及标准化厂房建设，聚力打造富硒食品产业集群、新型材料产业集群、纺织服装产业集群，创新供地模式、运营模式、融资模式等措施，以及建立联席会议机制、领导包抓机制、跟踪服务机制、差别化奖励机制、外部环境保障机制等工作，在促进农村工业产业化、扶贫脱贫、建立健全城乡融合发展机制体制等方面起到了一定的效果和作用。

（2）拓展增收渠道，继续健全农民持续增收机制。继续完善农民工资性和经营性收入增长机制，积极推进农村集体产权制度改革，开展经营性资产股份合作制改革，加快将农村集体经营性资产以股份或份额的形式量化到本集体成员，赋予农民对集体资产股份占有、收益等多种权能。同时加快农村集体资产管理体系建设，创新运行机制，加大相关政策支持力度，积极探索"资源变资产、资金变股金、农民变股东"等集体经济发展形势，确保集体资产保值增值，实现农民集体财产收入有效增长。

安康市汉滨区建民办忠诚村地处汉江与月河交汇处，距安康中心城区4千米，全村总人口305户1090人。支柱产业为设施蔬菜种植。近年来，该村党支部推行"党支部＋合作社＋贫困户"模式，实现了"产业兴、群众富、支部强"的工作目标。调研显示，2019年全村农民人均纯收入达到19570元，贫困户由2014年的81户275人减少到目前的26户85人。蔬菜农民专业合作社被评为"国家级示范区"，忠诚园区被认定为"省级现代农业示范园区"，校社合作的职业农民培育"忠诚模式"被农业部在全国推广。从其工作及成效看，设施蔬菜较为符合村情实际，忠诚蔬菜农民专业合作社是为其培育的一个经济组织，累计吸收社员168户，投资7863万元，流转土地建立蔬菜大棚示范园区6个2200亩，累计带动本村及周边贫困户535户1853人。园区利用互联网和先进技术，创新发展智慧农业，实施肥水一体化，精准科学自动供水、施肥，同时引进气象监测预警系统，实现"温湿光"自动预警，并在各大棚安装可视化监控系统，建立蔬菜源头追溯体系，实现生产经营全监控，园区农产品可追溯。同时采取集约化育苗，建成工厂化育苗中心10000平方米，提高菜苗成活率，减轻病虫害。通过智慧农业，有效提高了蔬菜农产品质量，最大限度降低种植成本，提高工作效率和经济效益。

忠诚园区积极实施资源变资产、资金变股金、农民变股东的农村"三变"改革，鼓励引导贫困户与经营主体形成利益共同体，进一步加强产业扶贫资金的使用管理，让贫困户通过利益联结发展产业、分红增收，实现了村集体壮大、合作社发展、群众增收的多赢格局。

（3）促进城乡要素合理配置机制，深化农业供给侧结构性改革，完善农业支持保护制度，推动农村土地制度改革。各地努力健全现代农业产业体系，鼓励引导发展多种形式适度规模经营，实施农业特殊产业"3+X"工程，因地制宜做优做强区域特色产业。

紫阳县蒿坪生态茶园体现了蒿坪镇依托良好的富硒资源、搬迁基础、茶业优势、旅游条件和便利的交通网络，立足茶叶主导产业，围绕发展区域特色富硒产业，以实施乡村振兴战略为指引，全力发展各村"一村一品"项目，以具有蒿坪特色的乡村旅游、休闲观光、宜居康养为重点，充分利用人文景观、自然生态、农耕文化、民俗文化等田园综合体资源，提升多元产业功能，以产业支撑带动农村经济发展，实实在在让农民群众走在增收致富的小康路上。按照"特色产业发展，基础设施配套、公共服务完善、社会和谐稳定、居住环境优美"的发展要求，实施山、水、林、园、路综合建设模式，努力将蒿坪镇打造成人口集中居住，土地集中经营，产业集中发展的生态绿色、产业循环、观光体验、茶旅结合、宜居宜业的脱贫攻坚区域综合发展示范镇。总体上紫阳县茶叶年产总量近8000吨，紫阳富硒茶入选国家农产品地理标志登记产品，成功注册国际商标，获评全国茶业百强县，品牌价值达到62.22亿元。

（4）积极建立健全稳定脱贫长效机制。认真做好脱贫攻坚与乡村振兴战略政策的衔接。能够发挥产业扶贫重要作用，坚持做强地区特色产业，因地制宜建设社区工厂，增强贫困地区的自我发展能力。

紫阳县在全省范围内率先创新实施了技能脱贫，职业教育培训基地启动于2014年初，按县委、县政府安排部署，由人社、扶贫部门牵头、由县劳动就业培训中心、县职业教育中心和远元集团等相关企业联合举办。目前主要开展修脚师、特色烹饪、职业茶农、家政月嫂等专业的培训。培训主要依托国家免费职业技能培训项目，面向全县常住适龄劳动力，实行"三包"（包吃、包住、包就业)、两免(免培训学杂费、免教材书籍用品费)、一补(补交通费)的全免费的培训政策。培训基地目前拥有工作人员和专兼职教师30余人,拥有教室、实训室3000余平方米,学员宿舍90间,在本县城区建有修脚师培训校外见习基地。可同时开设8—10个培训班,年可培训学员8000人。培训主要以短训形式进行,每期培训一般10—15天,修脚师培训为12天,学员全部封闭式住校管理,每天上课14小时。前期培训结业学员就业率稳定在70%以上,进入远元集团工作的月均工资(食宿除外)达5000元以上,最高者年薪逾百万元,为群众开辟了一条良好的脱贫致富门路。

紫阳县以增强自我脱贫能力为突破口,以职业技能培训为手段,以培训+就业全程免费为激励,以订单就业+收入保底为保障,为贫困群众开辟了一条零成本、无风险、高效益、最快捷、可持续的精准脱贫路子。截至目前,已成功帮助3万余名贫困群众实现脱贫致富,成为紫阳县最重要的脱贫攻坚手段之一。近两年来,省市先后在紫阳县召开专题现场会进行推广,称之为技能扶贫紫阳经验。紫阳县修脚产业得到加速发展,目前全县修脚行业从业人员近4万人,占到总劳动力的25%,紫阳人在全国各地开办修脚店近8000家,年经营收入近80亿元,从业人员劳务收入达20亿元以上,成为国民经济和群众收入中的第一大产业。

易地移民搬迁项目。紫阳县城关镇仁和社区,位于城关镇新桃村,建于2017年6月,占地面积173420平方米,共有安置住房41栋,安置全县15个镇搬迁群众1940户8132人,党员121名。仁和社区紧邻汉江任河嘴码头,交通便利,地理位置优越。社区按照"搬得出、稳得住、快融入、能致富"的原则,累计投资5.7亿元,配套实施路、网、讯、绿化、亮化、美化等工程,建成党群服务中心1000余平方米,设立便民服务中心、综合治理中心、文化活动中心、物业管理服务中心、就业创业服务中心等。就整个紫阳县来讲,累计实施易地搬迁19291户64168人,为整县摘帽提供了重要支撑,有力推进了城镇化建设,城镇化率由2015年的37.5%提升到2019年的44.7%。

从蒿坪镇脱贫成效看,全镇有建档立卡贫困村9个,其中深度贫困村1个(全兴村),建档立卡贫困户2584户8375人。通过近五年的艰苦努力,全镇已实现9个贫困村脱贫出列,脱贫2380户8004人,剩余未脱贫204户371人。

边缘户 77 户 220 人，脱贫监测户 42 户 146 人。贫困发生率从 2014 年建档立卡初期的 32.67% 下降至现在的 1.36%。

城关镇青中村为农业休闲示范点，其中郭家梁地处青中村二组，原居住 11 户 38 人，主要靠种菜为生，生产生活条件十分窘迫。调研显示，2014 年精准扶贫开展以来，前后 3 年时间，把贫穷、落后郭家梁打造成带动作用强、示范效果好的特色民宿小区，成为文笔山景区的接待站和青中村的旅游服务中心。目前已征储土地 64 亩，置换民房 11 户 1070 平方米，新建安置房 13 套 1975 平方米，配套建设自来水厂 1 个、生态停车位 30 个、绿化造林 19000 余平方米。青中村展示了以农家乐、民宿为主体的文旅经济多元化发展模式。

总体而言，安康市县镇三级政府对城乡融合发展问题都非常重视，都成立了专门的工作小组，并能定期定点驻村开展工作，都意识到在当前脱贫攻坚的关键时刻大力开展城乡融合发展工作的重要意义，并为之努力开展工作。各地乡村振兴、城乡融合发展工作多有进展，各有成效，主要体现在农村土地制度改革、深化农业供给侧改革、建立城乡产业协同发展机制、完善县域经济发展机制、拓展农民增收渠道、推动城乡基础设施一体化建设、建立城乡生态环境一体化治理、加强党的领导、推进新型城镇化工作联席会议制度等方面。通过调研发现，乡村农业综合生产力有所提升，城乡基础设施建设不断完善，城乡差距有所减小。并且各地对于目前城乡融合发展状况都有较为客观的认识，对其困难及存在的问题也都认真思考，对未来发展道路都有所展望。

### 三、安康市推进城乡融合发展存在的问题、困难及对策

#### （一）安康市推进城乡融合发展存在的问题和困难

安康市通过几年努力，在脱贫攻坚、乡村振兴、城乡融合发展等方面摸索出适合自身的发展之路，取得了一定成效。通过各种形式深入调研，包括现场调查、聆听介绍、仔细观察，向当地居民和干部询问，与相关部门座谈及查阅搜寻资料，本研究认为当前安康市的城乡融合发展工作还存在一些可以提升的空间，主要包括以下几个方面。

1. 城镇化质量不高，总体发展水平偏低，辐射作用不明显

城镇化水平是衡量一个国家和地区经济发展水平的重要标志。安康市基

于其所处地理位置，自然禀赋等特征，总体经济水平不高，新型城镇化发展的起步期，整体优势尚未凸显，发展水平偏低。其实从全省情况看，陕西省虽然已经上升至 S 形曲线的加速期，即将进入平稳期，但从生活方式、文化、生态和城乡协调发展等标准来看，陕西整体城镇化质量并没有与城镇化水平同步提高。城镇化总体质量和水平相对偏低，辐射乡村能力较弱，异地城镇化现象明显，一、二、三产业融合不够。部分村镇工厂建设质量不高。由于贫困劳动力转移就业人数逐渐增多，闲散贫困劳动力越来越少，企业吸纳贫困劳动力就业难度越来越大，加之经济下行压力等因素，导致就业扶贫村镇工厂建设比较困难。新建成的部分村镇工厂，由于投资少，工厂规模相对较小，生产经营不够正规，吸纳贫困劳动力就业人数较少，贫困劳动力增收效益不够明显。工业园区招商质量不高，产业融合不够，辐射乡村能力有限。园区入驻企业多为农产品加工、纺织服装等一些劳动附加值较低的产业，技术含量不高，产品竞争力不强，仓储冷链缺乏，电商物流不足等，是这些企业面临的主要问题。园区缺乏优质企业入驻，带动乡村经济发展能力有限。技能培训虽能一定程度解决贫困问题，但由于大多为第三产业，缺乏创新性及带动力，并存在一定的安全隐患。城镇工业园区产业结构相似度高，人口与资源承载力较低。

陕西全省情况看，省会城市综合实力不强，对全省城镇的辐射带动作用不明显；安康等中等城市总体经济实力偏小，尚未形成辐射能力较强的区域性中心城市，承上启下的节点作用还不突出；各地市功能定位不明晰，城市发展难以形成统一的整体，导致城市经济结构基本趋同，缺乏差异化竞争，难以形成规模效益，使得城镇化发展受到制约。

2. 城乡资源要素流动不畅

调研过程中各地普遍认为资金短缺，投资融资渠道不畅。各地均希望得到国家、省上的大力支持，加大项目资金支持力度，以加快乡村建设步伐。这实际上也反映了融资渠道不畅，自身发展能力不足的问题。国家和地方财力有限，而许多地方由于自然禀赋不佳及历史层累积淀，短时期内无法实现经济快速发展，市场竞争力较弱，产业类型选择、产业链延伸、空间布局等都是亟待解决的问题。

城乡资源要素单项流动，"空心村"问题严重。城乡融合中村的整体能力较弱，乡村建设人才缺乏，城市资金无法进入乡村。乡村人才引进及培养机制不健全，乡村外出务工人员较多，常住人口多为老年人和未成年人，劳动力严重不足，教育水平不高，消费能力有限。各地虽实行一定程度土地流转，但从根本上讲并未实现市场化，社会资金无法进入农村。

3. 基层组织常设机构欠缺，乡村治理机制不健全，基层人才队伍不稳定

调研发现，目前各地村级工作组织机构不健全，没有一个常设组织全职处理乡村社会经济发展各项事宜。这样一方面执行力不够，许多政策制度未能完全在乡村实际运行；另一方面，一些具体工作如招商引资、纠纷处理、项目规划等不能够自己独立完成，而是长期依赖政府，无法体现乡村"主体意识"，未能激发其主动性与创新性。

基层"留人难"问题更加突出。基层事业单位工作人员，尤其是新聘人员不安心工作问题较为普遍，一有机会就想方设法"外流"。虽然因为最低服务期要求等限制，但人在心不在的现象较为严重。通过参加遴选、选调、招聘、招录考试等，很多基层事业单位工作人员满最低服务年限后很快流失，个别县甚至存在人员外流速度大于招聘速度的情况，使得基层事业单位人员"青黄不接""老的老，少的少"，团队活力不够。

基层公共就业服务队伍不稳定。镇街和社区劳动保障工作人员受镇街、社区中心工作任务影响，有时导致工作人员专职不专，难以做到专职专用。就业信息化有待进一步强化。随着大数据、信息化时代的到来，特别是在基层公共服务就业工作量急剧增加的情况下，一些基层公共就业创业服务还存在硬件建设滞后，专业化、标准化、信息化水平有待提高，服务能力和质量效率亟待提升等问题。

4. 城乡基础设置及配套设置薄弱

随着城镇化发展的持续深入，对交通运输、通讯、供电、供气、供水及延伸产品的工业配套设施的需求呈急剧增加的态势，虽然各地进行了一定程度的建设，但随着城乡融合发展的推进，现阶段的基础设施网络难以满足未来发展需求，主要表现在城乡路网建设相对滞后、公共交通设施建设严重不足、乡村基础设施建设薄弱、公共设施年久失修、道路交通问题突出等方面。农村公路技术等级相对偏低，运输能力有限，尚未形成网络规模效益，公路的路网服

务功能没有得到充分发挥,落后的交通条件严重地制约着当地社会经济的发展,制约着当地资源优势和区位优势的发挥。由于没有制定县域统一的公路交通发展规划,缺乏对各级公路建设进行指导和协调的强有力手段,不利于合理利用交通通道资源,不利于搞好跨区域通道的布局和衔接。公共交通设施建设严重不足,公共停车场缺乏,公交线网布局不合理,未设置公交车专用道和公交换乘枢纽站,公用基础设施维护管理不力。

5. 城乡基本公共服务共享机制尚未建立

城乡教育资源均衡配置机制、乡村医疗卫生服务体系尚不完善,乡村教师、乡村医生待遇还有待提高,分级诊疗制度尚未全面建立。城乡统一的社会保险制度和救助体系尚未建立,乡村留守儿童和妇女、老年人关爱服务体系尚不健全。乡村治理机制不健全,集体经济组织、合作经济组织的职能过于简单,乡村社区管理和服务机制尚不健全。

6. 易地扶贫搬迁工作后续问题突出

中国乡村历来就是族群社会,移民搬进城镇改善了生活条件,同时也改变了千百年来形成的生活习惯、乡规民约及社区调解等农村社会体系,如何解决搬迁居民的生产就业问题,如何在搬迁社区重塑生活模式、社区调解制度以及建立健全养老保障体系、搬迁居民如何融入城镇生活、处理和当地人的关系等,都是移民搬迁后续较为紧迫的工作任务。

7. 农业生产科技含量不高,高值菜果农业和有机农业较少,循环农业可持续发展力不足,与现代农业发展目标尚有距离

缺乏与周边区域的联合发展途径,规模经营较少,互助能力不足。多数乡村考虑本地特色,文旅结合,但由于自身建设有限,并受交通、宣传等因素影响,尤其在今年疫情之下,基本并未盈利。

(二)深入推进城乡融合发展对策及建议

(1)完善城镇体系,提高城镇化质量。放宽城市落户限制,建立以经常居住地登记的户口制度,以促进关中平原城市群发展等以城市群为主体形态促进大中小城市和小城镇协调发展,增强中小城市人口承载力和吸引力。城镇产业园建设招商引资方面注意引入高附加值产业、世界知名企业,并继续给予政

策倾斜，同时建议引入国际先进管理体系，真正做到产业融合，辐射乡村，城乡共同发展。大力促进城镇移民新社区工厂建设，规范管理，让其具有长期可持续发展的能力，从实处解决易地搬迁居民的就业问题。

（2）以体制机制创新促进城乡资源要素双向流动。在经济发展困难的地区，政府适当持续资金投入，完善财政投入保障机制，同时尽可能拓展融资渠道。城乡融合发展是一个过程，国家资金及各项利好政策需要持续保障。同时增加自身创新能力，进一步放活土地经营权，进一步规范土地流转相关管理制度，推动及规范集体产权入市，大胆推进宅基地制度改革，建立城乡统一的建设用地市场，吸引社会资本投入，形成多渠道融资。

仍需加大人才入乡激励力度，以解决劳动力要素向城市单向流动、乡村生产要素的长期缺乏和发展能力的持续下降等问题。鼓励原籍高校和职业院校毕业生、外出务工人员及经商人员回乡创业，对回归人员进行表彰和奖励，提高乡贤归属感和荣誉感，进而增强责任感，为家乡建设出力。

建议从编制、政策等多方面支持乡镇基层工作组织吸引人才，提高基层单位人员收入待遇。全面推进公共就业服务机构人员队伍专业化，同时建立全省统一的城乡劳动力实名制信息平台，建立纵向直联到底、横向开放贯通的城乡劳动力就业大数据服务平台。

（3）设立专门乡村社区合作组织机构，增加人员投入，规范现有各种合作社行为。目前各地虽尝试建立农村合作社组织，但其职能并不统一，更多类似一种经济组织，权责不明，责任范围过小，不能带领乡村形成自下而上的主动参与。建议在坚持党组织领导乡村治理体系原则下，在乡村按照公平、公正、合理的原则及程序建立一个职能广泛的社区合作组织，形成协调国家和地方、乡村和市场等关键问题的枢纽。该组织将被赋予高度自主性及多种职能，包括金融服务、集资融资、加工生产、物流运输、电商营销等多方面工作，切实发挥乡村自身能动性。

（4）继续加强城乡基础设施及配套设施建设，促进城乡基础设施一体化发展。目前经济发展的交通瓶颈依然存在，继续升级城镇交通网络、完善基础设施建设，尤其要将道路体系渗透到自然村，以促进农村经济进一步发展。同时建立城乡基础设施一体化管护机制，落实管护责任。

（5）城乡融合发展关键在"融"。不仅要推动产业融合，也要推进教育、卫生、文化等公共事业性服务城乡等值化，城乡居民享受同等的社会服务，推进城乡双向平等互利贸易，实现城乡均衡发展。提高农村收入水平及消费能力，建立健全各项服务体系，在承认乡村社区文化及习惯体系的基础上，城乡生产生活方式逐渐融合，形成符合国情地情的新农村，并且相较于各大中城市及中小城镇，这样的新农村具有自身明显的优越性及可持续发展性，达到社会公平。易地搬迁居民社区所面临的后续问题也是一个"融"的问题，不仅要融在生产，更要融进生活、思想，需要制定相关的制度和政策让搬迁居民能够落户城镇，享受城镇居民同等社会服务。

（6）增加乡村经济发展的科技含量，包括农业科技生产和科学管理，应该调动和整合社会各界财力和智力，尤其要吸引高等院校、科研机构等介入乡村经济发展，促进农业现代化，从而形成以现代农业为基础，以农村一、二、三产业融合发展、乡村文旅等新产业、新业态为重要补充的经济形态。

（7）积极推行城乡融合发展试验区。各地城乡融合发展水平不一，所需推动的工作各不相同，本研究建议在仔细论证的基础上，认为可以在安康扩大城乡融合发展试验区，多选几个有代表性的、不同经济发展水平的点，进行大胆创新，用实践检验，用事实说话，实事求是，为安康健全城乡融合发展机制体制找出合适的创新模式，提高安康城乡融合发展水平。

## 四、愿景与展望

结合安康目前的实际情况，需要继续保持战略定力和战术韧劲，持续巩固提升脱贫攻坚成果，需要建立农民稳定增收和持续减贫的长效机制。持续推进生态特色产业发展，加快构建绿色循环产业体系，坚持科技兴农，促进农业产业现代化。继续以产城相融促进乡村振兴、推动城乡融合发展，促进本地城镇化高质量发展，提升城市功能，辐射乡村发展。加大力度招引人才，完善招商引资规模规范，拓展融资渠道，促进资源要素在城乡双向流动。全面推进县域城镇体系建设。持续加强镇村交通、电力、供水、通信等基础设施建设，推动城市优质教育、医疗、文化等资源向基层下沉、向农村延伸，促进城乡产业、空间、设施、服务全方位融合发展，建立健全城乡融合发展机制体制，逐步缩小城乡居民收入差距，推进安康城乡融合、协调、均衡发展。

[参考文献]

[1] 中共中央 国务院关于建立健全城乡融合发展体制机制和政策体系的意见(2019年4月15日).中国政府网[2019-05-05].

[2] 中共陕西省委文件.中共陕西省委 陕西省人民政府印发《关于建立健全城乡融合发展体制机制和政策体系的实施方案》的通知（陕发〔2020〕2号）.

[3] 安康市地方志编纂委员会编.安康地区志[M].陕西人民出版社，2004.

[4] 安康市人民政府官网.

[5] 安康市统计局、国家统计局安康调查队.2019年安康市国民经济和社会发展统计公报（2020年5月）.安康日报[J].2020年5月9日第004版.

[6] 安康市人民政府文件.安康市人民政府关于印发2020年国民经济和社会发展计划的通知（安政发〔2020〕1号〕.2020年6月6日印发.

# 完善中国古都遗址保护体系推动国家文化建设若干建议

## ——以隋唐长安城遗址保护为例

**肖爱玲**[1]

2017年4月19日，习近平同志在江西考察时就强调：要让文物说话，让历史说话，让文化说话。要加强文物保护和利用，加强历史研究和传承，使中华优秀传统文化不断发扬光大。要增强文化自信，在传承中华优秀传统文化基础上发展社会主义先进文化，加快建设社会主义文化强国。2018年10月18日，他在中国共产党十九次全国代表大会上的报告中指出"深入挖掘中华优秀传统文化蕴含的思想观念、人文精神、道德规范、结合时代需要继承创新，让中华文化展现出永久魅力和时代风采"。在2019年7月24日审议通过《长城、大运河、长征国家文化公园建设方案》时再次强调了这一战略思想，我们认为完善中国古代都城保护体系是推动国家文化建设的重要举措之一，也是增强文化自信的主要途径之一。

古都遗址保护是我国大遗址保护事业中一项最为重要的内容。中国古都类遗产中除明清北京故宫之外多为土遗址，与古建筑等其他类别的文化遗产相较，观赏性极差，很难借助旅游带来直接的经济效益。隋唐长安城自唐末以来在历次城市建设中逐渐沦为废墟和遗址，乃至完全被现代城市叠压，保留下来的遗址、遗迹也面临着因城市更新拓展带来更为严重的压力和破坏。因此，古都遗址保护工作任重道远，亟须社会各界深入研究，提高认识，认真落实国家文化战略这一重要工作。下面以隋唐长安城遗址为例，做简要分析。

## 一、隋唐长安城遗址保护现状

我国现代意义上的古代都城研究是伴随着现代考古学的诞生而开始的。随

---

[1] 肖爱玲（1969— ），女，史学博士，陕西师范大学西北历史环境与经济社会发展研究院副研究员，研究方向：历史城市地理学，中国古都学，历史政治地理学。

着中国考古事业的发展和考古工作者大量系统的考古发掘工作，对隋唐长安城历史样貌逐渐有了更为全面的认识，激发了人们对昔日辉煌的无限向往。隋唐长安城遗址考古工作始于 20 世纪 30 年代初，当时北平研究院史学研究会考古组来陕调查，发掘了唐中书省遗址，出土了刻有唐大明宫和兴庆宫平面图的宋代吕大防的刻石残块，为后来复原唐长安城的布局提供了十分珍贵的图形资料。

**（一）隋唐长安城遗址考古发掘与研究成果进展**

中华人民共和国成立后，隋唐长安城的考古发掘与调查工作始于 20 世纪五六十年代，至今已有半个世纪，学术研究基于历史文献和考古发掘工作取得了突破性进展。1996 年出版的《西安历史地图集》，是由中国古都学会首任会长史念海先生牵头完成的，科学、完整地呈现了当时国内外关于古都西安的研究成果；2009 年之后陆续出版的 30 卷本《古都西安》丛书更为系统地反映了半个世纪的研究进展。

中华人民共和国成立以来，隋唐长安城遗址考古发掘工作大致经历了这样三个阶段：

第一阶段是 20 世纪五六十年代，以马得志先生为队长的中国科学院考古研究所对隋唐长安城进行了全面调查和重点发掘阶段，这一时期弄清了隋唐长安城外郭城、皇城、宫城、里坊街道、殿址和城门、东市和西市等范围和形制布局，绘出了唐长安城址的实测图和初步复原图。

第二阶段是 20 世纪七八十年代至 90 年代初，主要是对大明宫的一部分殿堂遗址、皇城的含光门、外郭城明德门以及坊内个别寺院遗址进行了调查和发掘。从 1973 年开始，中国社科院考古所西安唐城工作队对长安城中部分著名寺院进行调查，1980 年以来，以后对其中的青龙寺和西明寺进行了发掘，对于唐代佛教建筑、佛教文化及其传播的探讨有非常重要的意义。这一阶段的考古发掘极大地丰富了对长安城内部结构和个别遗迹的认识，搞清了郭城内十字街划分出小区的设计原则，复原了长安城建设、使用的阶段性特征和发展演变过程。对青龙寺、含元殿等遗迹的复原研究也使城市平面遗迹逐渐立体化。

第三阶段是 20 世纪 90 年代中期以来，对上述区域继续考古发掘工作，以 1994 年联合国教科文组织及日本政府与中国确立的合作保护唐大明宫含元殿遗址的项目为契机，展开了对含元殿遗址和太液池遗址的考古勘探、测量及发掘工作；其间还对皇城城门及其西南城角、城南圜丘遗址等进行了考古发掘。主要成果有：首先，对大明宫含元殿遗址的复原和太液池遗址的发掘清理，2005年12月最终探明了大明宫丹凤门五个门道的规制，这对隋唐长安城建制和唐代宫廷、禁苑制度都产生了重大影响；其次，对含光门遗址及过水涵洞的发掘也取得了突破性收获，探明了隋唐长安城历次修建过程；再次，对圜丘遗址的发掘，为唐代祀天礼仪制度提供了实物证据，为建构中国礼仪制度文化体系提供了第一手资料。

中华人民共和国成立后半个多世纪以来的考古发掘和研究工作，让一座繁华、宏伟的隋唐帝都大致形态再现于世人面前。然，由于唐末之后的改建、利用以及现代西安建设叠压式发展，考古钻探工作多属于抢救性发掘，大面积发掘几乎不可能，所以至今中国科学院西安唐城考古队队长马得志先生"选择一二个保存较好地坊进行比较全面的发掘"的期望依然未能实现，隋唐长安城遗址的全面复原恐怕也难有机会。

### （二）隋唐长安城遗址保护进程

隋唐长安城遗址保护工作是随着上述考古发掘和学术研究进展逐步展开，体现了世界文化遗产原真性保护原则。

西安建都悠久，西周丰镐，秦咸阳、阿房宫，西汉长安城、隋唐长安城等都城遗迹、遗址遍布市区，而对古都遗产进行保护的行为较早见于隋唐时期。众所周知西汉长安城完全被划入唐禁苑之中，其本意为便于隋唐帝王的瞻仰与游宴，然其意想不到的是这一做法竟使之保留至今。清乾隆时期陕西巡抚毕沅对西安及其周边地区历史文化遗迹进行的踏查，为帝王陵墓等立碑书名，则可说是有目的的行为，调查成果详见《关中胜迹图志》。1906—1910年间，陕西高等学校教习日本学者足立喜六利用任教闲暇，对西安附近的历史遗迹进行实地考察，并结合历史文献记载，对汉唐度里程、汉唐帝陵、汉唐长安城及长安附近名胜古迹、道观、寺院、古代碑石进行广泛深入地研究之后，撰成《长安史迹研究》。1932—1944年，国民政府西京筹备委员会派专员对西安地区名胜古迹和出土遗物也进行了调查，在隋唐曲江池遗址、唐大明宫遗址等树立标志，大明宫含元殿四周加画红线以确定保护范围，专辟丹凤公园以利保护和观光等，对西安周边文化遗产的保护均有非常重要的意义。

20世纪50年代以来，政府加大了对大遗址保护管理力度，中国科学院考古研究所、陕西省文物管理委员会相继对隋唐长安城进行了调查和发掘。1956年，大明宫及东西内苑遗址被陕西省人民委员会公布为"陕西名胜古迹"。1961年，大明宫遗址、大雁塔遗址、小雁塔遗址、含光门遗址被国务院公布为"全国第一批重点文物保护单位"。同年4月，国家征用50.8亩土地，作为保护大明宫麟德殿遗址用地；征用7亩土地，作为保护大明宫北外城门重玄门遗址的保护用地。

1981年，西安市人民政府成立了"大明宫遗址保管所"，专门负责大明宫遗址的保护和管理工作。1992年，陕西省人民政府重新核定并公布了大明宫遗址的保护范围和建设控制地带，保护工作有了更加科学、规范的依据。1986年和2006年，分两期对大明宫麟德殿遗址实施了保护展示工程。一期工程首先实施了麟德殿遗址部分保护复原展示工程，1987年对外开放。二期工程是针对以前尚未做砖砌保护的大殿台基后半部分，与前半部采用同样的包砌和覆土保护方法进行修葺。1995—2003年，中国、联合国教科文组织和日本联合实施了含元殿遗址保护展示工程，主要是对含元殿遗址进行考古发掘、地质调查、方案设计，并对遗址本体实施保护。2002—2004年实施大明宫东北角宫墙、大富殿、望仙台和重玄门遗址保护工程。2004—2005年，启动并实施了大明宫御道保护工程。

1996年11月，隋唐长安城遗址被中华人民共和国国务院公布为第四批全国重点文物保护单位。与此同时，西市遗址、明德门遗址、延平门遗址、隋大兴唐长安城遗址的一部分被列为保护对象，保护展示工程已经实施，2004年开始实施遗址保护工程。之后，唐延路唐城墙遗址公园、曲江唐城墙遗址公园相继建成，初步展示了隋唐长安城的历史格局。

2010年10月1日，大明宫国家考古遗址公园正式向市民开放。2014年，大明宫遗址作为"丝绸之路：长安—天山廊道路网"的核心组成列入世界文化遗产名录。

## 二、中国古都遗址保护中存在问题分析

古都遗址是中国大遗址保护的重要组成部分,是我国历史文化遗产中规模宏大、价值突出的遗址类型,是构成我国古代文明史史迹的主体,具有遗存丰富、历史信息蕴含量大、现存景观宏伟,且年代久远、地域广阔、类型众多、结构复杂等特点。大遗址保护中古都遗址保护工作备受瞩目,受世界遗产保护原则与方法、中国古都学理论研究、社会经济发展水平以及社会价值取向等因素影响,现阶段古都遗址保护工作存在以下几个方面的问题。

### (一)世界文化遗产保护原则对中国古代都城遗址保护的限制和影响

从《威尼斯宪章》《内罗毕建议》《奈良文件》到《实施〈保护世界文化与自然遗产公约〉的操作指南》和《西安宣言》等反映了遗产认定两大基本原则——原真性(中国译为"真实性")和完整性的发展过程。这两大基本原则不仅反映了世界文化遗产保护文件形成与逐步完善的过程,还直接指导和影响着包括中国在内的国际社会世界文化遗产保护工作的实施,在中国文物法、历史文化名城保护条例及历史城市规划中均可见此两大原则的表述,此中又恰恰说明我们自己也忽略了我国遗产保护的特殊性。比如中国古都在后都城时代多演变为土遗址,能够保留下来只有都城时代的部分遗迹、遗物,在原真性和完整性原则指导下,我们只能对都城时代的部分遗址点进行保护,隋唐长安城仅有9处遗址列入国家级文保单位,很显然它们是很难完整地呈现隋唐长安城历史全貌的,文化自信力自然难以培养和生成。

### (二)中国古都学理论研究滞后,影响了古都遗址的价值评估

作为我国现代学科之一的中国古都学,自20世纪80年代初正式形成并建立以来,历经近40年的发展,学术研究上已经取得了丰硕成果,形成了一支从事中国古代都城研究的学术队伍,对中国古代不同等级、不同类型的都城进行了深入研究,对古都所在城市的文化建设产生了重要影响。而对古都城市等级判定、古都城市体系及已经成为废墟的古都应不应当作为古都学研究对象等问题仍未能形成统一认识。古都研究成果也多限于某一时代都城的研究,缺乏对中国古都长时段和对中国古都学整体理论体系和基本理论思想的系统阐述,

也很难对古都城市价值进行全面科学地评估，限制了都城遗址保护内容、保护原则的创新与发展。

### （三）古都遗址考古工作滞后，距都城遗址整体保护要求尚远

考古学自20世纪二三十年代引入中国以来，首先展开的就是对都城遗址的勘探与发掘，殷墟遗址、偃师二里头遗址、陶寺遗址以及诸多商、周、秦汉唐都城等都是工作重点，即便如此，由于中国古都城市数量庞大，分散到每一座都城遗址上的工作量也都是微乎其微的，汉唐长安城考古发掘工作相对于都城本身不足1%。此外，国家经济建设日新月异，加之考古从业人员严重不足，都城反角、勘探之后考古简报、报告的撰写和发表也严重跟不上都城遗址保护的需要。隋唐长安城被现代城市完全占压，大家耳熟能详的9处遗产点之外就鲜少看到盛唐迹象了。所以，考古发掘及相关研究成果也难以为都城遗址整体保护提供充分的学术支撑。为此，还需要诸多学科积极参与，加强多领域合作，促进大遗址保护工作科学发展。

### （四）古都遗址保护管理行政化严重，社会参与不够

由于古都遗址体量大，内容丰富、结构复杂，文物价值高，保护工作往往由政府出面组织，因而使得保护工作脱离社会，不能够得到市民的理解和支持。与此同时，遗产保护景点，或国家考古遗址公园门票费用一般较高，且学术性强，形成了遗产保护贵族化趋向，社会参与严重缺失，遗产保护工作相对较为艰难。都城遗址中较强的学术性在很大程度上影响了古都遗址保护和利用的效果。

## 三、完善中国古都城市遗址保护体系的相关建议

针对上述问题和现象，我们认为只有完善古代都城保护体系才能推进国家文化建设，建议如下：

### （一）对世界遗产保护相关宪章文献进行系统梳理，结合中国古都遗址保护特色创新保护原则

世界遗产保护内容——文物古迹概念的不断丰富与发展，文物古迹由早期

的建筑、建筑群逐步扩展到街区、城市、广阔的文化景观及其环境的保护，对文物遗迹文化意义和价值的理解也必须结合其人文、社会、历史、自然环境等要素，对文物古迹的认定和保护原则必然随着时代的发展和实践活动不断拓展和深化。中国古代都城自筹建到建设完成是需要一个过程的，同样都城遗址的形成也不是骤然形成的，所以，都城遗址的保护应在尊重历史的基础上，保护其历时性特征。保护遗产历史连续性特征不仅一直隐含在世界遗产保护的众多宪章、文件中，而且贯穿于一些国内外遗产保护专家的实际工作中，因此，建议重视对历史文化遗产历时性特征进行保护，并将其列入世界遗产保护原则中。

（二）依据遗产保护理念，尊重都城空间发展史，保护古都城市空间遗产

2005 年，ICOMOS 第 15 届大会通过的《西安宣言》指出"环境（setting）"除实体和视觉方面的含义外，还包括与自然环境之间的相互作用；过去的或现在的社会和精神活动、习俗、传统认知和创造并形成了环境空间中的其他形式的无形文化遗产，他们创造并形成了环境空间以及当前动态的文化、社会、经济背景（第 1 条）。众所周知，现代西安城市空间结构就是在隋唐长安城基础上发展而来的，而现代城市建设与都城遗址保护间存在着尖锐的矛盾，如果在古都遗址保护中关注遗产历时性特征，将现代西安现代城市空间作为城市遗产进行保护，无疑会对隋唐长安城遗址的保护有很大帮助。

（三）积极建构完善的中国古都城市体系，筹建中国古都博物馆

中国古都是中国历史的缩影。在中国古代都城史上存在着不同等级、不同性质、不同时代等的都城，数量庞大，构成复杂，不同学者根据其所关注事项的不同给出了不同的结论，为此建议学术领域应当积极构建中国古都城市体系，指导都城遗址保护规划。为此，中国古都学会应当积极担负起这一研究重任，组织人力就此问题进行专门研究，这是一项刻不容缓的工作。

建议在西安筹建中国古代都城博物馆。一个博物院就是一所大学校。要把凝结着中华民族传统文化的文物保护好、管理好，同时加强研究和利用，让历史说话，让文物说话，在传承祖先的成就和光荣、增强民族自尊和自信的同时，谨记历史的挫折和教训，以少走弯路、更好前进。西安作为十三朝古都所

在地，不仅年代久，而且都城遗址丰富，在西安建设中国都城博物馆，不论从中国古代都城发展史上，还是从当前文化建设方面均有无可替代的价值和意义。同时，建议在该博物馆建设中采用留白的设计手法，以待新的研究和考古发掘成果的补充。

**（四）组织撰写适用于不同人群阅读的关于中国古都历史文化资源读本，培育社会历史文化资源敏感性**

遗产保护不是单纯的政府行为，也不是富有阶层的专利。当前国内遗产保护中，缺少社会的普遍参与，甚至不被百姓所接受，其中最重要的原因就在于社会对遗产保护价值判断的错误理解，部分遗产管理者已经注意到这一现象。建议从普及历史文化资源着手，分别为小学、中学、大学以及普通百姓撰写历史文化资源读本，加强遗产保护宣传教育，增强社会对历史文化遗产保护的认同感和敏感性，自觉加入遗产保护行列。

[参考文献]

[1] 中国社会科学院考古研究所等.隋唐长安城遗址（考古资料编）[M].文物出版社，2017.

[2] 肖爱玲.隋唐长安城遗址保护规划历史文本研究[M].科学出版社，2014.

[3] 朱士光.中国古都学的研究历程[M].中国社会科学出版社，2008.

[4] 史念海.中国古都和文化[M].中华书局，1996.

# 弘扬榆林传统文化，创建五省交界中心城市

李令福[1]

榆林市委、市政府提出建设西部经济强市、绿色生态名市的同时，还要求把榆林建设成为特色文化大市，这种发展战略是特别高瞻远瞩的。由于现代经济开发较晚，故榆林市保存了相对完整的典型陕北文化，民歌、民乐、曲艺、石雕、泥塑、剪纸在国内外影响很大，加上汉唐上郡、夏州的区域中心地位，明代九边重镇之一，榆林市为第二批全国历史文化名城及神木、府谷与佳县三个省级历史文化名城，榆林确实有建成特色文化大市的基础条件，关键是要采取更加切实可行、科学合理的文化发展措施。首先要摸清文化资源的家底，组织专家学者开展研究。在全国地级市城市中，有许多已经走上了文化兴市的道路，出版有多卷本历史文化丛书的城市数不胜数，在陕西省，宝鸡、汉中、延安、咸阳也都有自己的成套研究论著，走在了榆林市的前面。其次是对历史文化资源与现代城乡文化给予正确的定位和评价，这也是合理开发利用以及制定保护措施的基本条件。第三就是大张旗鼓地宣传，还要不遗余力地开发。本文分享笔者对榆林市历史文化资源特征及价值的基本认识并开发建议。

## 一、榆林市是陕、内蒙古、晋、宁、甘五省区交界地区中心城市的最佳选择

陕、内蒙古、晋、宁、甘五省区交界地带，西北以黄河"几"字形弯道为界，东括黄河沿线的山西忻州市、南达陕西延安、甘肃庆阳地区，包括陕西、内蒙古、山西、宁夏、甘肃五省区的几十个县市。该区域地理环境趋同，资源组合

---

[1] 李令福（1963— ），男，历史学博士，陕西师范大学西北历史环境与经济社会发展研究院研究员、博士生导师。研究方向：城市历史地理、中国古都学、历史文化名城保护。

良好，区位优势明显，具有发展资源工业与农牧业的优越条件，是大家密切关注的能源基地和经济生长点。在陕、内蒙古、晋、宁、甘交界地区，由于山同脉、水同源、人同种、话同语，尤其是同属于黄河上中游地区，属于鄂尔多斯台地与黄土高原之交界地带，故在历史上形成了密切的地缘关系。

先说陕西北部与内蒙古之间的关系，秦汉时代此处为河南地，上郡、北地郡辖境广大，上郡治所肤施县今榆林市榆阳区鱼河堡附近，为当时行政、经济、军事中心[1]；唐代本区则全为关内道所辖，后来因为历史原因多以风沙黄土交界线作为汉蒙分界，但民族交流和边塞贸易一直十分发达。

陕晋的地缘结合在这里也很密切，从先秦开始，河套的开发都是晋国、赵国与秦国交替进行的，上郡的设置也可见一斑。先是晋国经营此区，设置上郡，以北方为上，故名。后来，魏国占有河西之地，也有上郡之设，只是后来秦人强盛，魏纳上郡十五县给秦国。西汉时，分上郡滨河一带专设西河郡，辖有黄河东岸大片土地，也是为了照顾黄河对岸的防务。到了唐宋时代，府州为河东道所辖，也是照顾黄河两岸的经济开发与军事攻防，而且发挥有重大作用。

陕西与宁夏的关系更是非同一般，唐末兴起的党项族，其发祥地即是位于今天榆林靖边县白城子的夏州，后其攻占灵州，建立西夏割据政权，其王朝名字即以夏命名。明代宁夏同属陕甘行省，后来才分割开来。今日宁夏的名字也一定与夏州之夏有着直接关系。

在陕、内蒙古、晋、宁、甘五省区交界的广大地区，东有太原、西有银川、北有包头、南有西安，中间缺一个大体量的中心城市。这个被称作五省交界区的广大区域，除了历史上密切的地缘关系以外，现在又是能源富集的地区，本区煤炭储量2505亿吨，约占全国保有储量的1/4还强；预测资源量11211亿吨，占全国的22.2%，尤其是优质动力煤，占全国保有量的六成以上。同时，这里还是大型油气田的开发新区，盐矿的富集区，土地与其他矿产资源也很丰富。因而，在全国经济对能源与化工原料有特别需求的21世纪，形成了陕、内蒙古、晋、宁、甘五省区的能源新兴区域。

可是，由于行政界限的分割，这个区域的中心都市没有明确，难以形成带动区域经济快速发展的增长极和制高点。从区位环境、历史文化及交通条件等多个方面来分析，榆林具备本区域中心城市的最佳条件。

首先是榆林市的地理位置适中。相对而言，鄂尔多斯市近多年来经济突飞猛进，被称作创造了"鄂尔多斯奇迹"，但其不利因素是距北缘经济都会包头太近，且东西交通联系不够。相对而言，榆林居于鄂尔多斯市与延安的南北之间，东有忻州，西连银川，区位优势明显。

从生态环境现状来看，榆林作为五省交界区中心都市也有一定优势。内蒙古鄂尔多斯与宁夏河东地方有毛乌素、库布齐两大沙漠，至今环境问题仍未得到根本改善，风沙大，容易引起沙漠化的危害；而山西沿黄河地带与甘肃东北地方则是典型黄土高原地区，沟壑纵横，植被稀少，水土流失问题严重。相对而言，榆林地区为黄土与风沙区的过渡地带，水土资源相对较好；而且我认为地理单元的交界地区更是发育大都市的区位关键。

从历史发展脉络来看，秦汉时期设在榆林市区的上郡，是本区域的政治、经济、军事与文化中心，其区出土的大量汉画像石资料可以证明此中心的存在。到了十六国北朝时代，统万城（夏州）成为本区的中心都市，而它也位于榆林市域范围之内。[2] 明代榆林市在秦汉上郡之基础上重新崛起，发展成了本区的军政指挥中心，后来更成为行政与经济中心。这种历史文化上的优势是形成本区中心都市的重要基础之一。

从交通条件上看，从古至今榆林都是五省交界区的东西南北交通中枢。秦汉时代的直道、驰道经过上郡，秦皇汉武都曾来此巡视；唐宋时代夏州更是参天可汗道、回纥道等丝绸之路、茶马贸易主干道上的贸易中心，明清时则是东西交通之重要节点，康熙皇帝西征噶尔丹就经过榆林城。而到了21世纪的今天，榆林发展成为中国东西南北现代交通干线的重要枢纽。高速公路方面，包茂高速是全国南北交通大动脉，而青银则贯穿中国东西部，两条交通干线交会在榆林境内。铁路方面，西安至包头的南北线早已建成，现在榆林地段正在铺设双轨；而东西方面大同至银川铁道已经建成，其交会点也在榆林市域范围。而榆林市的新机场早已建成营运。这四通八达的现代化交通网络的中心正是榆林，乃榆林市建成为本区中心都市的必要条件之一。

为了实现把榆林建设成陕、内蒙古、晋、宁、甘五省交界区的中心城市，未来榆林市委、市政府应该高瞻远瞩，坚定信念，实行大规划，发展大战略。习近平2019年9月18日《在黄河流域生态保护和高质量发展座谈会上的讲话》发表后，形成了国家层面的黄河流域整体发展战略，横跨黄河上中游的陕、内蒙古、晋、宁、甘五省交界区之中心城市的设计与建设更加重要，也成为国家"十四五"规划的一个重要内容。[3] 因此要借助黄河流域生态保护和高质量发展的国家战略，做好"十四五"规划，并把其纳入国家的黄河流域总体发展规划之中；增强实力，拓展辐射面，增强吸引力。同时，加快城市建设和环境整治，强化城市功能，逐步把榆林建设成为历史文化特色突出、经济繁荣、环境优美的大都市。

榆林市的能源开发、农牧业创新等经济发展战略，使榆林市做大做强，是创立榆林区域中心城市的基础条件。同时，我要强调的是文化产业的创意也是榆林市增强城市魅力，可持续发展的重要途径。"城市即文化，文化即城市"。这是西班牙巴塞罗那市提出的一个口号，反映了城市的内涵，也表达了城市现代化的本质内容。文化是一个城市自信心和魅力之源，现在已经成为共识。[4] 以下我就结合榆林市丰富多彩、源远流长的历史文化资源，谈谈近期榆林市文化产业大发展的几点意见。

## 二、积极开展申报世界文化遗产工作，扩大榆林文化影响力

第一点，注重历史文化的发掘与研究，对现有的地面文化遗产进行科学的价值评价，制订保护与开发利用方案，积极开展申报世界文化遗产活动，扩大榆林文化影响力。

根据笔者的研究，现在榆林市已经有了"长城"这个世界文化遗产，同时还有 3 个具有申报世界文化遗产潜质的遗存。这在五省交界区域是没有其他城市能够比拟的。

第一个是现代位于沙漠之中的匈奴古都统万城，其价值首先在于她是 1500 余年前匈奴族大夏政权的首都，这在世界上具有唯一性；其次，遗址保存状况良好，建筑形制独特，具有视觉震撼力；第三，统万城现在处于沙漠之中，而初建时这里却是"水草丰美"，因而具有环境变迁研究的指示意义。

我认为，统万城遗址完全具有世界文化遗产的价值。靖边县委县、县政府从 2001 年就启动统万城申遗工作，2003 年 9 月 22—24 日，陕西师范大学西北历史环境与经济社会发展研究中心联合靖边县人民政府与陕西省文物局在靖边县举办了"沙漠古都统万城学术研讨会"，会议资料《走向世界的沙漠古都——

统万城》第一栏就是"申报世界文化遗产——统万城",认为"申报世界遗产的基础性工作就是科学研究"[5]。2012年11月17日,国家文物局印发更新的《中国世界文化遗产预备名单》,大夏国唯一都城统万城遗址新增入选。这预示着统万城申请世界文化遗产这一缓慢过程中,列入预备大名单已经迈出第一步。[6]可是,由于联合国教科文组织规定,每年每个国家或地区只能申报一项,中国地面广阔,历史文化遗产丰富多彩,于是只有压缩项目或联合进行申遗工作。按照《保护世界文化和自然遗产公约》的规定,列入联合国教科文组织的《世界文化与自然遗产预备名单》是申报世界遗产的先决条件,至少每10年修订一次。中国政府于2019年1月30日提交第三批《中国世界文化遗产预备名单》,提交世界遗产中心的中国预申报名单有61个,榆林的统万城未列其中,属于"暂未提交至世界遗产中心的预备项目", 仍然名列中国的预申报名录,可以想见统万城的排名。[7]

实际上,我们现在可以以丝路申遗的名义,加入丝路联合申遗的名录之中,这样就可能在未来两年内进入世界文化遗产名单。那样将大大提升榆林市的文化地位,带动榆林文化旅游事业走向新高度。

我认为这是很有可行性的。首先,统万城及后来的北朝时代的夏州确实是丝绸之路的重镇,在中西方交通过程中发挥有重要作用;过去我们研究的较少,宣传的也不够,实际历史上是真实存在的。其次,丝路申遗办公室就在我省文物局,他们存有过去统万城申遗的一些资料,应该很容易地接受我们榆林市的意见,而且可以很快地完成申报的文本材料。第三,统万城遗址周边现在只有一个行政村,遗址内部居民已基本搬迁出来,环境整治工作相对容易得多。

第二个是近几年考古发现的石峁遗址。遗址位于陕西省榆林市神木市高家堡镇东侧,秃尾河与其支流洞川沟流汇的梁峁区域。遗址体量恢宏,总面积约408万平方米,由190万平方米的外城、210万平方米的内城和8万平方米的皇城台三座基本完整并相对独立的城址组成,呈现以皇城台为中心,内、外城半包围环绕的套环结构,是目前所见我国规模最大的龙山时期至夏代早期阶段城址。随着考古工作的不断深入,石峁遗址以其重大的学术意义,在世界范围内产生了强烈的学术共鸣,先后荣获中国六大考古新发现、全国十大考古新发现、世界重大田野考古发现和全国田野考古一等奖。[8]

石峁遗址具有规模宏大的格局、完备的城防设施、层次分明的聚落分布和精美的玉器文化，它是我国北方地区一处大型中心聚落遗址，为探究中华文明起源形成的多元性和发展过程提供了新的考古依据和研究方向，对进一步理解"古文化、古城、古国"框架下的中国早期文明格局具有重要历史意义。2019年4月24日，国家文物局发文同意将石峁遗址列入《中国世界文化遗产预备名单》。[9]

第三，榆林城墙加入中国"明清城墙"申报世界文化遗产的筹备准备活动之中，积极创造条件，首先成为中国"明清城墙"申报组织的一员，在其统一要求下开展工作，为将来的联合申报创造条件。

国家文物局2006年已经把"中国明清城墙"公布为中国世界文化遗产预备名单，当时是陕西西安城墙、江苏南京城墙与辽宁兴城城墙三家共同打包组团，联合进行申遗活动。2007年，湖北荆州城墙又加入这个名单，扩大为四个古城。2019年1月30日提交第三批《中国世界文化遗产预备名单》，其中有明清城墙。联合国教科文组织世界文化遗产著录《中国明清城墙》：南京城墙（江苏省南京市）、兴城城墙（辽宁省兴城市）、临海台州府城墙（浙江省临海市）、寿县城墙（安徽省寿县）、凤阳明中都皇城城墙（安徽省凤阳县）、荆州城墙（湖北省荆州市）、襄阳城墙（湖北省襄阳市）、西安城墙（陕西省西安市）2008.03.28列入预备名单，列入标准：ⅢⅣ。[7]

根据国家文物局专家的研究，中国目前列入各级文物保护单位的城墙有100余座，主要都是明代以来的城墙。如果能把工作做好，在未来四五年时间内，中国将有8—10个明清城墙遗存，完成环境整治工作，达到世界文化遗产的标准，申报成功应该没有问题。

榆林古城是明代所建的九座重镇之一，处于长城沿线，军事价值和古建筑意义很大，尤其是"六楼骑街"的布置，如果我们现在开始就充分认识其文化价值，开展修复、研究与保护工作，整治古城及其周边环境，加入"中国明清城墙"联合申报世界文化遗产的团队也是大有希望的。

## 三、在榆林市建设上注重文化传承和山水地理条件

在城市建设方面，有以下几点应该特别关注。一是科学规划榆林市的扩展，注重文化传承和山水地理条件，把榆林建设成承古开今，既具历史文化传统魅

力，又有现代科技都市色彩的区域中心城市。二是统筹全市范围内的城镇体系建设与布局规划，加强各地小城镇建设，重点发展榆林市周边的神木、靖边与绥德三个县城，使其尽快撤县设市，发挥补充辅助中心城市的功能。三是研究府谷与佳县两个省级历史文化名城的文化与建筑特点，以其为主体带动黄河沿线城镇体系的形成和发展，打造沿黄文化与风光旅游线路，使之与已经基本连接起来的明长城沿线城镇带、无定河谷城镇带，共同构成榆林城市发展的三角稳定结构。

榆林市的渊源可以追溯到了秦汉时代的上郡，但由于位置移动，上郡遗址破坏严重，对今天城市建设的参考价值不大。而明代兴建的重镇榆林是我们现代城市的前身，其选址布局、扩展过程与周围环境建设的思想理念与具体实践，有许多特别引人注目的地方，值得我们研究借鉴。

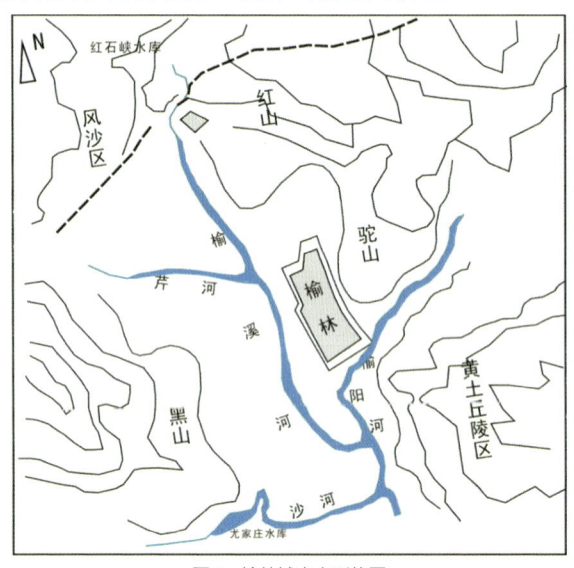

图 1 榆林城山水形势图

榆林最初依桃花泉水兴起，整个大城北据红山，西凭榆溪河，东依驼峰山，南邻榆阳水，形成了自然山水四面环抱之势，是一种最佳的区位选择。据著名规划专家韩骥先生介绍，榆林古城的选址与扩展是中国古典人居环境（风水）经验的结晶，即在今天仍有较强的科学意义和应用价值。

图1榆林城山水形势图显示，古城北部的红山，中部的驼峰山与南部的青云山基本连成一片，而且呈南北走向，是古代榆林城址选择的龙脉所在。驼山正好向东弯曲，在山体与榆溪河之间形成了较大的河谷盆地，像怀抱的形势，

具有风水上"穴"的特点,是天造地设的建设城市的环境。

除了自然形成的地形龙脉以外,古人讲究"龙首当镇",于是在红山与长城交会处建设镇北台,成为榆林市的镇山。榆林城在明朝兴建以后,有过多次的扩建,而每次扩建都主要是向南北方向的扩展,城市主要街道也是南北布设,以顺应这种龙脉的效应。在南门外修建凌霄塔也有风水思想的存在。北部城垣不开城门,除了军事防卫价值以外,也有一定的文化与环保意义。榆林地处风沙边缘,北墙不开城门可以抵御西北风带来的沙尘,而且也有一定防寒防风的实际效用。

研究榆林古城选址与布设的南北龙脉与轴向,对于今天榆林的现代化城市建设与规划具有参考价值。首先明确榆林的景观主轴是南北走向,这是历史发展与地理形势所决定的,我们今天的各种建设都要尊重这一特色,如果能够加强这一轴线景观,当然更好,绝对不能横向扩展,以防止挖断龙脉。

中华人民共和国成立以来榆林城市有了重大发展,首先建成了南郊的工业园区,其后榆溪河两岸新区拔地而起,北郊和东沙也形成了向外扩展新的建城区。见图2榆林城市景观空间演化示意图。榆林市的范围大大扩展,榆溪河成为现代榆林市的内核,因而也将成为榆林市的主脉所在,这也特别符合干旱区城市发展对水源较强依赖性的需要。即在明清榆林城市建设过程中,对水的重视仍然值得我们研究,在传统的榆林八景之中,水文景观占了绝大多数[10]。

八景之一的"南塔凌霄"是人文建筑景观,"红山夕照"与"驼峰拥翠"是自然山丘的利用,除此三者之外,全都与自然水源有关。"芹涧春香"是说城区西北部的芹河,它从西北部山涧流出,在市区王家楼村汇入榆溪河。河水清澈,古时常年不断,两岸绿草成茵,野花竞放,姹紫嫣红,芳香袭人。"寒泉冬蒸"说得是城内的普惠泉,在严寒的数九寒天仍然热气腾腾,永不结冰。"驼城十里涌寒泉,冬日云蒸众壑前",是对此景的真实写照。

"柳河秋色"指城区西南部的一条河,长约5千米,现被拦蓄成水库,沿岸稻花飘香,柳树千行,风景秀丽。"水帘飞雪"是指榆溪河流经红石峡南部,崖岩泉水潺潺流下,形成飞瀑似玉珠垂帘。"龙潭藏珍"是说城南黑龙潭的奇观。潭位于镇川镇红柳滩村东,有泉源九泓,又名"九龙潭"。传说其有灵异,祈雨特别灵验,而且将瓶放在泉眼下还会有古钱、珍宝流入瓶中。

榆林八景是古城山水特征的主体部分之一，它反映了古人的思想方式与周围环境的密切关系，人们对自然山水敬畏、崇拜乃至适应，同时还尽可能地利用，发展到对山水的审美并最终逐渐将其纳入自身的生活中，体现了中国传统思想以"以人为本，天人合一"的主旨。

山水人工景观形成的"榆林八景"，还体现了古人巧于因借、富于联想、人文色彩浓厚的环境观。八景分布在古城的内部及东西南北郊外，"众星捧月"似的包围着古城，是古城整体环境的主要组成部分。其以较为松散的格局，成为被城墙包围的古城与周围自然环境间的一种延伸过渡，构成了平衡与补充的图画，在景观上丰富了古城的空间层次和内容，同时还体现了鲜明的地方特色[11]。

这点也特别值得我们现代城市规划和建设过程中合理借鉴。比如现在已经制定的榆溪河及其滨河地区整治规划，计划将建立一个占地370公顷的景观生态公园，将榆溪河建成集防护、游憩于一体的生态河，成为榆林城的一道亮丽的风景线。这当然是很好的，同时还应注意沿榆溪河的文化建设。我认为榆溪河不仅是绿地系统的承载者，而且还是榆林的水脉，是其特色文化显示的主脉。有人认为榆溪河是榆林市的母亲河，我觉得这种观点值得提倡，而且会对我们建设榆林市时重视水文泉源起到一定的促进作用。

榆林周边河流不少，除主干榆溪河外西北有芹水，南部有榆阳河，东南有沙河。我们在城市建设中要注意保护各河的自然流路，减少污染，使其流水清澈，绝对不能让它们在我们的手中消失或者湮废。

保护好自然河流对于改善塞外名城榆林市的整体环境意义非凡。榆林新城区多是建设在沙地之上的，离开了水源，其景观建设将受到极大威胁。1949年，榆林城东西北三面明沙起伏，直逼城根，生态环境较为恶劣。榆林现在的城区是在城郊治沙的基础上，向四周扩展的，东沙、西沙与红山三个新城区原来都是沙漠景观，南面的沿河工业园区建设在黄土地上。城市里城区扩展迅速，符合建设区域中心城市的需要。

但是，还要看到榆林市人居环境的改善还有较长的路要走。一个人居环境良好的城市，要求森林或绿地面积能够达到碳氧平衡，城市绿地面积应达到城市总面积的40%，常住人口人均绿地面积应达到40平方米。而榆林城区人

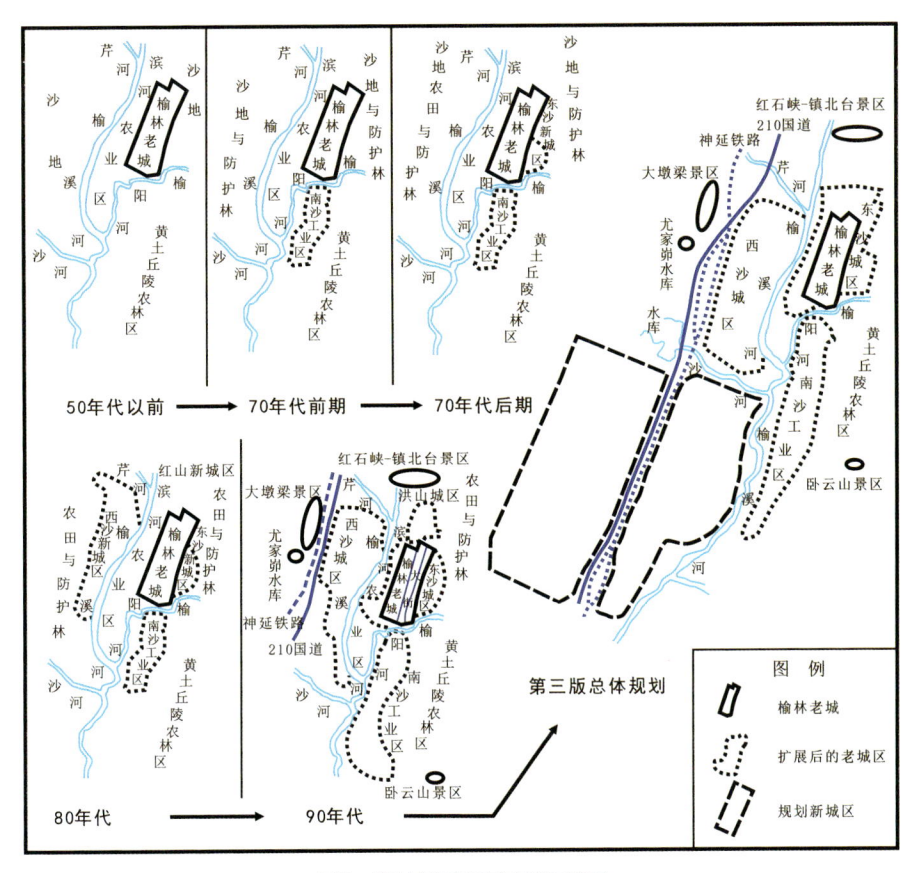

图 2 榆林城市景观空间演化示意图

均绿地面积仅为 2.6 平方米，与良好标准差距很大，而且与全国 6.52 平方米的平均水平相比，也没达到其半数。

榆林老城区的空气污染问题也还没有解决，近几年实行的步行街改造项目和大街天然气供气工程，使大街两侧 100 米范围内的店面、民宅使用上了天然气等清洁能源。这对于改善城市空气质量有很大贡献，也提高了居民的生活质量。但从整个旧城区来看，这仅是一条线的改造，仍然有大量居民使用煤炭取暖做饭。排放烟尘污染严重。我们在东城墙考察时，仍然看到旧城区的每个屋顶上有 2—3 个烟囱的情况。为何不能利用盛产天然气这一地主之便，尽快地促进旧城区煤改气工程的完成，还城市一片蓝天。

借鉴古代城市环境建设的经验，可以促进榆林市文化保护与环境建设二者相得益彰，相互促进，和谐发展，为榆林市的做大做强，可持续发展多做贡献。

[参考文献]

[1] 普慧. 秦汉上郡治所小考[J]. 唐都学刊，2008(1).

[2] 李令福. 大夏首都统万城（白城则）的历史变迁[J]. 中国古都研究（总第二十五辑）2012.

[3] 习近平. 在黄河流域生态保护和高质量发展座谈会上的讲话[J]. 求是，2019(20).

[4] 朱铁臻. 城市现代化与城市文化[J]. 政策，2002(10).

[5] 侯甬坚，李令福. 走向世界的沙漠古都——统万城[J]. 中国历史地理论丛专辑，2003(6).

[6] 祁铭. 大夏古都统万城进入申遗预备名单. 华商网，2012-11-21.

[7] 中国世界文化遗产中心. 中国的世界文化遗产预备名录. 联合国教科文组织世界文化遗产.

[8] 孙周勇，邵晶，邸楠. 石峁遗址的考古发现与研究综述[J]. 中原文物，2020(1).

[9] 国家文物局关于将石峁遗址列入中国世界文化遗产预备名单的函，文物保函〔2019〕380号.

[10] 黄明华，孙立，陈洋，李建华. 城市动态规划的理论、方法与实践——兼谈榆林城市总体规划[J]. 西安交通大学学报（社会科学版），2002(2).

[11] 白茜，张爱民. 榆林城市影响力现状及提升策略研究[J]. 榆林学院学报，2019(1).

# 消逝的村落文明：关中传统村落景观拾零
——兼谈对关中传统村落保护和利用的意见

刘景纯[1]

村落是历史时期以来适应农业社会生产、生活方式而形成的乡村聚落。东晋诗人陶渊明诗云："暧暧远人村，依依墟里烟。狗吠深巷中，鸡鸣桑树颠。"南宋诗人陆游诗说："斜阳古柳赵家庄，负鼓盲翁正作场。死后是非谁管得，满村听说蔡中郎。"这两首诗中的村落，就是我们常说的历史村落。由于历史的变迁，古老的历史村落多已消失在历史的长河中，那些延续到现代的村落，主要是明清时期以来的存在了，我们称之为传统村落。传统村落是传统农业社会的产物，是传统农业文明的载体，它为传统农业文明所塑造，又集中地反映了传统乡村的日常生活，是值得珍视的物质文化遗产。随着现代文明和城市化的迅速发展，我国传统村落在迅速地改变中。时至今日，不少村落业已消逝，没有消失的也多"面目全非"，至于凝结于其中的村落文明也多已成为历史的烟尘，渐渐地逸出了人们的记忆。下面所述已经消失或者正在消逝的村落景观就是其中的一部分。

## 一、村落城堡

明清以来，关中地区较为普遍的分布着筑有城墙的村落。《水浒传》述华阴县史家村说："一周遭都是土墙，墙外却有二三百株大柳树。……前通官道，后靠溪冈。一周遭杨柳绿荫浓。四下里乔松青似染。草堂高起，尽按五运山庄；亭馆低轩，直造倚山临水。转屋角牛羊满地，打麦场鹅鸭成群。田园广野，附庸庄客有千人；家眷轩昂，女使儿童难计数。……村中总有三四百家，都姓史。"[1]这是一座城村，是以史家家族为主体的村落共同体。它与元初意大利人马可·波

---
[1] 刘景纯（1965— ），男，陕西师范大学历史地理学博士，陕西师范大学西北历史环境与经济社会发展研究院教授，博士生导师，主要从事历史地理学、战国秦汉史与西北边疆与社会经济史研究。

罗所见渭河沿线城村一脉相承。所谓："沿途所见城村，皆有墙垣。工商发达，树木园林既美且众，田野桑树遍布"[2]。今泾阳县东北数十里、三原县城北约十里处的鲁桥镇，是明清以来的关中大镇，镇有城堡，乾隆时人刘绍攽《游城北记》说，镇"有城郭，居民千家"[3]。安吴堡在鲁桥镇西10余里，是著名文学家、诗人吴宓的老家所在。据吴宓回忆，该城村由内、外城构成。清光绪年间，"堡中居民，共有二百数十家。除老支、新支之吴姓外，尚有异姓二百三四十家。然皆久居堡中之人。新迁来者绝少。其中亦有绅士与读书人，生活安舒、文雅者，如牛翰臣先生。但其绝大多数，皆自耕农、富农或营小商店与负贩之人"[4]。其实，在清代，这样的城村在关中地区是普遍存在的，乾隆《富平县志》记载，富平县有城堡数十座[5]，其他诸县也都有不同数量的记载，兹不赘举。

村落城墙在民国以来相继拆除，至20世纪70年代，存留者已属凤毛麟角，非常稀见。我老家在礼泉县西张堡乡东寨村，距此约三四千米的张什村，那时还完整地保留着城墙。小时候随家人去该村走亲戚，一走近村，映入眼帘的就是一座巨大的城堡，城墙用砖包裹着，大概是因为旧的原因，城墙呈土黄色。城门两侧树立有两个高达数十米的石柱，石柱上半部有两个石斗，石斗旁边吊着一截可能是拴旗帜的布条带。城门外左侧约50米处是一个涝池，池畔歪七竖八地躺着几个石羊、石马。这是我第一次看见城以及这些石羊、石马，非常好奇，印象也非常深刻，至今难以忘怀。听老人讲，我们村过去也有城，不知什么时候拆的。但村子里的些方言名号在一定程度上可以证明这一点。小时候常听人说，到"城门（方言音mang儿）外""后堡子""城北""西门"等，应是城村时代留传下来的语言。现在村子变了，这些话很少听到了，这样的村落语言也渐渐从人们的日常生活中消失了。

## 二、井上、土壕、涝池

水井、土壕、涝池是关中传统村落必要的组成部分，也是村落居民生产、生活过程中形成的独特景观与空间秩序。日出而作、日落而息的人们的生活日常无不与此相关联，由此而在日日夜夜的斗转星移中演绎着乡土文化的简单、质朴与繁华；在与时代的变迁和激荡中，镌刻着乡土文明变迁的轨迹。

### （一）井上

这是村里人对水井所在地的称呼，是村子公共空间的一种。明清时期，稍具规模的一些复式村落，一般都有几口井，以街道为单位，一个街道一口井。其来源，最初是由一个大家族，或者由几个家族联合体出钱挖掘、修建，供这些家族，一般来说就是一个街道的饮用水。由于村民经常打水的缘故，"井上"逐渐成为一处公共场所，是人们集聚聊天、闲聚、听故事、闻听社会逸闻趣事，甚至相互辩论、抬杠的场所。也是走街串巷的货郎担子、吹糖人的民间艺人等所乐于集聚的地方。这大概是现代乡村广场的最早雏形，其功能部分地类似于古希腊雅典城邦时代的"广场"。对于后者，西方人评价很高，认为它是"文明的基础""它是一个聚会的场所，使人得以在相互的接触中变得愉悦""它如何为一种异质的群体提供共享的空间体验，尽管这个群体迟早会分道扬镳；它是一种城市形态，聚集人群，并给予人们短暂的快乐与安适"[6]。"井上"不是一种有计划的"广场"式设计，更不具有西方城市广场那般被当作"艺术品来分析"的资质，但这是一个客观存在的事实。在这里，出于交流的需要，人们彼此间自然地聚集，实现了朴素的、简单的但又是平等的交流、嬉戏、辩论、听说；实现了在相互接触中所取得快乐和安适的体验。它没有丝毫的人为设计，一切都是在自然的过程中完成的。人民公社时期，规模较大的村子往往有几个生产队，每个生产队都有自己的井，"井上"就成为一队人的公共空间。这里安设有上工时间发号施令的"钟"，上工时敲钟，分配活计，下午收工后，统一在此登记工分。就是供给制时代的分糖、分布证，稍后的分菜、领油等诸多集体活动，包括一些临时性小型会议，也多选择在这里进行。这样，在原有普通公共空间功能的基础上，"井上"又成为一个生产队的集体空间。集体化时代，村里人不许外出，大家共同劳动，共同分享劳动成果，也就有了共同的上下工和共同的闲暇时间。"井上"因此就更加的热闹了：吃饭时间，中华人民共和国成立以来的思想解放、观念变化，使得人们不再拘泥于自家屋里的饭桌上，尤其是男人们往往端上饭碗，一个个来到"井上"，蹲着围成一圈吃饭，各自天南海北的闲聊着。所聊的内容，大到国家大事，小到各种奇闻逸事，不一而足。一些有"学问"的老人，讲起书来，更是让人乐于倾听。渐渐地，放学后的小孩子们来了，甚至有的超"解放"的妇女也参与其中。新时代的小说、电影自然是年轻人的话题，而老人们所讲的《水浒传》《三国演义》《封神榜》《七侠五义》中的片段故事更加引人入胜。

时过境迁，改革开放以后，特别是商品经济的日益发展，人们忙碌了，外出了，打工了，"井上"也日渐退去了往日的"繁华"和喧闹。随着自来水引入家庭，辘轳打水、机井抽水的时代一去不复返了，作为村落公共空间、集体空间的"井上"自然也就消失了。时至今日，这样的记忆也在渐渐地逝去。

### （二）土壕

现有的村落研究中，很少有人关注土壕的景观性征与意义。但我的少年时代却经常与土壕打交道。小时候经常用架子车在土壕里往家里拉土；上小学的时候，正值学工学农，教育与生产劳动相结合，小学校的数十亩田地就在一个大土壕里。老师经常带着我们班去学校田地参加生产劳动；至于利用星期天参加生产队的劳动，也没有少在土壕里给生产队的饲养室拉土；而和小伙伴们到周边数十里内的村子去看电影，又没少走过诸多村子土壕的沟沟岸岸。因此，土壕给我留下了深刻的印象，它是关中传统村落景观不可分割的组成部分。20年前我写过一篇关于咸阳塬上农村聚落"池塘"的文章[7]，其中提到土壕的问题。后来被一位日本庆应大学的朋友看到，他当时在研究周原一带"粪土与农业经济"问题。为此，他还专门来到西安与我交流，甚至跑到我的老家去实地考察。他的文章后来发表在一本日本的杂志上。就是说，他是从经济意义上来关注到土壕的，而我则视之为村落景观与村民生活的一部分。

土壕源起于村落居民的日常用土。传统时代，关中村落居民都使用"旱厕"，每家院子里都有一处茅厕（一般在后院），日常产生的人粪尿都要使用黄土覆盖，日复一日，形成土粪，就是后来人所说的"家肥"。家中所圈养的马、牛、羊各有圈，所产粪尿也都如此处理。这样，黄土就成为家里日常生活所必备的生活资料。黄土来自哪里？就是土壕。土壕一般分布于村外不远处的公地上，或者处于乡约而确定的地方，一般都是质量不大好的高地，以便于村民拉土。筑城以后，大概也与修城密切相关，有些土壕就有了"城壕"的雅号，所谓北城壕、西城壕、南城壕等，直到现在那些旧土壕的所在地，老人们还无意识的习惯上称它们为"城壕"。按照这一逻辑，村落的诞生，就意味着土壕形成的开始，日复一日，年复一年，一个时代接着一个时代，土壕就这样不断扩大。就是在战乱或者饥荒的年代，村落的主人或者有所变更，土壕却一直这样延续着，扩大着。所以老人们讲，看一个村子是否古老，看看土壕的大小就知道了。这固然不一定完全正确，因为取土量的大小与村落规模的大小是有密切关系的，但也不能说没有一定的道理。

人民公社时期，以大队为单位的村落的各生产小队都建起了自己的饲养室。作为生产工具的马、骡、驴、牛等集中饲养。出于取土的方便，饲养室就多建造在土壕岸边。由于生产的需要，饲养室规模日渐扩大，对土的需求量很大，加上人口增长日益加快，土壕的面积很快增长。譬如，我所在的村子（礼泉县西张堡公社东寨村），当时有六个生产队，与此相应，六个生产队都有自己的土壕。这些土壕多是在旧时代土壕的基础上继续发展的。上文所述，我小学时期学校的田地，就被分在五队、六队土壕里。20世纪70年代搞民兵建设，有些大一点的土壕也常成为民兵训练和打靶的场所。老土壕因为延伸较远，往往被废弃，如我们村子北面的老土壕就有五六十亩大，后被废弃，下面的土地又被开发为新的田地。而新土壕又从近村处向外延展，日复一日，年复一年。土壕景观就这样的形成着，随着时代的变化，也就这样缓慢地变化着。但是传统的性质、基调却没有实质性的改变。

土壕的废弃源于社会财富的急剧增长和化肥产品的丰富供应。人民公社时代结束以后，伴随着联产承包责任制、土地分配到户和土地30年不变、70年不变等一系列政策的实行，大队解散，生产小队消亡，饲养室不存在了。农村劳动力的积极性被极大地调动起来。在土地生产投入上，化肥取代了传统的家肥；传统生活中的"旱厕"为"水厕"取代；过去依赖土壕打土坯、盖房子的情况，也因改为使用砖瓦而不再需要土壕。于是，土壕以及与此相应的生活时代结束了，以往生活所形成的土壕的角角落落被开发成农田。时至今日，土壕的痕迹还能依稀地在村落的周边看到，但却失去了旧日景观的功能性征。随着老人们的日渐离去，年轻人的记忆里已多没有土壕的印记了。

### （三）涝池

与土壕景观形成的机理不同，涝池最初是在村落的低洼地上形成的。在天降暴雨或者连阴雨的时候，一方面村子（包括城堡内）里的积水排向村外低洼的地方；另一方面村外田间小路上的雨水也往往顺路而下，流向近村的低洼地，长此以往逐渐地形成"潦池"，后来人亦称作"涝池"。冬季下大雪的时候，村民将街道上、院落里的积雪清扫起来，一车车地拉运到涝池里。在这样的岁月流转中，涝池就成为村落景观的一部分，与村民生活建立起持久而稳定的联系。后来村民洗衣服，村子里盖房等就经常使用涝池水。一到夏天，小孩子们经常去涝池游泳，冬季冰封的时候，也常常去滑冰。从水资源利用角度讲，这也是村民利用自然降水的一种方式。人民公社时期涝池的开发和利用发展到一个高峰。各生产队因为有饲养室，饲养牲口需要大量的饮用水，于是在原来涝池的基础上，或者重新改造，或者重新建造，各队都有了自己的涝池。有的村子甚至有三四个涝池。涝池与村落生活更加密切，详情请参考我曾写过的一篇文章[7]，此处就不再赘述了。

人民公社时代结束后，新时代的村落建设在不知不觉中逐渐展开。由于经济的日益好转，几代人蜗居于一个院落的时代迅速地改变，年轻人不断地分家，建立起自己的个体小家庭，庄基院落一个个移向村外。新生活方式的变化，使得涝池很快失去了必要的功能，在几年之内便消失殆尽。这样，作为传统时代的景观及其伴生的生活也就永远地退出了人们的生活。

### 三、道路、族墓、公墓

#### （一）道路

道路是一个现代概念，在现代文明中的意义虽然愈来愈重要，甚至成为交通史、交通地理、景观史、景观学、建筑与设计等众多学科关注的专门学问。但在传统时代，除了较大的"驿路"和城市内部的街道以外，很少有人关注道路的建设，尤其是乡村道路更是没有任何记载，就是偶有记载，也多没有什么名号。由此让人想见它是何等的卑微与不堪！关中平原乡村之间的道路，除了历史时期延续下来的"官路"以外，多是自然形成的。正如鲁迅所说，"世上本没有路，走的人多了，也便成了路"。对于很多村落来说，最初因为什么原因有了村子，村子又是在什么时间出现的，多已是不大清楚的问题了。不过，村落之间的道路却因世代人们之间的口耳相传，至今还依稀的保留有一些记忆和痕迹，时时为老人们所称道，虽然就今天的情形来看，早已是面目全非，更没有什么文字的记载留存下来。

村子的道路因两种活动而生成：一是村落居民的生产劳动；二是村落之间的村际联系。不论是前者还是后者，所遵循的原理都是"两点之间直线最短"。基于这些观念，并在此观念指导下，人们在日常生产、生活和社会交往中，就"走出"了以村落为中心而辐射向村外的道路。它们没有什么设计，却胜似设计；一开始没有什么道路的名字，但随着路的出现，以及人们经常走动，在不经意间自然也就获得了道路的名字。也是通过这样的道路名称，村落、村落之间的位置关系就被死死地写在大地上。以礼泉县西张堡乡东寨村为例。以村落为中心，村落以北的农地通称"北岸"，以南的空间通称"南岸"，西面为"西岸"，东面为"东岸"，这就是当地人的空间方位概念。北面的生产路，一般叫"北岸路"，南面的生产路叫"南岸路"，有时简称"南路"，其他以此类推。村际之间的道路，因为是走出来的距离最短的路，多以"某某斜路"的形态出现，渐渐地这些路就获得了"某某斜"的路名。如东寨村与其东北约两千米处的草滩村之间的路叫"草滩斜"，与其西南约1.5千米的南寨村之间的道路叫"南寨斜"，与其东南约3千米的四张王家（今亦称席家）之间的路叫"王斜"，与西北方不远处曾经存在的一个村子之间的路叫"新庄斜"，因为这个村子早已不存在了，现在仅留下一个历史的路名。在日常的生产活动中，村民下地劳作经常也走一些斜路（即抄近路），于是就有不少称作"斜"的生产路了，如"上斜""北岸斜""南岸斜"，等等。东通康家、西接新城村的东西路是早期礼泉县到阡东镇的大路。这条路在明清时期地方志所绘制的"地图"上，是一条东西向横直道路，当地人称"官路"。但实际上并不是一条直线，而是因为贯穿着沿路村庄而有一定曲折的道路。人民公社时期，随着土地整治、农田基本建设运动的开展，规划的阡礼公路向南迁移，东西取直，生产路也不同程度的得以规划，加上村北的六支渠、村南的五支渠的兴修，70年代后期六号公路的兴修等一系列工程的开展，相当一部分田地经过整治称为水浇地，数千年以来高低不平的"旱地"多不存在，旧时代延续下来的"小路、

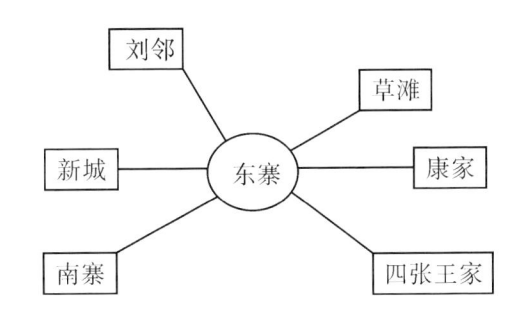

三是甘肃是红军长征路经的重要省份，各路红军在此征战历时长达两年半，活动范围近50个县，集中体现了红军对革命理想和革命事业的无比忠诚、无比坚定的信念、众志成城、百折不挠、团结互助、克服困难、实事求是、独立自主的伟大长征精神内涵。甘肃省的长征历史遗存数量多、品质高、影响大。其中会宁红军会师遗址、榜罗镇会议旧址、俄界会议旧址、茨日那毛泽东旧居、腊子口战役旧址、新城苏维埃旧址、哈达铺会议旧址、南梁陕甘边区革命政府旧址等八个长征历史遗存属于国家级文物保护单位。

## 三、甘肃省长征历史遗存保护与开发利用中存在的问题和困难

近年来，甘肃省对红色文化越来越重视，对省内近现代历史进行梳理，对一些长征文化遗产进行保护和利用，取得了有目共睹的成绩。但也存在一些问题，大致有以下几个方面：

### （一）对甘肃长征文化的研究梳理不够系统深入

甘肃长征文化内涵丰富，目前各地区市的文化文物、史志、档案、政协文史等部门，从自己分管领域对甘肃长征文化资源和内涵进行梳理，也形成了一些成果，但是没有规划性，也不够系统深入。

### （二）对长征文化遗产的保护还有差距

近几年，甘肃省对俄界会议旧址、腊子口战役旧址等革命文物进行了修缮和保护，建立纪念馆进行展示，但是总体上还有大量的长征文化资源亟待研究和保护。目前对长征文化资源的保护，主要还是基于红色旅游开发的角度，并没有真正上升到对文化资源、文化遗产的保护层面，在一定程度上导致了长征文化资源的保护范围受到局限，大量非文物的长征文化资源，如长征歌谣、长征故事、长征标语等，并没有得到应有的保护和有效的开发利用。

### （三）对长征文化资源的保护力度有待加强

甘肃省长征文化资源的保护工作一直以来都是在政府统筹下由各县文旅局、纪念馆等进行，除了专门的机构外，广大民众对长征文化资源的保护意识不强，对长征文化资源价值的认识不够，使一些长征文化资源遭到了毁灭性的

破坏。此外，对长征文化资源的破坏性开发，使得部分长征文化资源的原真性和完整性被破坏。

### （四）长征文化资源保护和开发利用的经费短缺

法律规定文物保护经费的来源主要是财政预算、事业性收入和社会基金，而实际运作过程中往往只有财政预算经费能够勉强到位。随着国家实施纪念馆、博物馆免费政策以来，长征文化资源保护经费的来源就主要是政府的财政预算，这一状况使得经费短缺已经成为甘肃长征文化资源保护和开发利用的主要问题之一。

此外，还存在管理机制不健全、破坏性开发、缺乏保护和开发利用专业人才等问题。这些与甘肃在中国革命史、长征史中所处的地位极其不匹配。

## 四、建议：助推甘肃融入长征国家文化公园建设

2019年7月24日，国家主席习近平主持召开中央全面深化改革委员会第九次会议，审议通过了《长城、大运河、长征国家文化公园建设方案》。会议指出，建设长城、大运河、长征国家文化公园，对坚定文化自信，彰显中华优秀传统文化的持久影响力、革命文化的强大感召力具有重要意义。会议强调，这三个国家文化公园项目，要结合国土空间规划，坚持保护第一、传承优先，对各类文物本体及环境实施严格保护和管控，合理保存传统文化生态，适度发展文化旅游、特色生态产业。

建设长征国家文化公园，是国家重大决策，是国家重大文化工程，目的是做大做强中华文化重要标志，是弘扬长征精神的重要举措，是文化自信和道路自信的生动体现，是不忘初心、牢记使命的具体实践。涉及15个省区市，甘肃省处于长征线路的末端，是长征精神集中体现的地方。因此，甘肃省要把握住时代潮流，特别珍视这个机遇，强化紧迫感、使命感，结合国家提出的宏大规划，充分挖掘甘肃长征文化的内涵，做好保护与开发利用的规划，要努力把甘肃建设成为长征国家文化公园的创新高地、重要景点，发挥好传承利用、文化教育、公共服务、旅游观光、科学研究等特殊功能，同时使甘肃革命老区实现精准脱贫，永远脱贫。具体而言，应做好以下几个方面的工作：

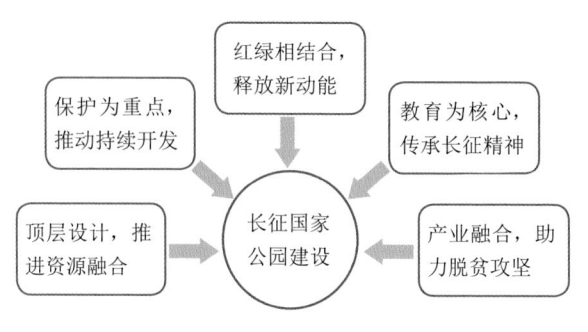

图2　甘肃省长征国家文化公园建设思路图

### （一）注重顶层设计，推进多方资源整合

长线型公园建设重在资源整合，长征国家文化公园的建设也是一个跨行政区域、跨部门、串连起长征沿线革命老区的系统工程。先期资源可由各市县进行区域资源统筹，后期移交国家统一管理。加强资源整合，点线面全面发展，形成文化公园线路上的重要资源集合点，成立"长征国家文化公园管理对接部"，积极协调资源开发、规划开发等问题，发挥区域协作的力量，打造多省互利、共建、共享的局面。把握新时代高质量发展的战略要求，以精神传承、生态优化、产业融合、富国强民为发展理念，编制长征国家文化公园文旅产业高质量发展规划，联合国家部委，以及省内有关部门共同组建高规格的联合协调机构，对长征国家文化公园文旅产业进行统一规划、统一投资开发、统一经营管理、统一品牌运营，整合相关资源，形成产品体系，赋能长征国家文化公园以高质量发展。

### （二）保护为重点，推动长征国家文化公园可持续开发

遗址遗迹、自然生态的破坏，具有不可逆性，在长征文化旅游开发过程中，针对遗址遗迹、自然生态要以保护为主。立足保护，建设长征文化保护体系，健全保护条例，对资源进行等级划分，设立开发标准，多方监督保护开发过程，形成一套完善的保护体系。遗址遗迹开发保护可结合科技手段，通过VR、AR、投影等多种方式，以最小代价实现最佳展示效果，达到保护前提下的开发。在中央层面的统筹管理下，结合省内国土空间规划，统筹相关部门、相关市县职责，推动保护修缮、文化发掘、活化传承、环境提升、设施配套、文旅融合等工作有机开展。

### （三）红绿结合，释放高质量绿色发展、红色传承新动能

建设长征国家文化公园，践行习近平总书记的"两山"理念，把红色与生态、乡村结合起来，开发过程中用生态廊道串连红色文化富集区域，也可开发生态休闲和红色文旅体验相融合的产品，丰富游客体验，让红色招牌拥有经久不衰的魅力，激发绿色发展的动力。例如，作为长征路上红军北上关键通道的甘南藏族自治州，以《甘南州红色研学旅游发展规划》为指导，始终把发展红色旅游作为带动当地群众脱贫致富的重要载体，将红色旅游与蓝绿旅游及古俗旅游相结合，将红色旅游发展与生态文明小康村建设紧密结合，通过生态文明小康村建设，提升和打造以木耳镇博峪村、达拉乡高吉村、腊子口乡腊子口村等为代表的红色旅游专业村，进一步推动红色乡村游与生态环境建设的融合发展。

### （四）以精神教育为核心，弘扬和传承长征精神

"长征这一人类历史上的伟大壮举，留给我们最可宝贵的精神财富，就是中国共产党人和红军将士用生命和热血铸就的伟大长征精神。"习近平总书记深刻总结了长征精神的伟大意义和实质内涵，生动阐释了长征精神跨越时空的时代价值。长征文化公园承担着弘扬和传承长征精神重要的社会教育职能，必须做好宣传传承工作。面对党政机关、研学团队、企事业团体等，政府牵头成立"长征学院"，从长征文化研究、长征文化教育、长征文化宣传、长征文化体验四大方面，构建完善的长征国家文化公园教育体系，融合红色培训产业及红色研学产业，统筹有效整合现有红色培训机构、研学机构、旅行社、各市县党校等资源，实行统一管理、统一标准、统一执行、统一监督，规范红色教育市场，做好红色教育工作。红色教育方式可以将历史事件、战争场面、生活景观有机融入现代科技手段、多媒体、线上直播等新方式，让老区的革命历史、秀美风光、淳朴乡情更加深入人心，让红色教育群体更深入的学习党史国史、锤炼理想信念、传承革命精神。

### （五）要注重产业融合，助力革命老区攻坚脱贫

长征线路有丰富的红色文化资源和生态资源，包括磅礴的山川资源、缓急并存的河流资源、原生态的美丽乡村资源、富饶的农业资源、神秘的民族风

情等，资源丰富、类型多样，围绕"传承红色基因，讲好长征故事"这一核心理念，以红色文化旅游产业赋能，大力发展"红色文旅+"产业融合，将资源优势转化为经济优势，推动区域产业结构调整，培育特色产业，扩大再就业、增加居民收入，全面盘活当地市场经济，促进生态建设和环境保护，为革命老区经济社会全面发展注入新的生机活力。依托长征遗址遗迹，通过长征国家文化公园建设促进军民融合，打造一批军事旅游产品。探索军产产权灵活利用、军用场所开放利用等方面的合作机制，高水平建设一批以军事培训、国防教育为主题的研学基地。此外，推进老区乡村旅游扶贫，规划建设革命老区省级乡村旅游扶贫重点村，完善提升乡村旅游扶贫工程，加强农产品加工、农家乐民宿经营管理、农村电子商务等实用技术技能培训，不断提升农民旅游服务意识和适应市场经济发展能力，优先支持革命老区开发数字乡村、精品旅游线路、旅游景区创建、星级农家乐（民宿）评定、旅游标识标牌建设等；鼓励重点廊道沿线贫困村、贫困群众通过参与乡村文化旅游发展实现就业、增收，助力脱贫攻坚。

通过全面调研分析甘肃省的红色文化资源现状（见我们完成的5万余字的调研报告《甘肃省红色资源开发利用情况研究》2019年12月），我们认为

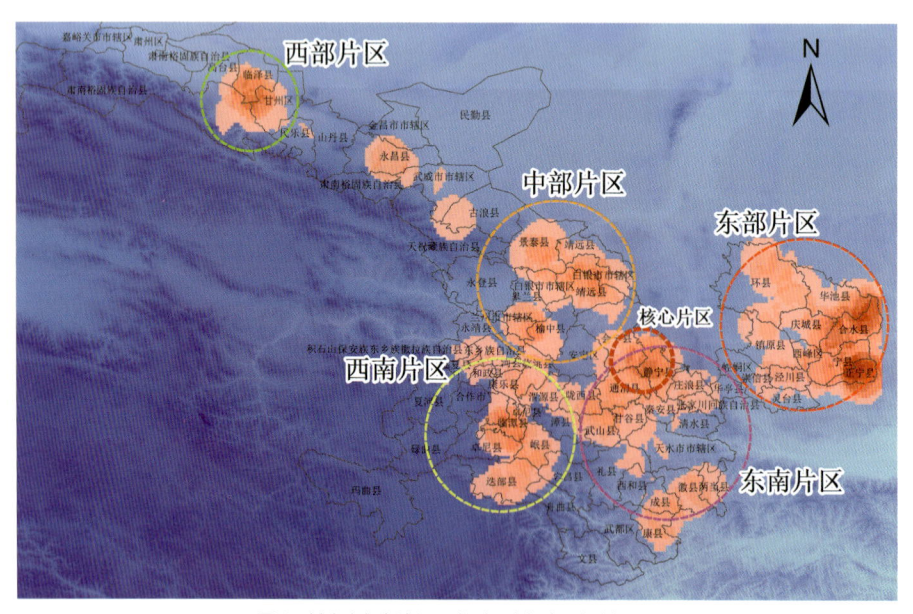

图3 甘肃省红色资源开发利用空间布局规划

甘肃省以迭部为中心的西南片区和以会宁为中心的核心片区不但其文化内涵可以充分体现中国共产党的长征精神，而且保留下来的长征文化资源与自然生态系统天然融合，具有高度的原真性和完整性，能够服务于公民公益，承担起兼具科研、教育、游憩等综合功能，理应成为长征国家文化公园的重要组成部分。结合我们前面提出的五点建议，甘肃省应该抓住目前的机遇，大力推进甘肃省内长征文化资源的整理与研究，力争首批融入长征国家文化公园建设规划之中。

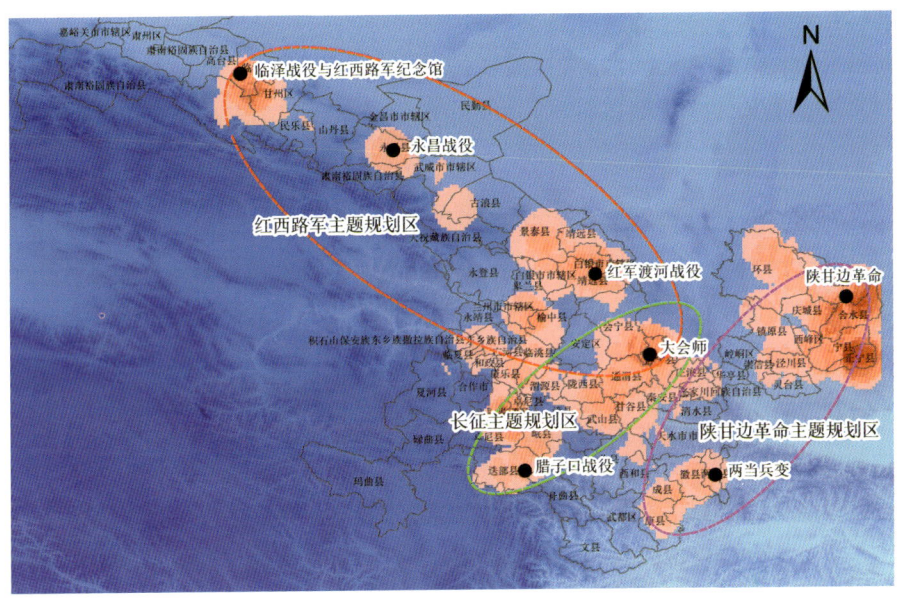

图4 甘肃省红色文化资源开发重点主题规划区

# 陕西省黄河流域文化与旅游产业融合发展中存在的问题及建议

刘立荣[1]

黄河是中华民族的母亲河,黄河流域的生态安全关系着中华民族伟大复兴的千秋伟业。2019年9月18日,习近平总书记在黄河流域生态保护和高质量发展座谈会上要求:沿黄河各地区要从实际出发,积极探索富有地域特色的高质量发展新路子。要保护、传承、弘扬黄河文化。陕西有丰厚的文化旅游资源,要实现高质量发展的目标,促进文化与旅游产业实现深度融合是重要途径之一。

## 一、陕西省黄河流域文化与旅游产业发展的基本情况

为深入了解陕西黄河流域文化与旅游产业发展的整体状况,明确高质量发展方向,探索富有陕西特色的黄河流域文化旅游融合发展新路子,对相关基本情况梳理如下:

### (一)陕西省旅游资源的主要类型

陕西省黄河流域主要包括黄河流经的关中和陕北地区的八城市。其文化与旅游资源可分为三大类。第一类,从古到今丰富的历史遗存及史前遗存资源;第二类,关中与陕北不同自然地理造就的风貌迥异的自然景观与物产资源;第三类,陕西省高教科研优势等可以利用的独特资源。

### (二)陕西省黄河流域文化与旅游产业现状

西安市处于领先水平,2019年较上一年游客人数与总收入增长比双双位

---

[1] 中共陕西省委党校(陕西行政学院)。

居第一；延安市两年旅游产业成绩不凡，咸阳市在旅游业创收增长比上增加迅速；而韩城市无论游客数量还是总收入的增长比，均有较大提升空间。

### （三）重点调研地韩城市文化与旅游产业的基本情况

韩城市位于陕西省东部黄河西岸，关中盆地东北隅，是秦晋豫"黄河金三角"的重要组成部分，也是秦晋黄河岸边重要的工业能源与文化旅游城市。1986年12月8日韩城被国务院公布为我国第二批"中国历史文化名城"之一。韩城文旅融合发展的资源禀赋得天独厚，但在将资源禀赋转化为经济高质量发展方面仍待提高。

## 二、陕西黄河流域文化与旅游产业融合发展中存在的问题

陕西黄河流域文化与旅游产业发展存在的问题主要有以下五个方面：

### （一）文旅规划统筹不够，未充分发挥各景区特色优势和文旅产业促经济发展的作用

2014年，陕西省住建厅下发《陕西省文化旅游名镇（街区）规划汇编》，共规划了31个文化旅游名镇。各地开始进行远超《规划》的名镇（街区）建设，所谓特色小镇项目一拥而上，但由于缺乏规划，一些地方为了文化旅游资源建设不惜破坏居民原有生活区域、毁坏原始的民俗文化、弱化原有的特色文化以求迎合大众审美，反而导致各景区同质化严重，最终难以为继，造成资源严重浪费，与高质量发展的要求相去甚远。

### （二）在文旅资源保护和利用的关系问题方面存在认识上的分歧

文物部门专家倾向于尽量对文物古迹、自然风光原封不动地保护，修复亦应严格坚持"修旧如旧"的原则；政府各职能部门多希望努力通过景区规划和建设能使文旅资源发挥促进地方经济的作用；当地居民在文旅资源保护利用方面认识模糊，但都希望通过对景区合理规划建设，既使自己的生活设施与条件得以改善，又能够因旅游业发展而增加收入；而游客更注重自身体验，更倾向于对文化旅游资源尽可能维持原生态样貌，给游客最自然淳朴的观感体验。

以上各方由于出发点不同,因而对文旅资源的保护与利用的关系问题存在认识上的分歧。现实中,在保护和利用文旅资源方面,很少能做到使上述各方都满意或较满意。存在不当的利用或保护导致文物遗迹、原生态样貌被破坏,甚至出现拆古建筑重新建仿古建筑的问题。

### (三)除西安外其他大多数景区配套设施仍需提升

除西安外大多数景区配套设施方面存在以下不足:

一是景区交通条件不够便利。各景区大多远离主要的中心城市,且景点分散,难以形成联动、成片的旅游产业集群,特别是黄河边上的农村,公路较为狭窄,且道路承载能力不足,加之公交车数量少,停车场欠缺,一到旅游旺季游客增多便会出现拥堵的情况。而投资近70亿,被称作中国的"1号公路""最美公路"的沿黄公路,串起陕西黄河沿岸50多个景点,可谓大手笔,但无旅游公交运行。

二是基础配套设施不完善。黄河流域景点多距离市区较远,景区周边的旅游接待、休闲娱乐和购物设施还不够齐全、未形成规模体系。一些当地居民自发开设了农家乐、水果采摘基地等独具田园特色的娱乐购物项目,但由于缺少统一的市场监管,安全问题、品质问题、卫生问题等都影响着文旅产品的质量和陕西品牌的形象。沿黄公路沿路无住宿无加油站,卫生间数量相当有限,且大车不能通行,大大降低了这条道路的价值。

三是文化体验感差。文化要由物化的载体来表现,陕西沿黄景区虽有文化气息,但氛围不是十分浓厚,且商业化严重影响了游客对黄河文化的领略。同时,大多数游客认为景区对文化旅游资源的开发力度还有待加强,对黄河元素的展示也有待进一步提高。

### (四)文旅产品设计不足

尚未树立起精品意识、创新意识和竞争意识。忽视通过旅游产品展示景区文化内涵的重要性,在最初景区文化定位时未能深入发掘传统的、地方的文化内涵,未突出景区文化定位的方向,在景区文化内涵展示展陈方面缺乏特色,形式单一;文创产品设计平平,无法展示景区的独特文化内涵,纪念意义和收藏价值不高。演艺类文创产品有所增加，但游客能参与其中的文旅活动项目过少。对市场调研不重视，因而文创产品的种类、文化内涵、创意趣味等很难引起游客青睐。地方特产营销方面品牌意识不足，宣传不够，导致好货贱卖。

### （五）文旅宣介推广方面存在明显短板

一是缺少彰显我省旅游资源内涵与魅力的宣传语。我省目前使用的文旅宣传语或者只强调了我省旅游资源的某一方面，或者点出了陕西人文和自然两个方面，存在不能完全展示其既历史悠久，又现代摩登；不仅人文底蕴深厚，亦处处有优美风光的全貌。全省整体宣传如此，黄河流域诸地市的文旅宣传语中，也存在不能完全展示城市魅力和特点、不易被记住的问题。

二是在景区宣介推广方面亟待补缺或提高。目前在宣传内容上，多以黄河流域自然风光为主，对于景区人文历史、民俗风情等文化元素宣介较少，这就造成"景区不宣传游客不知晓"的局面，但事实上，绝大多数游客在选择游览目的地时十分看重其文化底蕴，宣传内容中文化元素的缺位或不充分使其对游客的吸引力大大降低；在宣传方式上，仍主要依托网络软文、旅行社手册、标语口号等传统单一的文字宣传上，而电视广告、新媒体时代短视频、云文旅、特色文创等新兴宣传手段应用较少；宣传视角不够新颖，未能展现当地人文特色，如韩城党家村的家风家训、韩城方言中保留的古语、韩城独特的饮食文化、黄河韩城段最宽最窄处的景观与人文等；在景区宣传力度和范围方面，大部分景区存在宣传力度频度不够、宣传推介范围小的问题，导致景区养在深闺人未识，知名度不高，影响力不大。

## 三、陕西黄河流域文化与旅游产业深度融合发展的相关建议

对于解决上述问题，建议如下：

### （一）加强顶层设计、因景精准施策，加大对文旅规划的投入

黄河流域文化旅游建设是我省一项长期工程，需要加强顶层设计，科学合理地规划黄河流域文化旅游产业集群的建设，制订完备的沿黄文化旅游发展方案，引领黄河流域文化旅游建设的发展方向。

（1）要整合各方力量。成立陕西省黄河流域文化旅游建设研究组织或机构，组织国内知名历史学专家、文化研究员、地理考察队等学者组建成文化普查机构，从历史、地理、人文、农耕、气候等方面进行全方位考察；

（2）启动文化旅游资源分类和评价标准研究，重点突出对独特文化的发掘及后续如何展示等工作，应同时搭建文化旅游资源信息填报平台和数据库，在全省以至于全国范围内形成联动的黄河文化旅游产业集群；

（3）完善沿黄文化旅游产业的整体布局，制定旅游产业集群策略，分析各景区的发展态势，找准文化定位和切入点，结合景区实际精准施策，集中资源打造特色旅游，树立独特形象。并对各景区进行持续的动态跟踪研究，及时发现问题并做出调整。

（4）加强科技创新驱动。一是以技术创新支撑黄河流域旅游产业的发展，将优秀文化资源和旅游产业大数据结合，推动互联网新科技、线上云体验等现代化科技在旅游产业上的应用，增强文化旅游产品更新换代的能力。二是培育旅游产业创新型人才，建立与高校及其他科研机构的联席会议制度，充分利用专业优秀人才，设立科研专项资金，专门进行陕西黄河流域文化旅游产业研究。

### （二）提高保护意识、注重科学利用，合理开发陕西文旅资源

对文化旅游资源的保护和开发，关系到旅游产业的发展走向及定位。黄河流域文化旅游的开发极具复杂性，在保护自然环境与文物资源的同时还应考虑到对黄河农耕文明的开发及展现。

（1）切实加强黄河流域文化旅游资源的保护利用。重点推动建设陕西黄河文化旅游资源保护利用示范区，实施维修保护行动计划和受损资源修复计划；推进黄河村落保护研究机构建设；组织居民学习文化知识，提高文化认同感和文化资源保护意识，鼓励支持社会力量积极拓展不同类型文化旅游资源合理利用的实现途径；组织景区工作人员进行文化培训，加强景区特殊文化资源的安全防护设施建设，充分释放社会参与文化旅游资源保护利用的动力和动能。

（2）探索文化与旅游深度融合新模式。积极探索建设自然资源保护利用示范区和文化旅游融合发展示范区，推动创新型文化旅游资源开发形式，建设

黄河元素文化公园、编制沿黄旅游文化线路、组织开展黄河文明巡展。推进"互联网＋中华文明"、推进云创科技的互联网＋智慧旅游建设与陕文旅景区建设运营有机结合、进一步抓好黄河元素博物馆体系建设。

（3）进一步加强非遗保护与传承。积极开展国家级非遗项目申报推荐工作，实施非遗传承人群研修研习培训计划，引入高校、企业和相关单位等社会力量参与非遗保护工作。同时，积极筹备办好各类非遗展示活动，着力打造具有地方特色和民族特色的民俗、传统节庆等文化旅游品牌，对传统表演类项目进行挖掘提升，用传统曲艺、歌剧、节目讲述新时代的新故事。

### （三）加大资金投入力度，完善配套设施，强化景区服务功能

在景区的硬件和软件设施建设中要做好以下方面：

（1）搞好交通配套基础设施建设。通过打造特色旅游观光路线和公交路线增强各景区间的通达能力，推动黄河流域文化旅游产业集群的形成。在调研的基础上进行车站、卫生间等的基础设施建设，既不浪费也不缺位。

（2）依托新农村建设，建设旅游接待、娱乐和购物等配套设施。发展高质量餐饮、住宿、娱乐和购物项目，提高景区服务功能，增强景区吸引力，扩大景区的容纳度。

（3）将当地风土人情、民俗特色、独特美食融入旅游环境中，并通过节日的民俗文化表演、独具特色的农村集市，营造浓厚的地域文化氛围，让游客有休闲购物的热情和完美的乡土文化体验。

### （四）挖掘文化底蕴、创新产品设计，打造精品陕西文旅

文化是旅游产业的灵魂，具有深刻文化内涵的旅游产业才具有旺盛的生命力。

（1）加大文创产品开发力度。将黄河元素、黄河农耕文明等充分融入文创产品中，重在凸显特色。如壶口瀑布以宣传自然景观为主，韩城古城以讲述历史为特色；建设好传统工艺工作站，如皮影；加强创意设计，积极开发周边、手伴等文创产品；切实提升产品品质，发挥非遗资源优势和多重价值，推出陕西特色旅游产品。

（2）丰富文化产品表达形式。加强对秦腔、华阴老腔、皮影、陕北民歌、韩城社火等地方民俗艺术的保护与扶持，通过公益会演、话剧表演、美术创作展览等活动展示陕西黄河流域的独特文化；加强文化娱乐行业内容建设，鼓励娱乐场所丰富经营业态，创新经营模式。

（3）激发居民参与旅游产业的热情。民居是文化旅游的重要资源，居民活动其中才能使民居活色生香。应鼓励居民在住宅内从事手工艺品、饮食或商品经营，并在民居景区策划高质量的民俗展示活动，让居民做最好的讲述者和表演者。

**（五）丰富宣传内容、扩大宣传途径，加强对陕西文旅资源的推广**

黄河流域文化旅游的宣传是我省文化旅游建设工作的重中之重。笔者认为可以用"古今交烁红绿辉映"作为我省旅游宣传语。"古今交烁"意指我省不仅有历史上的辉煌，还有新时代社会经济发展中处于前列的荣光；"红绿辉映"意指近代红色革命文化遗存与我省生态文明建设成就相得益彰。此外，还应做到：

（1）加强市场宣传推广。通过开展黄河流域特色文化旅游系列宣传推广活动，充分展现黄河元素，构建宣传推广体系，形成省、市、县文化和旅游行政管理部门、景区、企业宣传推广矩阵，助推黄河文化精品走向世界；通过拍摄制作纪录片、宣传片等，向省外海外市场投放，并整合网络营销渠道，开展线上线下互动营销；建立本地旅游门户网站，通过视频、文章、图片等内容打造"一机游三秦，一网知陕西"的陕西智慧旅游建设。

（2）创新宣传方式。一是通过抖音、网络直播等社交媒体平台，采取短视频、全景（VR/AR）、MG动画、创意H5等表达方式，创新宣传推广内容和形式，挖掘潜在游客；二是通过大数据分析及人工智能分析，整合旅游产品销售渠道，建立起大量的OTA合作伙伴，积极寻求与中央、地方各级知名网络、新媒体，以及境外知名社交媒体、银行App、陕西官媒等的合作，构建多形式、全媒体宣传推广渠道。

（3）注重国际文化交流。利用国家和省级高访活动，实施文化旅游营销活动，提高陕西文化旅游资源国际影响力；积极参加国家级重大外宣交流活动，策划组织与国际友好城市、姐妹城市的年度合作；举办演出、展览、讲座、论坛等各类文化旅游交流活动，推动旅游、艺术、非遗、文博、产业等国际交流与合作；邀请海外旅游业界、媒体、知名人士等来陕参加旅游节会活动，实地考察黄河流域旅游产品，提升陕西旅游品牌的影响力。

[参考文献]

[1] 习近平.在黄河流域生态保护和高质量发展座谈会上的讲话[J].求是，2019(20).

[2] 杜尚儒.黄河流域高质量发展的"韩城故事"[J].新西部，2020(13)：60—65.

[3] 刘昊，步茵.文化保护视角下的城市建设用地选择研究——以历史文化名城韩城为例[J].智能建筑与智慧城市，2019(11)：116—119.

[4] 潘颖，孙红蕾，郑建明.文旅融合背景下的乡村公共文化发展路径[J].图书馆论坛，2020(10)：68—77.

[5] 范建华，李林江.历史文化资源转化为文化旅游产品的几点思考——以广西花山岩画为例[J].理论月刊，2020(10)：80—88.

# 气候变化视角下18世纪中期新疆移民开垦及其当代启示

李屹凯[(1)]

## 一、引言

全球持续变暖，并引发干旱加剧等问题[1-3]。一直以来，气候变化及由此引发的问题是各方关注的焦点问题。2020年1月联合国秘书长古特雷斯就将气候变化列为威胁人类的四大危机之一。[4]为应对气候变化，各方都在努力。习近平总书记就多次强调应对气候变化的重要性，并积极为此"贡献了中国智慧和中国方案"[5]。研究者普遍认为分析历史时期气候变化对人类活动的影响和响应可以为适应现代气候变化提供历史借鉴。[6-9]历史时期应对气候变化具有多种措施，移民开垦即是其中之一。[8,9]

18世纪中后期，我国西北地区出现了若干次在政府组织下的移民活动，并伴随着迁入区域的土地开垦。乾隆二十四年（1759）收复新疆以后，为发展边疆地区的经济，并缓解内地的人地关系矛盾，清朝政府推行移民开垦活动。移民活动主要发生在乾隆二十六至四十五年（1761—1780），在此期间由政府进行资助而移民数量较多，此后政府资助停止而移民数量减少。这些移民主要来自甘肃、陕西两省；而移民的目的地主要是新疆北部，特别是天山北麓。根据已有研究，截至嘉庆二十五年（1820），这些移民及其后裔占到了新疆总人口的40%[10]。这在一定程度上说明了移民开垦活动对清代新疆经济发展的重要性。关于这些移民开垦活动，研究者进行了大量的研究，围绕着移民规模、移民类型、开垦过程等方面的内容。[10-18]这些研究很好地分析了移民开垦活动的经济社会背景。

---

(1) 李屹凯（1991—），男，北京师范大学地理学博士，陕西师范大学西北历史环境与经济社会发展研究院助理研究员，研究方向：长时段环境变化。

与此同时，历史文献中出现的信息又在提醒着这些移民活动与自然环境有着密切的联系，特别是气候变化。例如，乾隆四十一年（1776）乾隆皇帝就论及移民开垦与甘肃灾害、新疆水土资源的关系，"甘省地瘠民贫，灾歉几无虚岁，惟恃赈济周给赖以生全，年复一年，究非长策……即如乌鲁木齐一带，地皆沃壤，可耕之土甚多，贫民果能往彼垦艺，不但可免于饥窘，并可赡及身家。"[19] 关于移民开垦与自然环境的关系，已有研究或侧重于移民活动[20,21]，或侧重于农业发展[22-25]。在已有研究的基础上，本文试图在梳理移民活动和农业发展的基础上，整体讨论移民开垦活动的自然环境背景，特别是气候变化在其中所扮演的角色。

## 二、移民活动

这里提到的移民活动主要指由甘肃、陕西等地迁入新疆的移民，不包括商户、遣户、兵眷、安插户等[11,12]其他类型。

### （一）移民迁出地

在乾隆二十六至四十五年间（1761—1780），移民的迁出地主要是甘肃、陕西，且伴随着时间变化而出现了向东扩展的现象。最初，移民主要来自河西走廊。这是因为政府主要在临近的河西走廊招徕移民，即"就近饬谕河西一带地方官妥协晓谕招募"[19]。至于在河西走廊以外的地区，因考虑到移民的成本而并未进行招徕。时任陕甘总督杨应琚认为"或远在河东一带暨他省地方，则料理搬送需费不赀，是以臣现在所办，皆系就近招有携带眷属之人"[19]。

到了后期，移民的迁出地除河西走廊外，也包括其他区域。例如，乾隆四十三年（1778）的奏折中记载到"甘肃镇番、武威、永昌、靖远、中卫、灵州、金县、盐茶厅等州县……各该州县民共一千三百二十四户，共八千七百三十七口，愿赴乌鲁木齐认垦，造具户口清册，呈请移眷安插"[19]。又如，乾隆四十五年（1780）的奏折中记载到"镇番县户民呈请愿往新疆垦种者一百八十六户，又平番、中卫、静宁等州县愿往户民一百三十一户，俱系无业贫民，恳请携眷前往种地"[19]。显然，从这些地名来看，移民来源不再限于河西走廊，也扩展到甘肃东部和宁夏。

## （二）移民迁入地

乾隆收复新疆以后，为更好地管理，将新疆北部的天山北麓作为移民开垦的重点区域。其中，移民的主要迁入地具体包括巴里坤、木垒、奇台、济木萨、阜康、乌鲁木齐、昌吉、玛纳斯、精河、库尔喀喇乌苏、伊犁等地[12]。其中，天山北麓是主要的迁入地，即乌鲁木齐（迪化州）和巴里坤（镇西府）两地，根据已有研究对历史文献的梳理，可知迁入乌鲁木齐和巴里坤的移民分别占到乾隆二十六至四十五年（1761—1780）迁入移民数量的75.6%和24.4%[17]。伴随着时间的推演，前期的移民分别迁入乌鲁木齐和巴里坤，而后期的移民则主要迁入乌鲁木齐（图1）。

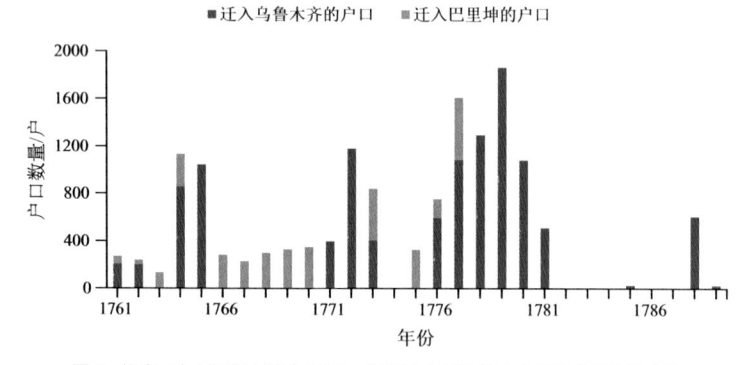

图1 乾隆二十六至五十四（1761—1789）年迁入天山北麓的户口数量变化

资料来源：《乾隆在新疆实施移民实边政策的探讨》。[17]

## （三）移民数量变化

乾隆二十六至四十五年（1761—1780）移民数量存在着变化。需要说明的是在推行移民活动期间，政府鼓励举家迁徙，故历史文献中保留的户口数量更为可靠。同时，受限于资料，仅能获知由政府统计的移民户口数量，尚不能得知政府统计之外的移民户口数量。已有研究认为由政府统计的移民数量约占当时全部移民数量的40%[10]。基于政府统计的移民户口数量也能反映出总体移民数量的变化。

从移民户口数量变化来看（图1），其间有三次明显的移民高潮，分别发生在乾隆二十九至三十年（1764—1765）(1)、乾隆三十七至三十八年（1772—

---
(1) 与我们已有研究略有出入，可能与统计资料的来源有关。

1773）、乾隆四十二至四十五年（1777—1780），且尤以第三次的规模最大。这三次移民户口数量分别占到图中乾隆二十六至四十五年（1761—1780）总移民户口数量的15.9%、14.8%和42.8%。

除三次移民高潮外，其他时间的移民户口数量变化较为稳定，大部分处于300至400户间。在移民高潮发生的时间以外，平均每年的移民户口数量为302户。据此推测，假如没有移民高潮，则发生移民高潮的时间每年移民户口数量也应当接近于300户。进而可以推测，在没有移民高潮的情况下，乾隆二十六至四十五年（1761—1780）迁入新疆的移民户口数量可能约为6042户，约占（由政府统计）实际发生的移民户口数量的44.1%。

### 三、农业发展

自乾隆收复新疆以后，天山北麓的农业（主要是种植业）出现明显的发展，主要体现在耕地面积、粮食产量和种植业结构。需要说明的是，在当时的天山北麓种植业的土地中，除由移民耕作的户屯耕地外，还有由驻防士兵耕作的兵屯耕地和由遣犯耕作的遣屯耕地。这些耕地上出现的变化都能表现整个天山北麓农业发展。

#### （一）耕地面积的变化

在乾隆收复新疆以前，天山北麓的耕地面积较少，且主要是兵屯耕地，或者部分准噶尔部族耕种的土地。收复以后，经过多年开垦，天山北麓耕地面积明显增多，在乾隆四十二年（1777）即超过44万（清）亩，而在乾隆六十年（1795）则接近百万（清）亩[12]。其中，移民及其后裔开垦并耕作着大量耕地，在当时的经济社会中扮演了重要角色，且重要性持续增加。在乾隆四十二年，这些耕地占天山北麓总耕地面积的66.1%，占到新疆北部（包括伊犁等地）总耕地面积的42.9%；到了乾隆六十年，这些耕地增加了2.39倍，占到新疆北部总耕地面积的76.3%[12]。

这些耕地的分布与移民的迁入地一致，主要在乌鲁木齐、巴里坤等地。其中，乌鲁木齐及其周边的耕地较多，在乾隆四十七年（1782）占天山北麓总耕地面积的57.4%，而在乾隆六十年（1795）则占到了73.7%[12]。主要是因为乌鲁木齐拥有地势平坦、气候温暖、引水便利等有利条件，更为适宜农业活动；相比之下，巴里坤则因海拔较高而温度较低，在一定程度上影响了农作物的生长，也限制了耕地面积的扩展[23]。耕地面积的变化与移民数量变化基本一致。

### （二）粮食产量的变化

乾隆收复新疆以后，天山北麓连年丰收。在奏折中，大量出现有关丰收的记载。例如，乾隆二十四年（1759）"（乌鲁木齐）麦、稞俱好"，二十六年（1761）"乌鲁木齐收获粮石甚多"，三十（1765）年"（巴里坤）每岁布种细粮俱成熟有收"，三十年（1766）十二月"新疆屯田处所连岁丰收，米粮充裕"，三十四年（1770）"（巴里坤）连岁均获丰收"，三十九年（1774）"（古城）实为丰盛"[26]。

除了这些定性描述外，当时还有一些定量的"收成"数据。目前容易获取的"收成"数据来自兵屯耕地和遣屯耕地。这些"收成"数据的计算方式与当地的经济社会和自然环境有关。政府给予每名士兵或遣犯额定的耕地面积，以个人为单位计算粮食的"收成"[12]。在不同区域中，每名士兵的额定耕地面积有所差别，在巴里坤是 22 亩，在乌鲁木齐是 21 亩；给每名遣犯的额定耕地是12 亩[12]。可以以这些数据为参考，以表现当时区域的粮食产量。根据《乌鲁木齐政略》的记载，从乾隆二十六年到四十二年（1760—1777），除个别年份较低以外，兵屯耕地和遣屯耕地的"收成"大约分别是 15 石和 6 石（图 2）[27]。整体而言，当时的粮食产量足够稳定，印证了定性描述。

需要说明的是，在当时为了鼓励农业生产，政府会奖励粮食产量较高的驻防士兵。奖励的执行标准存在着变化。在乌鲁木齐，在乾隆三十一年（1766）以前，奖励的标准是 11 石以上，在此以后则是 18 石以上[27]，提高了大约六成。奖励标准的提高在一定程度上可以说明区域粮食产量的提高和稳定。在乾隆二十六年到三十一年间（1760—1766），绝大多数年份兵屯耕地的"收成"都超过了 11 石（图 2）。在乾隆四十二年（1777）以后，奖励标准又调整到15 石以上[12]，可能是为了更好地配合当地的农业生产实际情况。

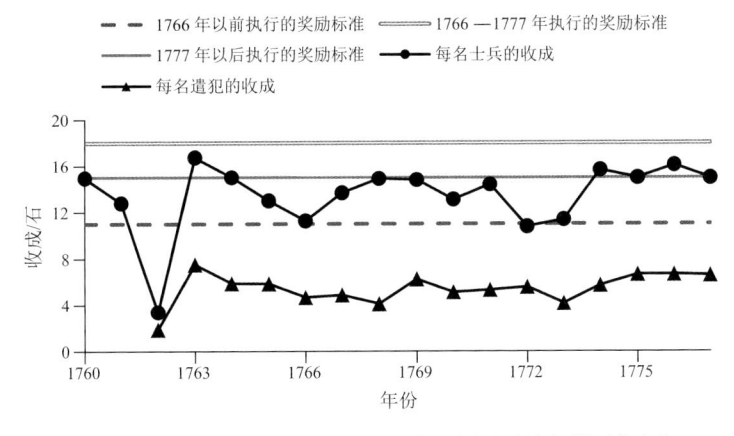

图 2 乾隆二十六至四十二（1760—1777）年乌鲁木齐粮食"收成"变化

资料来源：《乌鲁木齐政略》[27]《清代新疆农业开发史》。[12]

### （三）种植业结构的变化

同时期，天山北麓的种植业结构也在发生着变化。最初，天山北麓的种植业结构较为简单，经过不断的试种后，整体种植结构较为丰富，拥有多种粮食作物和经济作物（表1）。乌鲁木齐和巴里坤的种植业结构变化略有不同，分别进行说明。乾隆二十四年（1759）的乌鲁木齐种植的作物主要有春小麦、青稞、粟谷等；乾隆二十五年（1760）开始试种胡麻等作物用以榨油，后取得成功；此外，在米泉等地还种植有水稻[23]。不过，当时也有试种没有成功的作物，如冬小麦和木棉。纪晓岚在乾隆三十三至三十六年（1768—1771）曾被流放到乌鲁木齐，他在诗中就写到"经冬宿麦换苗难"和"木棉试种不曾收。"[28]

相比之下，巴里坤的变化更为明显（表1）。巴里坤原本的种植结构较为简单，以青稞为主；后来经过不断试种，增加了春小麦、豌豆等为作物。在乾隆二十五年（1760），"粟、麦罕能发生，惟青稞一种可以树艺"；此后，"俱令全种麦、豆，以裕供支"；到了乾隆三十一年（1766），已经"递年以来小麦、豌豆俱获有收"[26]。在成书于乾隆四十二年（1777）的《新疆风土舆图考》中，也记载到"近年以来二麦、谷、糜渐可树艺"[29]。从耕地面积和产量比例来看，这些作物在巴里坤均具有重要地位。如在乾隆二十九年（1764），春小麦、豌豆和青稞的面积比例分别是 25.5%、42.0% 和 33.5%，三者的产量比例分别是 23.1%、34.3% 和 42.6%。

表 1　奏折中提到的天山北麓作物及作物变化举例

| 时间 | 区域 | 作物类型 | 原文 |
| --- | --- | --- | --- |
| 二十三年 | 乌鲁木齐 | 豌豆 | 乌鲁木齐俱属和暖之处，似可一例试种豌豆 |
| 二十四年 | 乌鲁木齐 | 小麦、青稞、粟谷 | 约需小麦、青稞、粟谷几九千石，即取资于乌鲁木齐本年屯田新收粮内，亦可敷用 |
| 二十五年 | 巴里坤 | 青稞 | 粟、麦罕能发生，惟青稞一种可以树艺 |
| 二十六年 | 巴里坤 | 青稞、大麦 | 只能种植青稞、大麦 |
| 二十六年 | 巴里坤 | 豌豆 | 巴里坤渐非昔日可比，递年试种豌豆已俱有收 |
| 二十六年 | 乌鲁木齐 | 菜籽、胡麻 | 试种菜（籽）四斗，今实收获九石，至胡麻收成亦在十分以上 |
| 二十六年 | 巴里坤 | 胡麻 | 试种胡麻三京斗，今实收获二石四斗 |
| 二十七年 | 巴里坤 | 小麦 | 试种小麦一千五百亩，渐次秀实，籽粒多属饱满坚绽 |
| 三十一年 | 巴里坤 | 青稞、小麦、豌豆 | 向止种有青稞一色，递年以来小麦、豌豆俱获有收 |

资料来源：《清代奏折汇编——农业·环境》[26]。

## 四、移民开垦与气候变化

在经济社会背景之外，移民开垦有气候变化的背景。一方面，移民活动受到了气候变化的影响，主要体现在由气候变化引起的灾害在一定程度上刺激了前述移民高潮的出现。这是因为其他因素很难造成这三次明显的移民高潮。康雍乾时期人口增加明显，但由于降水等因素的限制而适宜开垦的土地有限，故长期以来甘肃等地人地关系较为紧张，并没有缓解的迹象。同时，在乾隆二十六至四十五年间（1761—1780）政府对移民活动的资助有数次调整。乾隆二十六年（1761）推行移民活动，并给予相应的资助；乾隆四十二年（1777）以后，资助降低到之前的一半；乾隆四十五年（1780）以后，停止资助[11,12,17]。显然，这些因素并非移民高潮出现的背景。

每次移民高潮出现前甘肃都有明显的灾害。在当时，移民到新疆被认为是应对灾害的方式之一。例如，在乾隆四十一年（1776）(1)，由时任陕甘总督

---
(1) 乾隆三十九至四十六（1774—1781）年发生"甘肃冒赈案"，受此影响历史文献的有关表述可能被夸大。

王亶望奏报，乾隆皇帝得知甘肃"皋兰等廿九州县禾苗被旱，业已成灾"，面对灾情在权衡利弊以后，认为将灾民迁往新疆可以缓解甘肃赈济灾民的压力，即"此时多送一人往外耕作，将来边内即少一待赈之人"[19]。次年，时任乌鲁木齐都统索诺穆策凌按照乾隆皇帝的指示"今将甘省被灾贫民与其频年周赈，不如送往乌鲁木齐安插"[26]。并且，第三次移民高潮期间移民迁出地出现扩展可能也是因为灾害范围较大。显然，这些灾害是移民高潮出现的影响因素。在没有出现移民高潮的时间，移民数量较为稳定，可能是受到其他因素的影响。因而，结合前文可以做出如下假设，因灾害而导致的移民数量可能占到当时总移民数量的约55%。

在相关的历史文献中，移民高潮出现前的灾害普遍是因干旱造成的。例如，乾隆二十九年（1764）"甘省皋兰等三十二州、县、厅地方均有被旱之处，已降旨查勘赈恤"[30]；三十六年（1771）"今时已立夏，得雨已迟，其未种夏禾难以复行播种""甘省各属夏禾被灾者共二十余处"[26]；四十一年（1776）"皋兰等廿九州县禾苗被旱，业已成灾"[19]。不过，需要说明的是乾隆三十九至四十六年（1774—1781）发生"甘肃冒赈案"，受此影响有关干旱的表述可能被夸大。故而，需要更为客观的证据来反映当时的气候变化。除历史文献外，如石笋和树木年轮等自然证据也被作为代用资料来重建历史时期的气候变化。其中，树木年轮的定年较为准确、分辨率较高、分布较广、对气候变化较为敏感，是研究西北地区历史气候变化的重要代用资料之一[31]。例如，杨保等[32]利用祁连山祁连圆柏树轮宽度和1952—2007年酒泉站器测气候要素进行分析，重建了1390—2007年河西走廊6—7月的降水量变化；陈峰等[33]利用多个样点的树轮宽度与器测资料进行分析，重建了1768—2006年甘肃上年7月至当年6月的降水量变化。根据这些重建结果，可以获知研究时段内甘肃并不是较为明显的湿润时期。因而，因降水量减少，甘肃出现干旱，影响了当时的粮食安全。

另一方面，当时天山北麓的农业发展获益于气候变化。首先是温度变化。相比于18世纪前期及其以前，18世纪中期天山北麓的温度升高。这个变化在历史文献和自然证据中有所体现。根据树木年轮重建的温度变化序列，18世纪中期区域相对较为温暖（高于平均值）[31,34]。在历史文献中，多条记载表明当时温度升高,且无霜期延长。例如,乾隆二十九年(1664),"民人咸称本年天气晴暖,至八月(8/27—9/25)底尚无霜雪,从来未有",三十一年(1666),"交秋仍暖,降霜较迟"[26]。其次是降水变化。在徐国保等[35]重建的1710—2010年新疆北部标准化降水蒸散指数(1)变化序列中,18世纪60年代和70年代(即乾隆收复新疆以后)的湿度要大于40年代和50年代。显然,这样的变化有助于区域的农业发展。虽然天山北麓的作物主要依靠河流灌溉,当地对河流的重视[22,23],但降水增加会导致河流流量增加,从而有益于作物的生长。例如,"雨旸时若,连岁均获丰收""近年以来新疆一带风雨及时"[26]。

显然,天山北麓农业发展与地形平坦及在河流两岸有大量适宜耕作的土地有关,也与温度升高和降水增加有关。在《新疆风土舆图考》中,总结道:"巴里坤、乌鲁木齐依雪山之背,故严寒大雪,然地平坦、水草足……王化以来二十余年气候渐和,五谷皆生。"[29]其中,最明显的表现是巴里坤种植业结构因温度升高而丰富,从仅种植青稞发展到可以种植小麦、豌豆等作物。与此同时,粮食作物产量的提高与稳定也与温度升高有关,即"近年以来,巴里坤地气和暖,屯种小麦,连获丰登,民户垦种,亦俱有收"[30]。

综上,在甘肃灾害频发而新疆农业开垦顺利的背景,移民到天山北麓并鼓励开垦成为解决问题的办法。在当时,乾隆皇帝和政府官员对此有清晰的认识。例如,在乾隆三十六年(1771)的奏折中,时任陕甘总督明山提到"新疆底定以来,缘边一带如安西、辟展、乌鲁木齐等处,地多膏沃,屯政日丰,原议招募内地民人前往耕种,既可以实边储,并令腹地无业贫民得资生养繁夕,实为一举两得"[26];在乾隆四十一年(1776)的奏折中,时任乌鲁木齐都统索诺穆策凌也提及"奉上谕'甘省地瘠民贫,灾欠几无虚岁,惟恃赈济赖以全生,年复一年,究非长策'……查乌鲁木齐移住民户以来,至今十五岁,岁获丰稔……所有甘省灾荒贫民,其徙留内地常年赈养,不如移送新疆安置,可省内地周赈之费,而于伊等生计及边疆地方均有裨益"[26]。

并且,不仅是政府官员有此共识,普通民众也寄希望于移民新疆来解决自己的生存问题。虽然这些资料保存在奏折中,但在一定程度上能反映出普通

---

(1) 标准化降水蒸散指数(Standardized precipitation evapotranspiration index,简称SPEI)综合考虑降水、蒸发等因素,能够体现温度变化对干湿的影响,具有多时空尺度的特征,能够反映区域的干湿状况。

民众的想法。例如，乾隆四十三年（1778），"途次接据甘肃镇番县民柴彪等呈称，该处连年被灾，地亩瘠薄，度日艰难。近见内地无业之人仰蒙皇上重恩，移居乌鲁木齐，赏借各项安置耕种，年获丰收，俱各得所"[19]。

可以结合经济社会和自然环境来理解当时的移民开垦。由于人口较多而耕地有限，长期以来甘肃等地存在紧张人地关系的现象；18世纪中期，因气候变化导致甘肃的灾害频发，部分人口的食物来源成为问题；因人口数量较多而灾害频发，赈济在当时成为政府的一项财政压力。乾隆二十四年（1759）以后，为了更好地管理新近收复的新疆地区，清朝政府鼓励移民开垦，并给予多项资助措施；天山北麓等地在当时有大量适宜耕作的土地；受温度升高、降水增加的影响而天山北麓的农业发展顺利进行。因而，在当时气候变化背景下，政府通过移民开垦来缓解赈济导致的财政压力，而民众受到天山北麓农业发展的吸引，并希望通过移民来保证自己的生存。

根据已有研究的估计，最终移民的总数量在十多万至数十万人口间。相比于同期甘肃上千万的人口数量，这些人口移民到新疆对于缓解甘肃的人地关系确实是属于杯水车薪。不过，其一方面解决了部分人口的生存难题，另一方面减少了甘肃的赈济压力，并促进了天山北麓的经济发展[11,12]。正如乾隆皇帝所预想的，移民开垦"在国家为一劳永逸之计，在闾阎为去苦就乐之图"[19]。

最后，需要说明的是，气候变化只是移民开垦出现的背景之一。正如已有研究所认知的，因灾害导致的移民活动是短期的[8]。在乾隆二十六年至四十五年间（1761—1780），灾害后出现的移民高潮仅为维持1—2年，灾害有所减缓后移民数量又重新回归到之前的水平。相应地，长期人地关系紧张和移民政策资助对移民开垦的影响也较为明显。最显著的原因是乾隆四十五年（1780）以后，由于缺少足够的资助，移民数量明显减少。[11,12,18]显然，政府的资助是此类移民活动发生的重要背景。气候变化或许不是影响这些移民开垦活动最重要的因素，但仍是不可忽视的因素之一。

## 五、对现实的启示

通过研究发生于乾隆时期西北地区的移民开垦活动，分析其背后的气候变化背景，可以为今天适应气候变化提供历史借鉴。首先，认知气候变化。从历史文献来看，不管乾隆皇帝，还是普通官员，绝大部分都已认识到气候存在着变化。然而，受制于当时的科学技术和经济社会因素，他们普遍误解了造成气候变化的因素，往往归结于"天人感应"，如"（乌鲁木齐）向来气候极寒。数载以来，渐同内地，人气盛也""兹查巴里坤因蒙圣德涵濡，地气日渐和燠"[26]。并且，他们也普遍认识到气候变化会对农业产生影响。在乾隆时期，时人对气候变化的认识主要来源于当时的农业生产和生活经验。现代气象观测技术更加先进，对气候变化过程和机理的研究更加深入，则在现代对气候变化的认识应当更加明确。

其次，根据适应气候变化，并积极应对。气候变化对人类社会的影响在一定程度上取决于人类社会的适应能力。乾隆时期的清朝政府希望采取各种措施来缓解气候变化造成的不利影响，移民开垦即是手段之一。这些措施有助于提高应对社会应对气候变化的弹性。虽然最终的移民效果虽然不如最初设想中的规模，但仍对维护国家安全起到了作用。另一方面，当时的官员也能根据气候变化对农业的积极影响适时地增加种植业结构。最典型的例子就是在巴里坤，当地官员当感知到气候变暖后不断试种新的作物，在一定程度上保证了当地的粮食安全。

最后，注意气候变化的时空差异，制定相应政策。从自然证据和历史文献来看，18世纪中期天山北麓和新疆的气候变化过程存在差异。这种差异表现了中国气候的区域差异，即东西部受控于不同的气候系统，也即影响因素存在差异。这个背景可能有助于当时的移民开垦活动。虽然两地在空间上相邻，但气候系统存在差异。故而，需要适应气候变化需要因地制宜。

## 六、结论

乾隆二十四年（1759）收复新疆以后，为发展边疆地区的经济，并缓解内地地区的人地关系矛盾，清朝推行移民开垦活动。移民活动主要发生在乾隆二十六至四十五年（1761—1780），在此期间由政府进行资助而移民数量较多，此后政府资助停止而移民数量减少。这些移民主要来自甘肃、陕西两省；而移民的目的地主要是新疆北部，特别是天山北麓。

本文通过分析当时气候变化背景，结合经济社会和自然环境来理解当时的移民开垦。由于人口较多而耕地有限,长期以来甘肃等地存在紧张人地关系的现象;18世纪中期,因气候变化导致甘肃的灾害频发,部分人口的食物来源成为问题;因人口数量较多而灾害频发,赈济在当时成为政府的一项财政压力。为了更好地管理新近收复的新疆地区,清朝政府鼓励移民开垦,并给予多项资助措施;天山北麓等地在当时有大量适宜耕作的土地;受温度升高、降水增加的影响而天山北麓的农业发展顺利进行。因而,在当时气候变化背景下,政府通过移民开垦来缓解赈济导致的财政压力,而民众受到天山北麓农业发展的吸引,并希望通过移民来保证自己的生存。移民开垦一方面解决了部分人口的生存难题,另一方面减少了甘肃的赈济压力,并促进了天山北麓的经济发展。

[参考文献]

[1]张强,姚玉壁,李耀辉,等.中国干旱事件成因和变化规律的研究进展与展望[J].气象学报,2020,78(3):500—521.

[2]吴建国,翟盘茂.关于气候变化与荒漠化关系的新认知[J].气候变化研究进展,2020,16(1):28—36.

[3]黄萌田,周佰铨,翟盘茂.极端天气气候事件变化对荒漠化、土地退化和粮食安全的影响[J].气候变化研究进展,2020,16(1):17—27.

[4]中国新闻网.联合国秘书长:人类面临四大威胁亟待解决[N/OL].中国新闻网,2020-01-23[2020-12-01].

[5]孙金龙,黄润秋.坚决贯彻落实习近平总书记重要指示 以更大力度推进应对气候变化工作[N/OL].光明日报,2020-09-30(07)[2020-12-01].

[6]方修琦,郑景云,葛全胜.粮食安全视角下中国历史气候变化影响与响应的过程与机理[J].地理科学,2014,34(11):1291—1298.

[7]董广辉,刘峰文,陈发虎.不同空间尺度影响古代社会演化的环境和技术因素探讨[J].中国科学:地球科学,2017,47(12):1383—1394.

[8]裴卿.自然灾害与移民:一个中国历史上农民的被动选择[J].中国科学:地球科学,2017,47(12):1406—1413.

[9]方修琦,苏筠,郑景云,等.历史气候变化对中国社会经济的影响[M].科学出版社,2019.

[10]路伟东.清代陕甘人口专题研究[M].上海书店出版社,2011.

[11] 王希隆. 清代西北屯田研究[M]. 新疆人民出版社, 2012.

[12] 华立. 清代新疆农业开发史[M]. 黑龙江教育出版社, 1998.

[13] 蔡家艺. 清代新疆社会经济史纲[M]. 人民出版社, 2006.

[14] 齐清顺. 新疆多民族分布格局的形成 1759—1949年[M]. 新疆人民出版社, 2010.

[15] 贾建飞. 清乾嘉道时期新疆的内地移民社会[M]. 社会科学文献出版社, 2012.

[16]《新疆通史》编撰委员会编. 新疆历史研究论文选编 屯垦卷[M]. 新疆人民出版社, 2008.

[17] 张丕远. 乾隆在新疆实施移民实边政策的探讨[J]. 历史地理, 1990,(1):93—113.

[18] 阚耀平. 乾隆年间天山北麓东段人口迁移研究[J]. 干旱区地理, 2003,(4):379—384.

[19] 中国第一历史档案馆. 乾隆年间徙民屯垦新疆史料[J]. 历史档案, 2002,(3):9—31.

[20] 刘超建. 异地互动：自然灾害驱动下的移民——以1761—1781年天山北路东部与河西地区为例[J]. 中国历史地理论丛, 2013,28(4):58—66.

[21] 李屹凯, 张莉. 1761—1780年极端气候事件影响下的天山北麓移民活动研究[J]. 陕西师范大学学报（自然科学版）, 2015,43(5):84—89.

[22] 刘翠溶, 范毅军. 试从环境史角度检讨清代新疆的屯田[J]. 中国社会历史评论, 2007,(1):183—227.

[23] 张莉. 从环境史角度看乾隆年间天山北麓的农业开发[J]. 清史研究, 2010,77(1):47—60.

[24] 贾丹, 张成鹏, 唐菲, 等. 清代北疆作物种植结构对气候变化的响应[J]. 地理科学, 2015,35(7):919—924.

[25] 李屹凯, 张莉, 安玲, 等. 历史文献记载的1757—1774年天山北麓东部地区温度升高[J]. 古地理学报, 2015,17(5):709—717.

[26] 葛全胜, 郑景云, 邹爱莲. 清代奏折汇编——农业·环境[M]. 商务印书馆, 2005.

[27] 索诺穆策凌. 乌鲁木齐政略[M]// 王希隆. 新疆文献四种辑注考述. 甘肃文化出版社, 1995.

[28] 纪昀. 乌鲁木齐杂诗[M]. 王希隆. 新疆文献四种辑注考述. 甘肃文化出版社, 1995.

[29] 七十一. 新疆舆图风土考[M]. 成文出版社, 1968.

[30] 中华书局. 清实录[O]. 中华书局, 1985.

[31] 高琳琳, 勾晓华, 邓洋, 等. 西北干旱区树轮气候学研究进展[J]. 海洋地质与第四纪地质, 2013,33(4):25—35.

[32] Yang Bao, Qin Chun, Brauning Achin, et al. *Rainfall history for the Hexi Corridor in the arid northwest China during the past 620 years derived from tree rings. International*[J]. *Journal of Climatology*, 2011, 31(8): 1166—1176.

[33] 陈峰, 魏文寿, 袁玉江, 喻树龙, 尚华明, 张同文, 张瑞波, 王慧琴, 秦莉. 基于多点树轮序

列的1768—2006年甘肃降水量变化[J].中国沙漠,2013,33(05):1520—1526.

[34]陈峰,袁玉江,魏文寿,喻树龙,尚华明,张同文,张瑞波,王慧琴.利用树轮密度重建新疆北部5—8月温度变化[J].冰川冻土,2017,39(01):43—53.

[35]Xu Guobao, Liu Xiaohong, Trouet Valerie, et al. *Regional drought shifts (1710—2010) in East Central Asia and linkages with atmospheric circulation recorded in tree-rings*[J]. *Climate Dynamics*, 2018, 52: 1—15.